라즈베리 파이 및 ARM 임베디드시스템 실습

최 민 · 조경록 · 안병철 · 김태준 · 이의신 지음

충북대학교 출판부

라즈베리 파이 및 ARM 임베디드시스템 실습

편 저 자 | 최 민 · 조경록 · 안병철 · 김태준 · 이의신
발 행 처 | 충북대학교 출판부
발 행 인 | 윤 여 표
주　　소 | 28644 충북 청주시 서원구 충대로1
전　　화 | 043-261-2952, 3014　FAX | 043-274-1256
이 메 일 | presscbu@chungbuk.ac.kr
등록번호 | 제1983-2001-7호
초판 1쇄 | 2016.03.07.
초판 2쇄 | 2017.08.31
인 쇄 처 | 다　해(02-2266-9247)

판매가　18,000원

ISBN 978-89-7295-251-0　93560

라즈베리 파이 및 ARM 임베디드시스템 실습

최 민 · 조경록 · 안병철 · 김태준 · 이의신

목 차

제1부 개요

제2부 ARM 임베디드 시스템 실습

제3부 라즈베리파이 실습

제 1부. 개 요

1. IoT 사물인터넷 소개

2. 관련 기술/업계 동향

제 1부. 개 요

1. IoT 사물인터넷 소개

IoT는 인간과 사물, 서비스 세 가지 분산된 환경 요소에 대해 인간의 명시적 개입 없이 상호 협력적으로 센싱, 네트워킹, 정보 처리 등 지능적 관계를 형성하는 사물 공간 연결망을 의미한다. IoT의 주요 구성 요소인 사물은 유무선 네트워크에서의 end-device 뿐만 아니라, 인간, 차량, 교량, 각종 전자장비, 문화재, 자연 환경을 구성하는 물리적 사물 등을 포함하며, 이동통신망을 이용하여 사람과 사물, 사물과 사물 간 지능통신을 할 수 있는 M2M(machine to machine)의 개념을 인터넷으로 확장하여 사물은 물론, 현실과 가상세계의 모든 정보와 상호작용하는 개념으로 진화할 수 있다.

IoT 플랫폼 표준안으로는 ITU-T라는 국제표준화 기구에서 제정한 Y.2060 IoT Reference Model이 있다. 4 layers and management/security capabilities가 존재하고, 서비스 지원 및 응용계층은 공통지원기능(generic support capabilities)과 특정응용지원기능(specific support capabilities)를 제공한다. 디바이스 계층은 디바이스 기능(device capabilities), 게이트웨이 기능(gateway capabilities)를 제공한다.

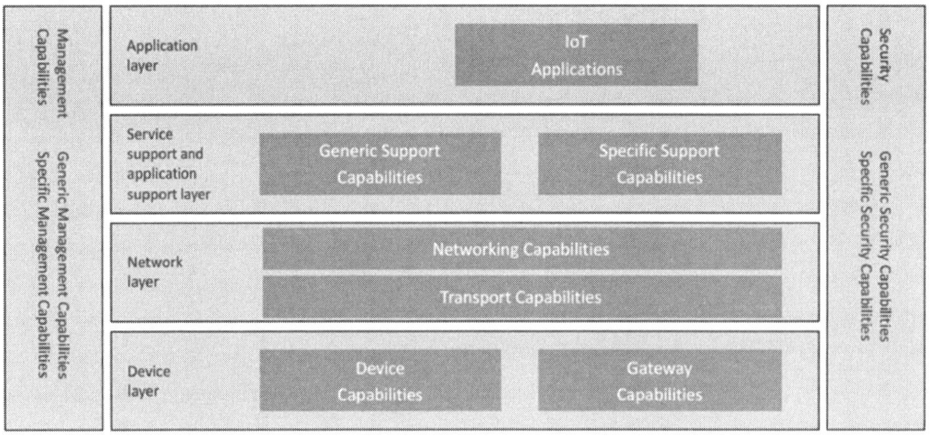

위 표준안은 다양한 IoT 제품을 개발하는 데 있어 활용된다. 예를 들어, IoT 센서노드(sensor node)/액츄에어터 노드(actuator node)를 개발하는데 있어서 Device Layer에서는 Device Capability를 구현할 것이고, IoT 게이트웨이(gateway) 제품을 개발하는 데 있어서는 Device Layer에서 Gateway Capability를 구현할 것이다. 이와 같이 개발하고자 하는 필요에 따라 위 표준에서 필요한 부분만 선택적으로 구현할 수 있다. 실제로, 이러한 표준안에 따르는 IoT 플랫폼 아키텍쳐 설계 사례를 살펴본다.

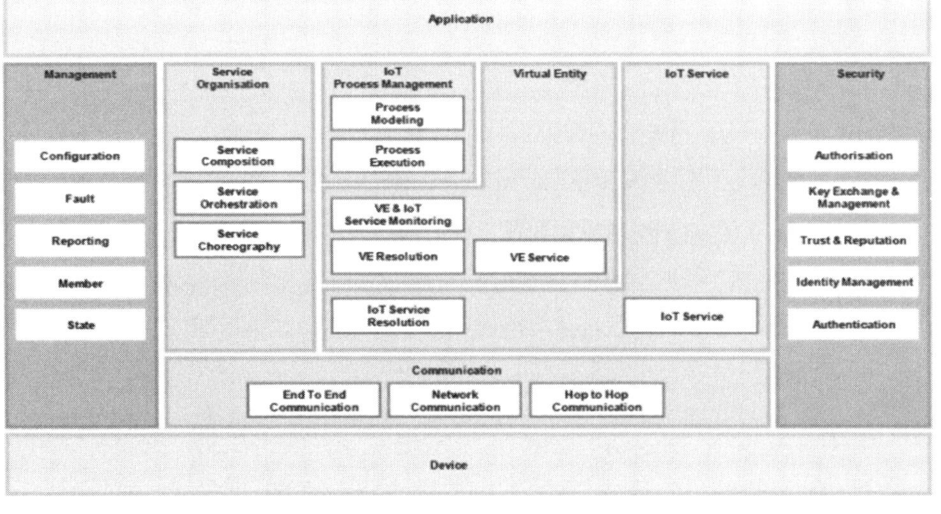

2. 관련 기술/업계 동향

(1) Intel 에디슨 보드

Intel 에디슨 보드(Edison board)는 IoT 시장을 위해 Intel에서 출시한 초소형 임베디드 시스템이다.

- 22nm 인텔 ② Atom ™ SoC (기존 Silvermont 1)이 사용
- Dual core dual thread 500 MHz CPU, 100 MHz / 32bit Intel Quark ™ MCU 탑재
- 40 개 GPIO 지원
- Dual band WiFi, Bluetooth Low Energy(BLE) 우표 크기 모듈에 모두 탑재
- 인텔 ② Edison 모듈은 Arduino *, C / C ++ 개발을 지원
- 곧 Node.JS, Python, RTOS, Visual Programming 지원 예정
- 인텔 ② Edison 모듈은 장치 간 연결 및 장치와 클라우드 사이의 연결 프레임 워크 포함
- 장치 간의 통신 및 클라우드 기반 멀티 테넌트 분석 서비스 가능.

단, 인텔 에디슨 보드는 크기가 작기 때문에, 입출력 포트 및 단자를 탑재하는 데 어려움이 있을 수 밖에 없다. 따라서, 인텔 에디슨은 단독으로 사용하기에는 부족함이 있다. 그렇기에 브레이크아웃 보드를 이용하여 외부와 연결한다. 브레이크아웃 보드에는 아두이노 브레이크아웃과 미니 브레이크아웃 크게 2종류가 있다.

아두이노 브레이크 아웃　　　　　미니 브레이크 아웃

(2) Freescale IoT Gateway

프리스케일은 오라클과 협력해 IoT를 위한 원박스 게이트웨이를 선보였다. ARM 코어텍스-A9 코어에 구축된 프리스케일 i.MX 6 시리즈 애플리케이션 프로세스를 기반으로 오라클 자바 SE 임베디드로 실행되는 원박스 솔루션은 IoT 서비스 제공업체의 박스의 통합이 가능하며, 다양한 IoT 서비스를 신속하게 적용할 수 있도록 한다. 또한 오라클과 프리스케일의 IoT 게이트웨이는 오라클 이벤트 프로세싱(OEP)과 코히어런스를 결합해 각종 IoT 기기와 센서 데이터를 취합해 분석이 필요한 정제된 정보만 전송할 수 있는 지능형 기술도 구현돼 있다. 이를 통해 네트워크 부하를 줄이고, 데이터 처리 속도를 향상시킬 수 있다. 프리스케일은 IoT 게이트웨이와 함께 키네티스 코어 기반의 MCU와 애플리케이션프로세서(AP)인 i.MX, 통신 프로세서인 코어아이큐 등 맞춤화된 다양한 IoT 칩 솔루션과 IoT 기기의 손쉬운 개발을 지원하는 오픈소스 플랫폼을 제공해 스마트 안경, 스마트 시계 등 다양한 기기 개발이 가능하도록 지원한다는 방침이다. 이를 통해 저전력 및 IoT 데이터 처리와 관련된 프리스케일의 역량, 다양한 IoT 기기와의 완벽한 호환성을 증명하고, IoT 시대를 주도하고자 한다.

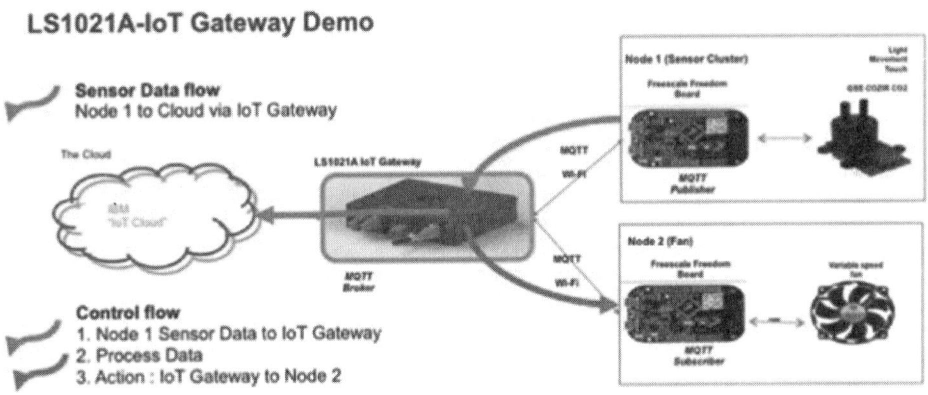

프리스케일사가 판매하는 IoT 게이트 웨이는 위 그림에서와 같이, 다수의 IoT 센서/액츄에이터 노드와 네트워크 커넥션을 유지하면서 IoT 노드 상호간 통신을 가능하도록 하는 역할이다. 프리스케일 게이트웨이는 유선 랜 포트(RJ45) 6개를 비롯하여, Wi-Fi, GPIO, 아두이노와의 연결 포트 등 다양한 포트가 준비되어 있다.

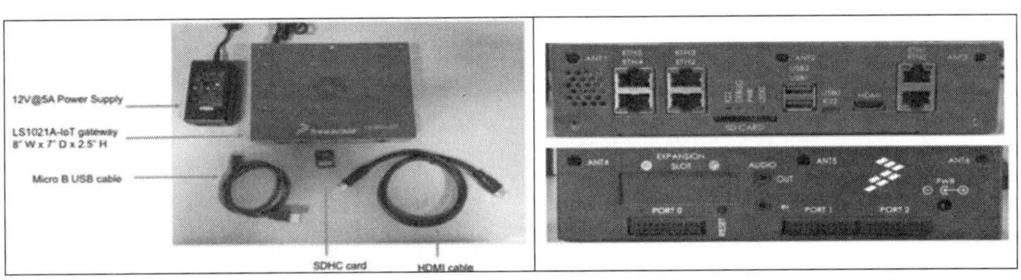

QorIQ LS1021A-IoT Gateway System Block Diagram

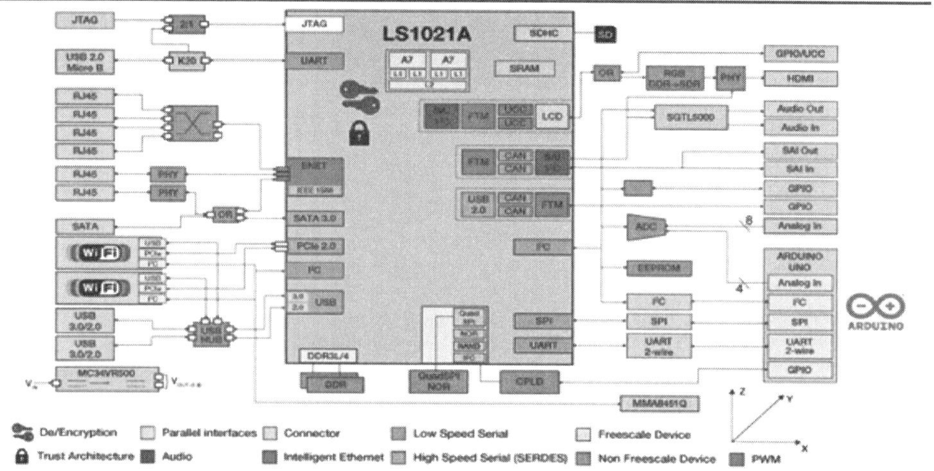

(3) 비글보드

다음은 Beagle Bone 사에서 출시한 비글보드(Beagle Board)이다. 이는 아두이도, 라즈베리파이와 함께 오늘날 가장 널리 활용되는 IoT 임베디드 보드에 해당한다. 아래 43가지 중 BeagleBoard-Black 제품은 라즈베리파이나 아두이노와 동일하게 Open Source Hardware 정책을 따르는 제품에 해당한다.

 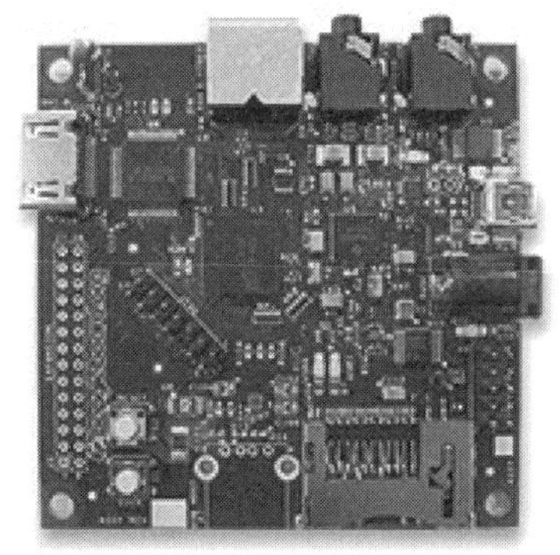

- BeagleBoard-x : MAM37x 1GHz ARM Cortex-A8 compatible
- BeagleBoard : OMAP3530 720MHz ARM Cortex-A8
- BeagleBone : $89 MSRP, AM335x 720MHz ARM Cortex-A8, credit-card-sized Linux computer that connects to the Internet and runs software such as Android 4.0 and Ubuntu
- BeagleBone Green : AM335x 1GHz ARM② Cortex-A8, based on the open-source hardware design of BeagleBone (Black)

(4) ARM

All IP 기반 개방형 솔루션 확보를 위해 Sensinode 사를 인수(M&A)하였음. ARM mbed IoT 디바이스 플랫폼 + mbed OS (무료) 보급 예정

Sensinode 사는 6LoWPAN(IPv6 over Low power Wireless Personal Area Network) 및 CoAP(Constrained Application Protocol) 기준을 정립하는 등 IETF 표준화 활동, ZigBee IP 표준화 활동 등을 하고 있다.

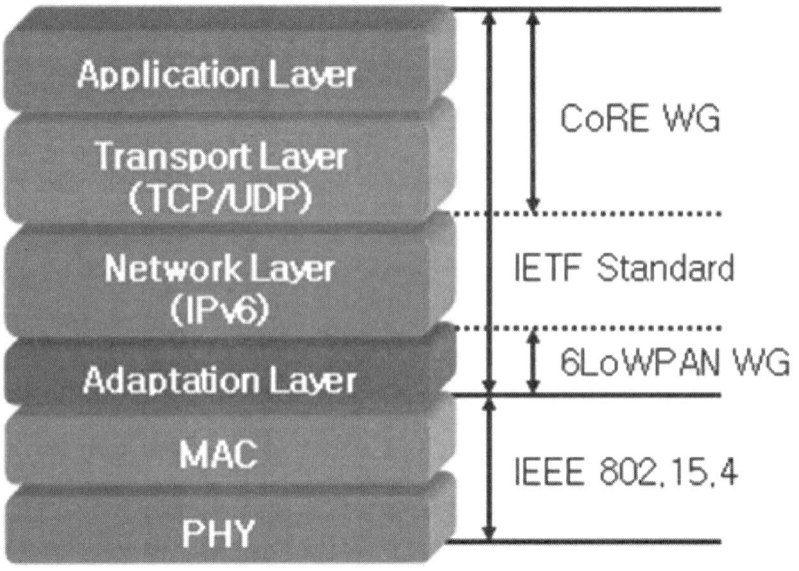

6LoWPAN 은 PHY/MAC은 IEEE 802.15.4를 사용하는 저속도 무선 개인 통신망(Low Rate Wireless Personal Area Network) 규격으로서 저렴한 제조 단가가 특징이다.

Adaptation 계층에서는 6LoWPAN을 사용하며, 이는 IEEE 802.15.4기반의 센서 네트워크에 IPv6를 지원하기 위한 규격이다. 최소한의 기능만을 가진 TCP/IP 프로토콜 스택으로 센서 네트워크 동작 목표로 한다. Application 계층에서는 IoT 환경에서 웹 기반 프로토콜 규격, 기존 HTTP와 연동을 수행한다.

6LoWPAN(IPv6 over Low-Power Wireless Personal Area Networks)은 L2 Layer에 IEEE 802.15.4를 기반으로 하는 센서 네트워크 상에 IPv6를 지원하기 위한 이슈를 다루는 그룹이다. IPv4가 아닌 IPv6를 채택한 이유는 모든 사물에 IP Address를 부여하기 위해서는 IPv4 주소체계로는 턱없이 부족하고, IPv6를 사용하여야 하기 때문이다.

ZigBee는 open standard가 아니고 ZigBee Alliance에 가입한 멤버에 한해 사용 가능한 제약이 존재한다. 6LoWPAN 워크그룹은 이러한 IP측면에서의 제약에서 자유로우며 기존 인터넷과 연동이 효율적이고 확장성을 가진 검증된 프로토콜 기술을 통해 다양한 인터넷 응용을 사용할 수 있다는 장점이 있다. 6LoWPAN의 기술적 특성은 다음과 같다.

- Small packet size : 헤더 제외하고 최대 127byte, MAC 헤더 제외시 102byte
- 16비트 단축형, IEEE 64비트 확장형 MAC 주소 지원
- IEEE 802.15.4 주파수 대역, 데이터 전송률,
- 토폴로지 : start/mesh 형
- 저전력, 저가, 저신뢰성 등

분류	기능	현황	전망
Open HW Platform	Thing HW 플랫폼	Arduino, Raspberry Pi, Galileo 등	개발 편의성 중심 Open HW 중심 다양한 창의 IoT Product에 적용 예상
Device Platform	Device Operating System	Tiny OS, Rasbian, Embedded Linux, nanoQplus 등 경량 OS Wearable Device 용 초경량/저전력 OS 등장	목적별 초경량/저전력 OS 네트워크 장비의 IoT 인프라화 예상
사물 데이터 플랫폼 (서비스)	사물 데이터 개방/연계/검색/분석	글로벌 기업 IoT 데이터분석 플랫폼 시맨틱 기술 IoT 접목을 통한 데이터 상호운용	공공 데이터 플랫폼 운용 확대 사물연동 및 지능형 서비스 요구 증대에 따른 관련 기술 중요도

CoRE 워킹그룹에서 제정하려는 CoAP의 표준화 영역은 TCP와 UDP를 포함하는 트랜스포트 계층을 포함한 상위 애플리케이션 계층에서 M2M 노드들 사이에서 어떻게 리소스 이벤트(예: 온도, 습도)에 대한 요청을 하고 이벤트가 생겼을 경우 어떻게 비동기적으로 리소스 이벤트를 노드에게 전송할 지에 대한 방법을 REST(Representational State Transfer) 기반의 접근방식으로 프로토콜을 설계하는 부분이다.

(5) 전자부품연구원 MOBIUS

Mobius Platform은 사물 간에 인터넷을 할 수 있는 물적 기반인 통신 네트워크가 원활하게 작동하도록 하는 운영체제로서, 사물 간의 정보를 주고받는 기술 표준과 각종 애플리케이션을 탑재하여 open한 플랫폼이다. 실제로, Mobius에서는 본인의 스마트폰으로부터 3가지 센서(GPS, Gyro, 가속도 센서)의 정보를 Mobius 플랫폼을 통해 동작하여, IoT 서비스를 간접적으로 체험할 수 있다.

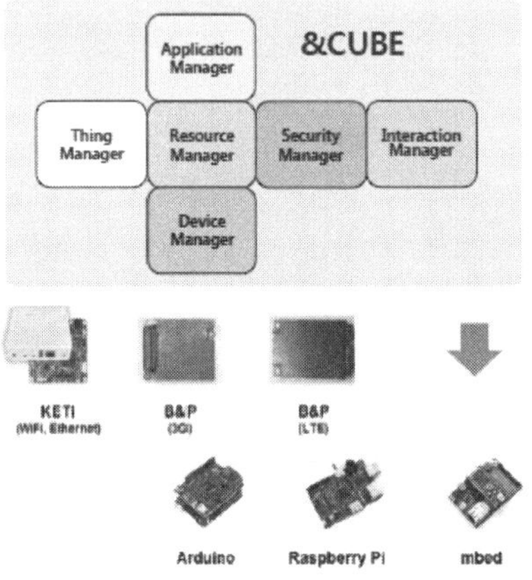

[개방형 IoT 디바이스 플랫폼 (&CUBE)]

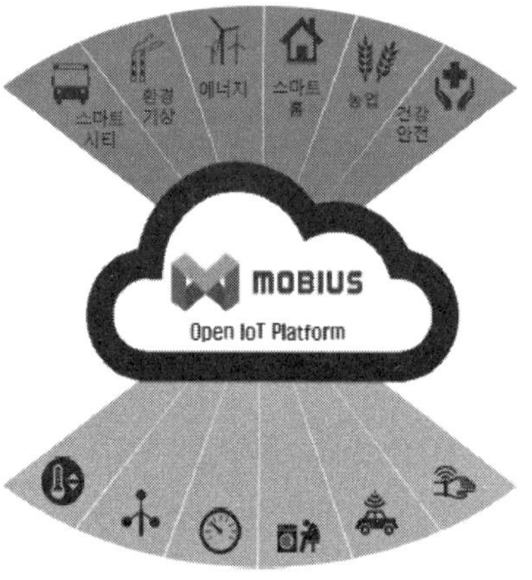

[개방형 IoT 서비스 플랫폼 (MOBIUS)]

Mobius는 다음과 같이 다양한 종류의 임베디드 시스템 상에서 운용될 수 있다. 라즈베리파이, 아두이노를 비롯한 널리 보급된 ARM 임베디드 시스템을 비롯하여, 비글보드, MDS, B&P, 그리고 KETI (CoAP) 임베디드 시스템에도 탑재될 수 있다. 물론, 각 보드에 따라서 사용하는 Mobius 플랫폼은 로즈마리, 라벤더, 민트, 카모마일로서 적절한 버전을 채택하여야 한다.

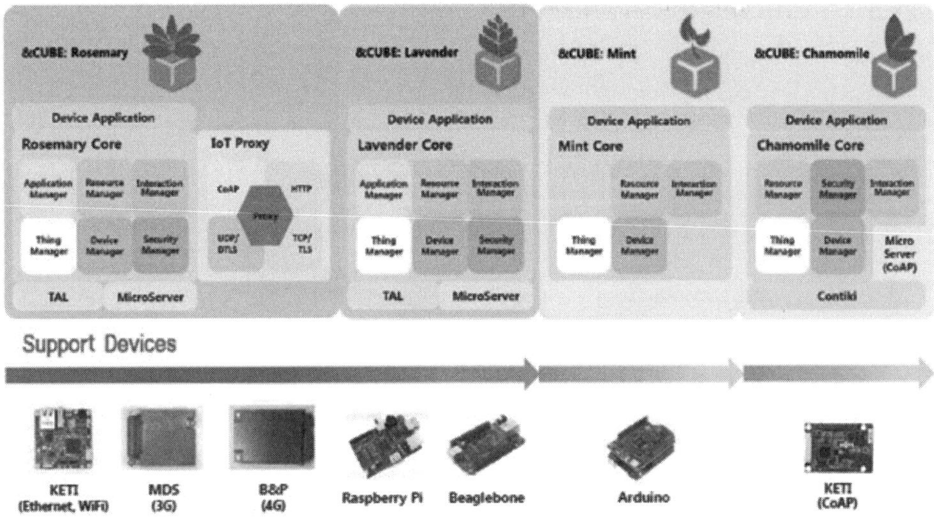

(6) IoT 업종 분류

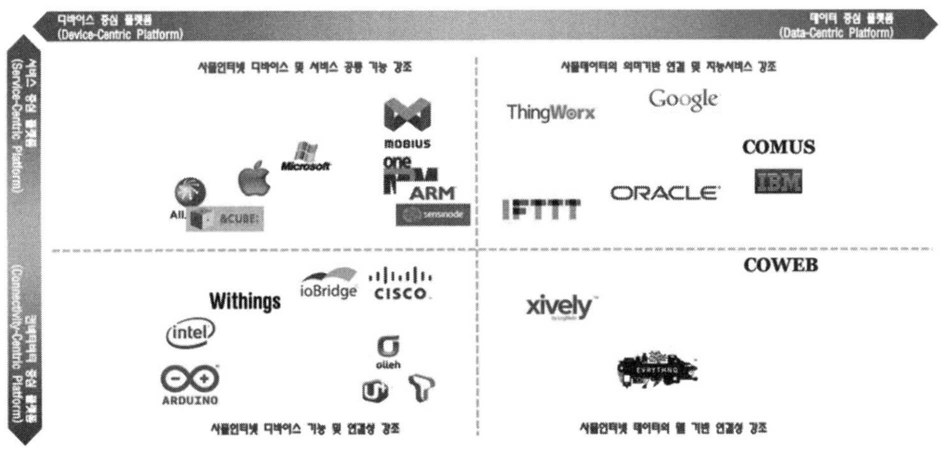

IEEE 802.15.4 : LR-WPAN(Low Rate Wireless Personal Area Network)
10m 이내 좁은 영역에서 사용하는 저전력/소형/저가 개인 무선 네트워크 기술
2.4GHz(World), 868MHz(EU), 915MHz(US) 대역 사용

CSMA/CA(Collision Avoidance)

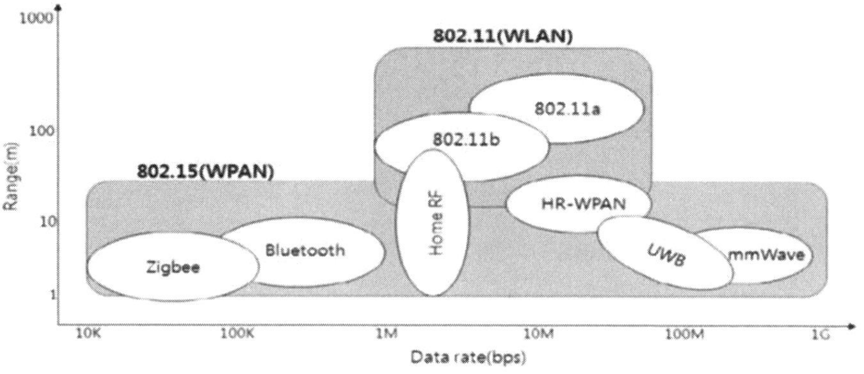

제 2부.
ARM 임베디드 시스템

3. ARM 임베디드 시스템 아키텍쳐
4. Keil MDK를 활용한 ARM 개발환경 구축
5. JTAG을 활용한 ARM 프로세서 디버깅
6. GPIO를 이용한 입출력 실습
7. 타이머 활용 실습
8. Exception과 Interrupt 처리 실습
9. ADC/DAC 소개 및 실습
10. UART/USB 활용 실습

제 2부.
ARM 임베디드 시스템

3. ARM 임베디드 시스템 아키텍쳐

본 교재에서는 ARM Cortex-M3 NXP 프로세서 기반의 임베디드 시스템을 활용한다. 이를 위해 우선 ARM Coretx 프로세서에 대해 간단히 소개한다. 주로 ARM11에 사용되었던 ARMv6 아키텍쳐의 후속으로 ARMv7 아키텍쳐가 개발되었는데, ARM사에서는 이전과는 달리 ARMv7 아키텍쳐를 사용한 프로세서에 Cortex라는 새로운 패밀리 이름을 사용하였다. ARMv7 아키텍쳐의 코어를 가지는 프로세서에는 Cortex 프로세서라는 이름을 사용하며, 차세대 아키텍쳐에서도 다른 이름을 사용할 예정이다. Cortex 프로세서의 의미는 A(Application) 시리즈, R(Real-time) 시리즈, 및 M(Microcontroller) 총 3가지 시리즈가 있다. 프로세서의 모델명은 각 시리즈별로 1에서 10(또는 그 이상)의 숫자를 사용하여 표시하는데, 이 숫자는 클수록 해당 프로세서의 성능이 고성능임을 의미한다. 따라서 시리즈 및 모델명을 보면 해당 프로세서의 성능을 대략 짐작할 수 있다. 모델명의 예를 들면 Cortex-A8, Cortex-A9, Cortex-M0,

Cortex-M3 등으로 주어진다.

Cortex-A 시리즈 : Application용

Cortex-A 시리즈는 ARMv7-A 아키텍쳐를 가지고 있으며 ARM 명령어와 Thumb-2 명령어를 사용한다. Cortex-A 시리즈는 복잡한 운영환경과 고성능이 요구되는 유저 어플리케이션의 구현에 적합하므로 스마트폰, PMP나 넷북과 같은 모바일 기기에 많이 사용되고 있다. Cortex-A 시리즈에는 현재 Cortex-A8, Cortex-A9 프로세서가 있다.

Cortex-R 시리즈 : Real-time용

Cortex-R 시리즈는 ARMv7-R 아키텍쳐를 가지며 ARM 명령어와 Thumb-2 명령어를 사용한다. R 시리즈는 리얼타임 시스템에 적합하며, 차세대 임베디드 제품에서 필요한 복잡한 알고리즘 제어와 실시간 작업처리가 가능하도록 설계되어 있다. Cortex-R 시리즈는 Cortex-R4, Cortex-R4F 및 Cortex-R4X 프로세서가 있다.

Cortex-M 시리즈 : Microcontroller용

Cortex-M 시리즈는 ARMv7-M 아키텍쳐를 가지며 Thumb-2 명령어만을 사용한다. M 시리즈는 마이크로컨트롤러 및 FPGA에 최적화된 프로세서이며, 자동차나 전자분야 등 가격에 민감한 임베디드 어플리케이션 분야를 타겟으로 한다. Cortex-M 시리즈에는 현재 Cortex-M0, Cortex-M1, Cortex-M3, Cortex -M4 프로세서가 있다.

가) 프로세서 코어(Cortex-M3 Core) 특징

Cortex-M3 Core의 특징은 다음과 같다.

- 16비트와 32비트 명령어가 결합된 Thumb-2 명령어 세트 사용
- 명령어 버스와 데이터 버스의 분리에 의한 데이터 읽기/쓰기 동시 수행

- 3단 파이프라인 구조
- 쓰레드 모드와 핸들러 모드의 2개의 동작모드
- 특권 접근레벨과 사용자 접근레벨의 2개의 메모리 접근레벨

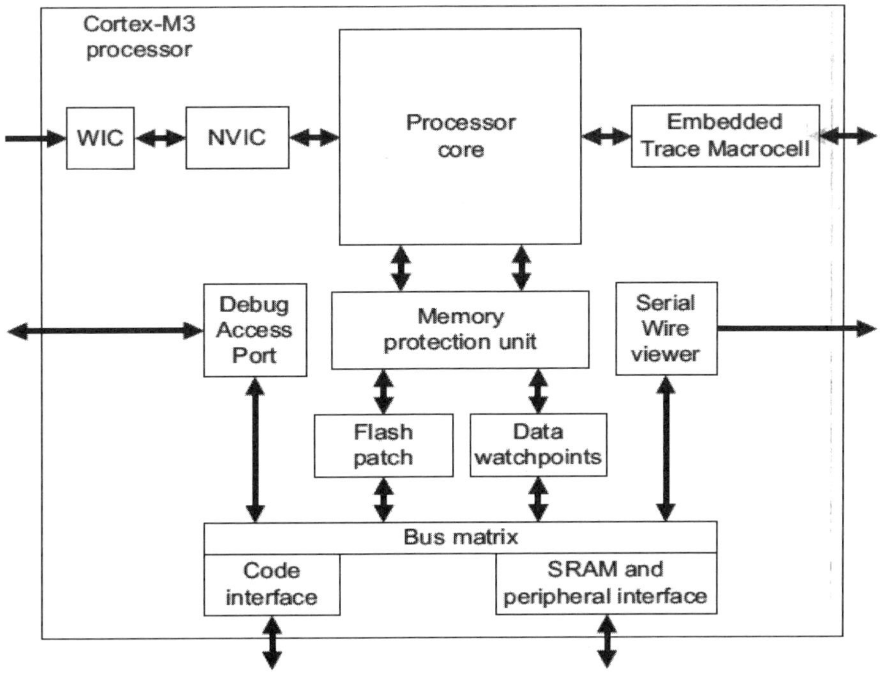

NVIC(Nested Vectored Interrupt Controller)

프로세서에 내장된 인터럽트 제어기로써, 낮은 지연속도의 인터럽트 처리를 지원하고, 몇 개의 시스템 레지스터를 가지고 있다. 중첩된 인터럽트를 쉽게 처리할 수 있고, 인터럽트마다 벡터 테이블을 가지고 있어 인터럽트 발생 시에 신속하게 핸들러 루틴으로 집입, 처리할 수 있다.

MPU(Memory Protection Unit)

메모리에 대한 접근 권한을 제어할 수 있는 기능을 가지고 있다. 메모리 맵을 여러 개의 메모리 영역으로 나누고, 위치, 사이즈, 접근 권한, 메모리 속성을 정한다. 일반적으로

운영체제가 MPU를 설정하여 특권 접근레벨에서 사용하는 데이터를 사용자 접근레벨에서 접근하지 못하도록 막거나 특정 메모리 영역을 읽기 전용으로 설정하여 예상치 못한 데이터의 변경이나 삭제를 막는 등의 역할을 수행한다.

버스 인터페이스

프로세서 내부에 버스 매트릭스를 가지며, 외부로 세 개의 AHB 버스들(한 개의 시스템 버스, I-code 버스와 D-code 버스)이 나오게 된다. I-code와 D-code 버스는 명령어(Instruction) 인출과 데이터(Data) 입출력을 위한 버스이고, 시스템 버스는 SRAM, 주변장치 등과의 명령어 인출 및 데이터 입출력을 위한 버스이다.

나) ARM 레지스터 및 S3C2440 / LPC1768 레지스터

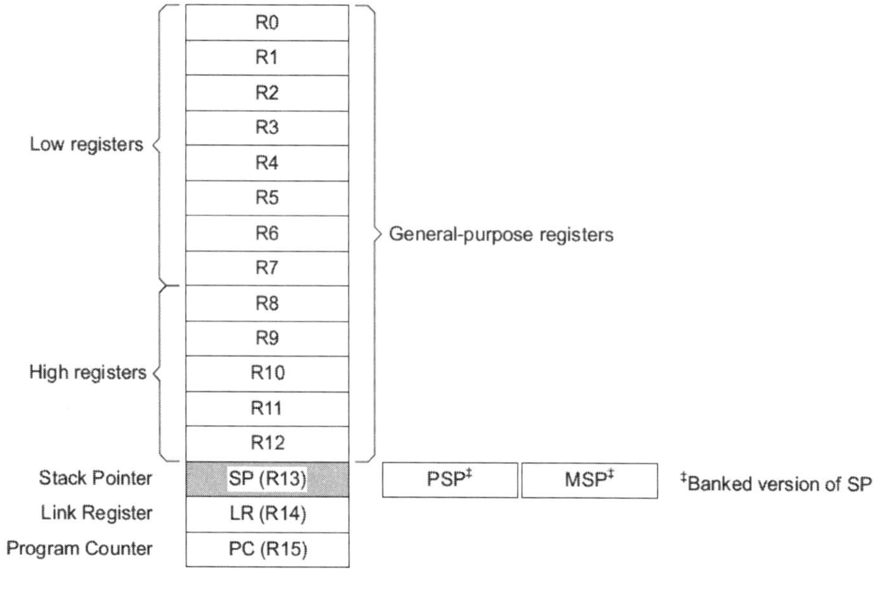

[그림 3-1] ARM 프로세서의 레지스터

(1) ARM GPR 레지스터, CPSR/ SPSR 레지스터

RISC 프로세서는 연산에 사용될 데이터를 레지스터에 저장한 후, 레지스터 기반으로 연산을 수행한다. ARM 프로세서 역시 RISC 프로세서이기 때문에 레지스터 기반으로 수행된다. ARM 프로세서는 16개의 데이터 레지스터(R0~R15)와 상태 레지스터로 구성된다. 모든 레지스터는 32비트 레지스터이다. 그 중에서 R0부터 R12까지의 레지스터들은 범용 레지스터들(General Purpose Register)로써, 일반적인 용도로 쓰이며, 데이터나 주소를 저장하는데 사용된다.

GPR(General Purpose Register) 범용 레지스터

범용 레지스터는 하위 레지스터는 R0부터 R7까지 8개, 상위 레지스터는 R8부터 R12까지 5개로 나눌 수 있다. 하위 레지스터는 16비트와 32비트 Thumb2 명령어들에 의해 접근이 가능하지만 상위 레지스터는 32비트의 Thumb2 명령어만 접근이 가능하다. 따라서, 16비트 명령어는 접근이 불가능하다.

PSR(Program Status Register) 프로그램 상태 레지스터

프로그램 상태 레지스터는 말그대로 프로그램 실행 중 실행중인 프로그램의 상태를 저장하는 레지스터이다. 프로그램 상태 정보는 ALU 플래그, 실행 상태, 현재 실행하고 있는 인터럽트 번호를 제공한다. 프로그램 상태 레지스터는 CPSR(Current Program Status Register)와 SPSR(Stored Program Status Register)로 나뉜다. CPSR은 현재의 프로그램 상태를 저장하는 레지스터이고, SPSR은 예외나 인터럽트가 발생할 경우 동작 모드가 바뀜에 따라 예외나 인터럽트 처리 후, 복귀를 위해 CPSR의 정보를 저장하는 레지스터이다. CPSR은 APSR(Application Program Status Register), IPSR(Interrupt Program Status Register), EPSR(Execution Program Status Register)로 구성된다.

SPR(Special Purpose Register)

ARM 아키텍쳐에서는 R13, R14, R15에 특별한 기능을 부여하여 사용한다. R13은 SP(Stack Pointer), R15는 LR(Link Register), R15는 PC(Program Counter)로

특수한 목적으로 사용된다.

R13 : SP(Stack Pointer)

스택 구조의 소프트웨어에서 사용되는 Stack Top을 알기 위한 스택 포인터로서, 프로세서 모드의 스택 맨 위의 주소값을 저장한다. 운영체제의 커널과 예외 핸들러, 사용자 프로그램이 사용한다. 스택을 사용하지 않을 경우, 일반 레지스터로 사용가능하다.

R14 : LR(Link Register)

프로그램 실행 도중 서브 루틴이 호출될 때 서브 루틴 수행이 끝난 후 복귀 주소(Return Address)를 저장하는 레지스터이다. 또한 예외(Exception)이나 인터럽트(Interrupt)가 발생하였을 때에도 ARM 프로세서는 자동으로 복귀 주소를 R14에 저장한다.

R15 : PC(Program Counter)

프로그램 카운터는 프로세서가 다음 수행해야할 다음 명령어의 주소를 저장하는 레지스터이다. 프로세서는 현재 실행중인 명령어의 위치를 가리키는 프로그램 카운터를 유지하기 위해 ARM은 이 프로그램 카운터로 R15를 사용한다.

ARM 프로세서 모드

ARM에는 두 가지의 프로세서 모드와 두 가지의 접근 레벨이 있다.

두 가지의 프로세서 모드

프로세서 모드는 프로그램을 실행하고 있는지 인터럽트 핸들러나 익셉션 핸들러를 실행하고 있는지를 결정한다.

- 쓰레드 모드(Thread Mode) : 일반적인 프로그램 실행시
- 핸들러 모드(Handler Mode) : 예외나 인터럽트 발생시

두 가지의 접근 레벨

접근 레벨은 모든 메모리에 접근할 수 있는지 지정된 메모리만 접근이 가능하지를 결정한다. 접근 레벨을 나누어 잘못된 레지스터 접근이나 데이터 변경을 막음으로써 시스템의 안정성을 향상시키게 된다.

- 특권(Privileged) 레벨 : 모든 메모리에 접근 가능, CPSR 읽기/쓰기 가능
- 사용자(User) 레벨 : 지정된 메모리만 접근 가능, CPSR 읽기만 가능

프로세서가 쓰레드 모드를 실행하고 있을 경우 접근 레벨은 특권 레벨이나 사용자 레벨 상태일 수 있으나 핸들러 모드에서는 특권 레벨 상태만 가능하다. 프로그램 실행 도중 익셉션이 발생하면 프로세서는 항상 특권 레벨로 설정되며, 익셉션 핸들러의 실행이 종료되면 제어 레지스터에 설정된 접근 레벨로 돌아가게 된다.

다) 메모리 맵(Memory Map)의 이해

(1) Memory Mapping 방식과 Isolated I/O 방식 이해

마이크로프로세서(CPU)의 입출력 방식에는 메모리 매핑(Memory Mapping) I/O 방식과 Isolated I/O 방식 두 가지가 있다.

Memory mapping I/O
전체 주소 공간을 메모리 주소 공간과 입출력 주소 공간이 나누어 사용한다. 따라서, 메모리 읽기/쓰기 명령어와 I/O 포트의 입출력 명령어가 동일하고, I/O 입출력을 위한 특별한 명령어가 없다.

Isolated I/O
메모리 매핑 방식과는 달리, 메모리 주소 공간과 I/O 포트의 주소 공간이 분리되어 있다. CPU의 별도의 제어선이 있고, 메모리 읽기/쓰기 명령어와 I/O 포트의 입출력 명령어가 다르다. I/O 입출력을 위한 명령어가 따로 존재한다.

(2) S3C2440 메모리 맵 소개

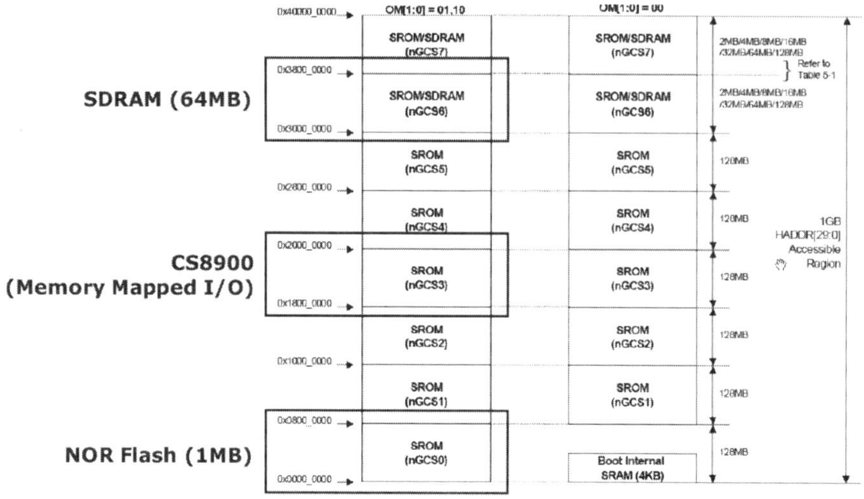

(3) LPC1768 메모리 맵 소개

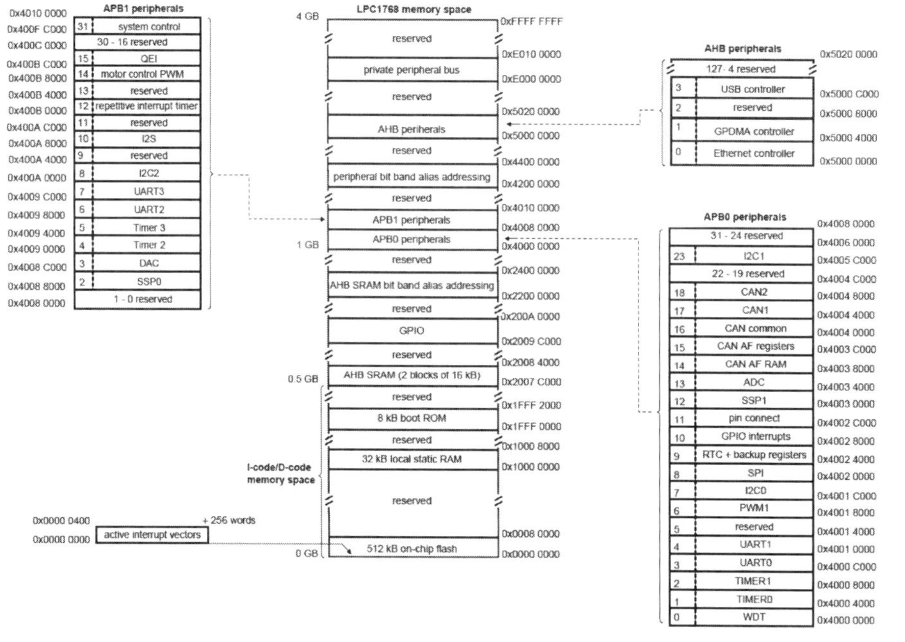

4. Keil MDK를 활용한 ARM 개발환경 구축

이 장에서는 ARM 임베디드 소프트웨어 개발에 필요한 툴로써, Keil MDK-ARM 개발환경을 소개한다. 또한, Keil ARM 라이브러리 및 기타 추가 프로그램 설치, 제품등록, 프로젝트 생성 및 설정, 프로그램 컴파일 및 다운로드, 그리고 디버깅 등에 대해 살펴보기로 한다.

가) 개발환경 구축

(1) Keil MDK-ARM 소개

Keil 사의 MDK-ARM(Microcontroller Development Kit-ARM)은 상용 프로그램으로써, 이 프로그램을 사용하려면 직접 구입해야 하나, Keil 홈페이지에서 무료로 평가판을 내려 받아 사용해 볼 수 있다. 평가판은 빌드 되는 코드 크기가 제한되는 등 약간의 제약이 따르지만 전체 기능을 살펴보는 데에는 무리가 없다.

MDK-ARM은 어셈블러, 컴파일러, 링커, 디버거와 IDE(Integrated Development Environment)를 포함하므로, 코드 생성과 디버거의 뛰어난 기능을 uVision IDE를 통해 쉽게 사용해볼 수 있다.

MDK-ARM은 ARM7, ARM9, Cortex-M0, Cortex-M1, Cortex-M3 마이크로 컨트롤러의 개발 툴로서 배우고 사용하기가 간편하다. 또한 임베디드 어플리케이션에서 요구되는 강력하고 풍부한 기능을 지원한다.

Keil MDK-ARM은 다음 내용을 포함한다.

- 강력한 성능을 가지며, 사용하기 쉬운 uVision은 편집기, 프로젝트 관리, 이미지빌드 기능을 포함한다.
- uVision 디버거는 CPU와 주변장치들을 시뮬레이션 할 수 있으며, Keil ULINK-JTAG 어댑터를 동작시킨다.

- ARM 컴파일 툴은 ANSI C/C++ 컴파일러와 관련된 유틸리티를 포함한다.
- RTX RTOS 커널(Kernel) 지원
- 각종 튜토리얼과 문서

(2) Keil MDK-ARM **다운받기**

Keil MDK-ARM를 정상적으로 구동하기 위해서는 최소한으로 요구되는 하드웨어와 소프트웨어 사양이 있다. 설치하기 전에, 아래 사항을 먼저 확인하여야 한다.

- Windows XP SP3, Windows Vista or Windows 7
- Mouse or Similar Pointing Device
- Available Hard Disk Space (1.4GBytes)
- 1GBytes of RAM (2GB recommended)
- Pentium Class PC

1) https://www.keil.com/arm/demo/eval/arm.htm 에 접속한다.

2) 소프트웨어 다운로드 페이지가 나타나면 사용자 정보를 양식에 맞게 작성 후, Submit 버튼을 누른다. 굵은 글씨로 표시된 항목은 반드시 입력해야 한다.

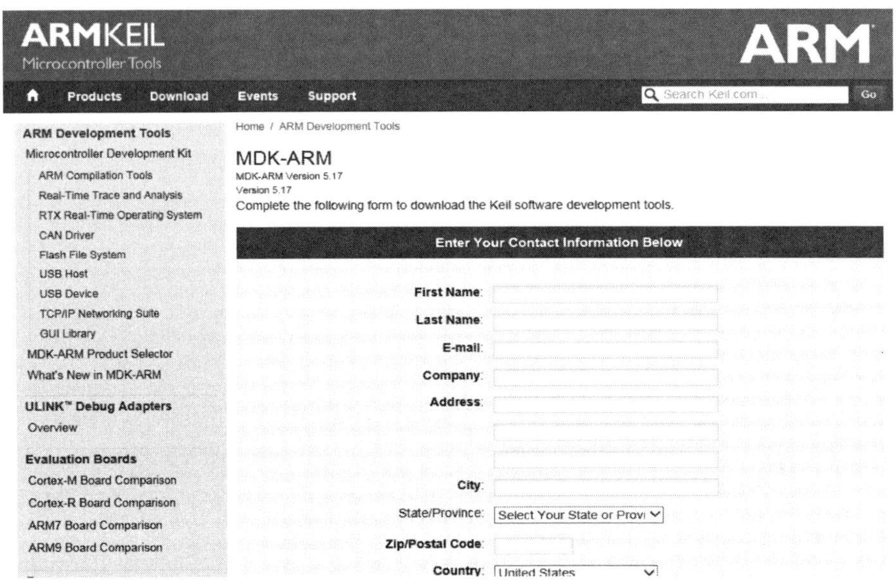

(3) MDK-ARM 설치파일을 내려 받는다.

이 때, limitations of the evaluation tools 링크를 누르면, 평가판에서의 제한 사항이 기술되어 있다. 주요사항은 다음과 같다.

- 평가판 MDK-ARM에서는 32Kbyte 보다 작은 프로그램 코드와 데이터를 컴파일/어셈블/링크할 수 있다.
- 디버거 역시 32Kbyte 보다 작은 프로그램만을 디버깅 할 수 있다.
- 컴파일러는 생성된 기계어 코드에 대해서 디어셈블리 기능을 제공하지 않는다.
- 컴파일 옵션 중 -S, -asm, --interleave 명령행 옵션들에 대해서 사용이 불가능하다.
- 프로젝트는 Target -> Listing -> C 컴파일러 리스트 옵션을 enable 한 상태로 컴파일 할 수 없다.
- 컴파일러와 어셈블러는 position-independent 코드(code) 또는 데이터(data)를 생성할 수 없다.

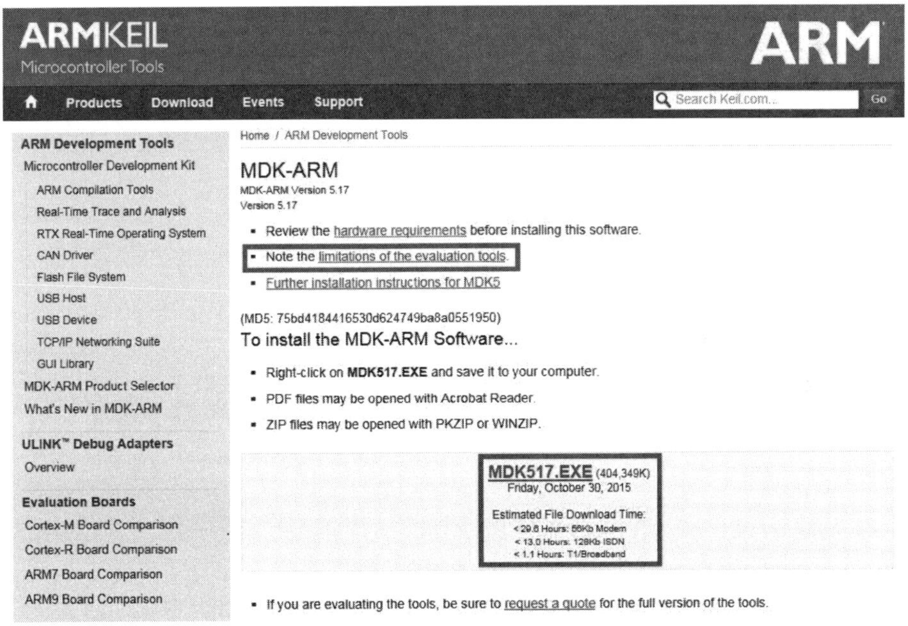

(4) Keil MDK-ARM 설치하기

1) 내려 받은 설치 파일을 실행한 후, Next 버튼을 누른다.

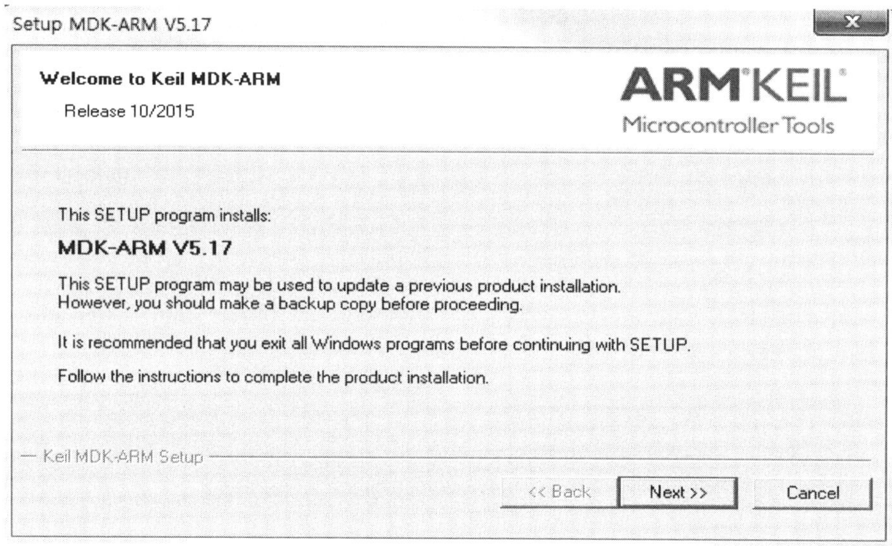

2) 사용 계약에 대한 동의를 묻는 창이 나오면 계약 조항에 대한 내용을 살펴보고, 설치를 계속 진행하고자 한다면 하단의 체크박스를 선택한 다음, Next 버튼을 누른다.

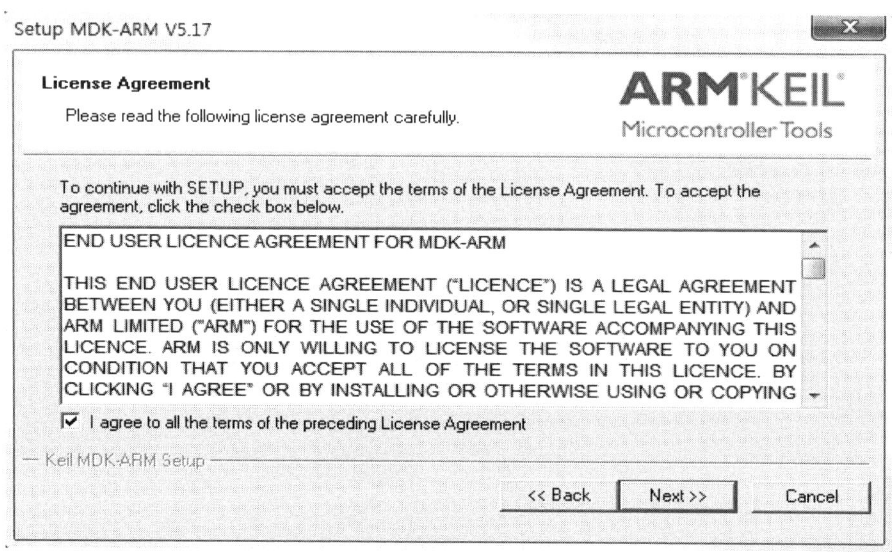

3) 프로그램 기본 설치경로는 "C:\Keil_v5"로 지정되어 있다. 이 경로를 변경하기 원한다면, Browse... 버튼을 눌러서 설치 경로를 지정하고 Next 버튼을 누른다.

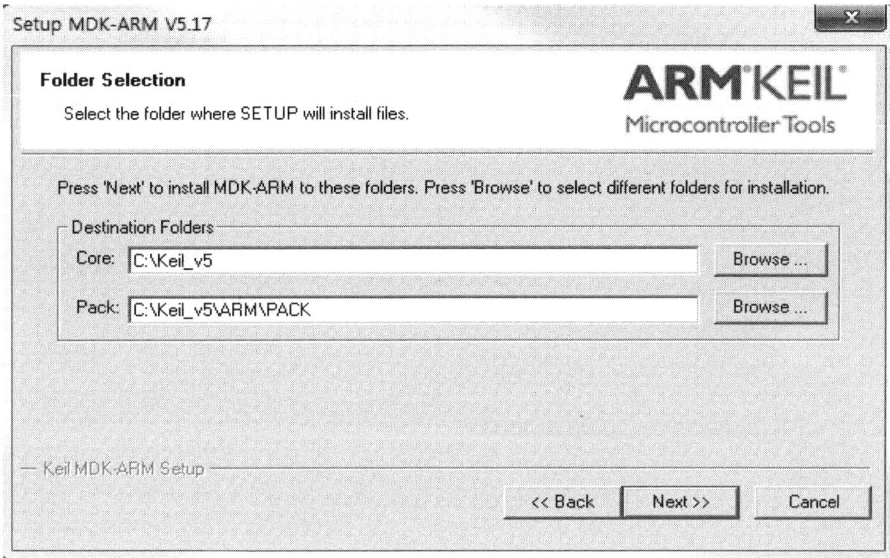

4) 프로그램 설치를 계속 진행하려면 사용자 정보를 입력해야 한다. 본 프로그램을 사용할 사용자의 정보를 입력한 후, Next 버튼을 누른다.

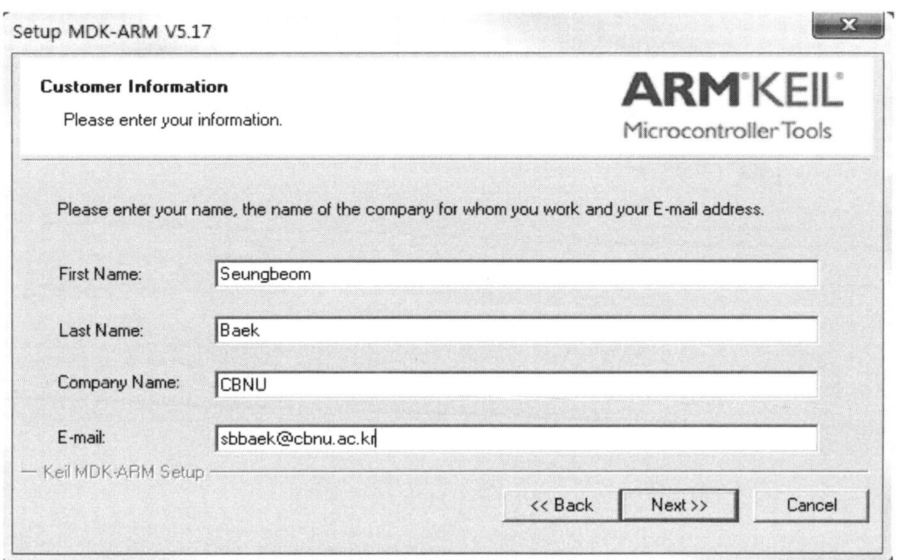

5) 진행바가 올라가면서 설치가 진행된다.

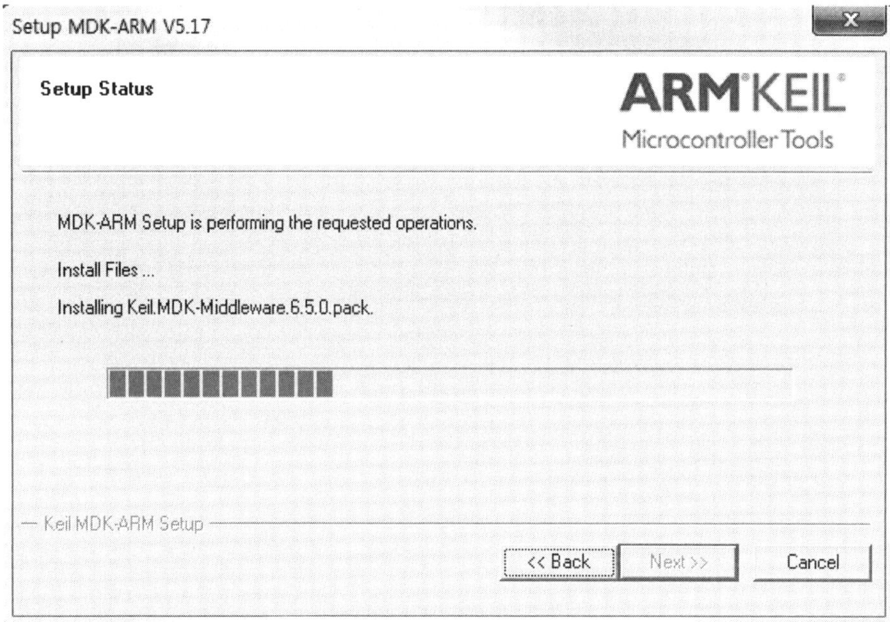

6) 장치 소프트웨어 설치관련 Windows 보안 경고창이 나타나면 설치를 누른다.

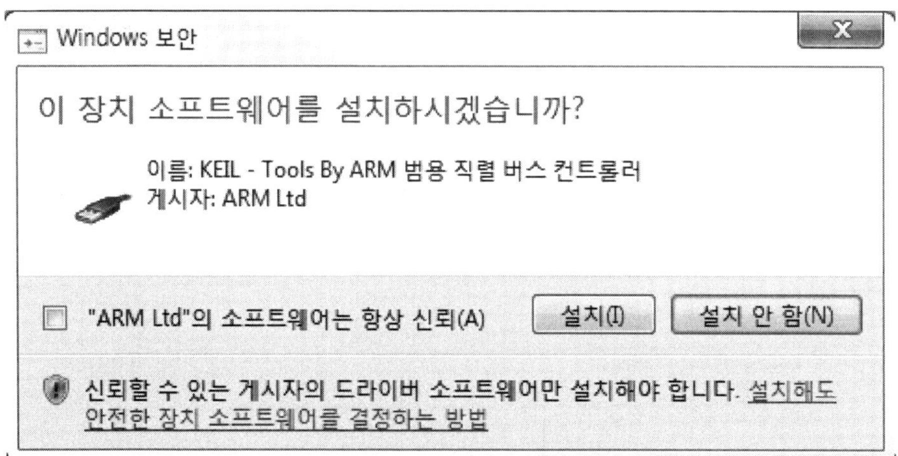

7) Finish 버튼을 눌러 설치를 마친다.

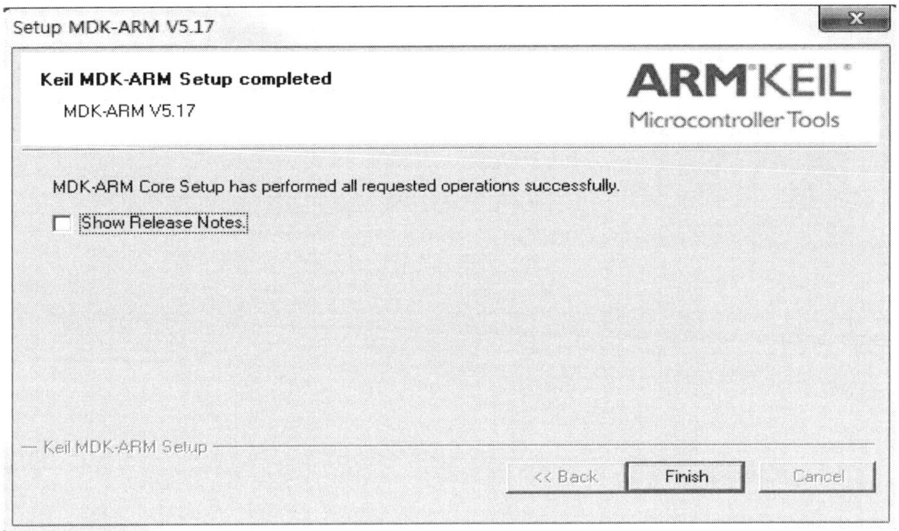

8) 설치를 마치면 Pack Installer가 자동으로 실행된다. Pack Installer는 보드 구동을 위해 필요로 하는 소프트웨어 패키지들을 관리하는 프로그램이다. Toolchain과는 독립적으로 새로운 디바이스 지원과 미들웨어 업데이트를 제공한다.

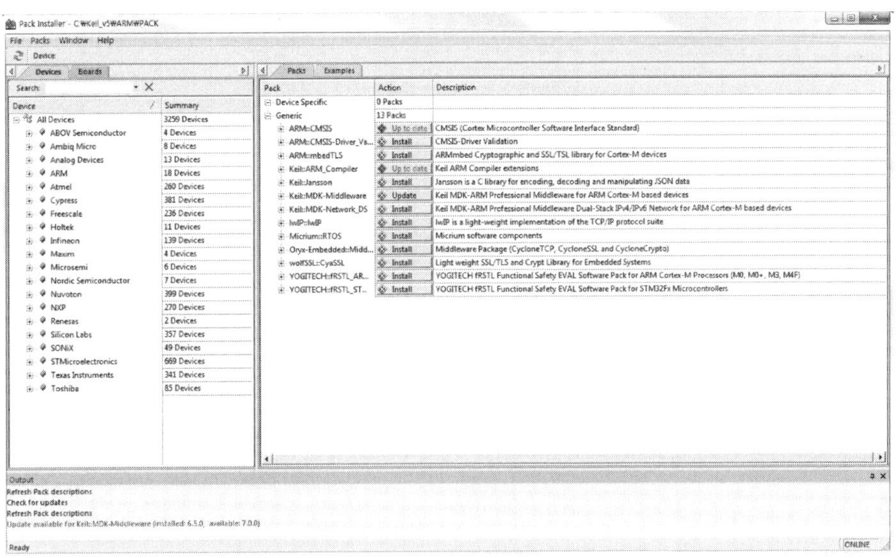

9) 좌측 탭에서 Devices-NXP LPC1700 Series를 선택한다.

10) 우측 탭에서 Packs-Keil::LPC1700_DFP를 선택하여 Install 버튼을 누른다.

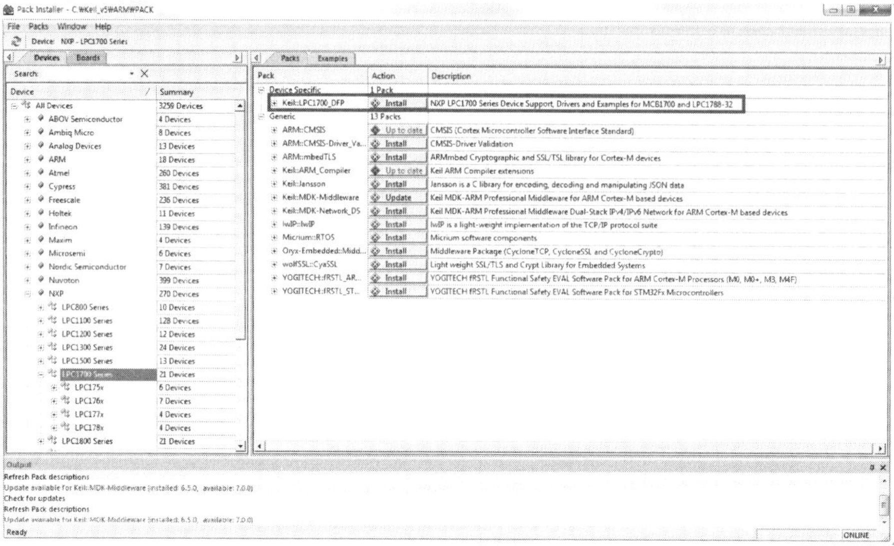

11) Device Support Pack 설치가 완료된 것을 확인할 수 있다.

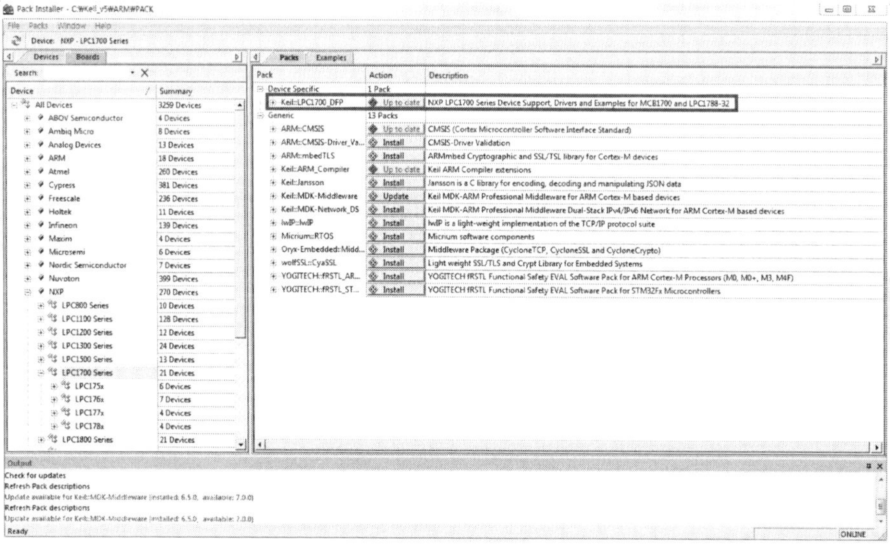

12) http://www2.keil.com/mdk5/legacy 을 접속하여 Legacy Device Support를 다운로드 하여 절차를 따라서 설치를 한다. Legacy Device Support를 설치하여 지난 버전(MDK Version 4)과의 호환성을 유지할 수 있다. Keil 홈페이지에서 다음과 같은 이유를 제시하고 있다.

- To maintain projects created with MDK Version 4 without migrating to Software Packs.
- To use older devices that are not supported by a Device Family Pack.

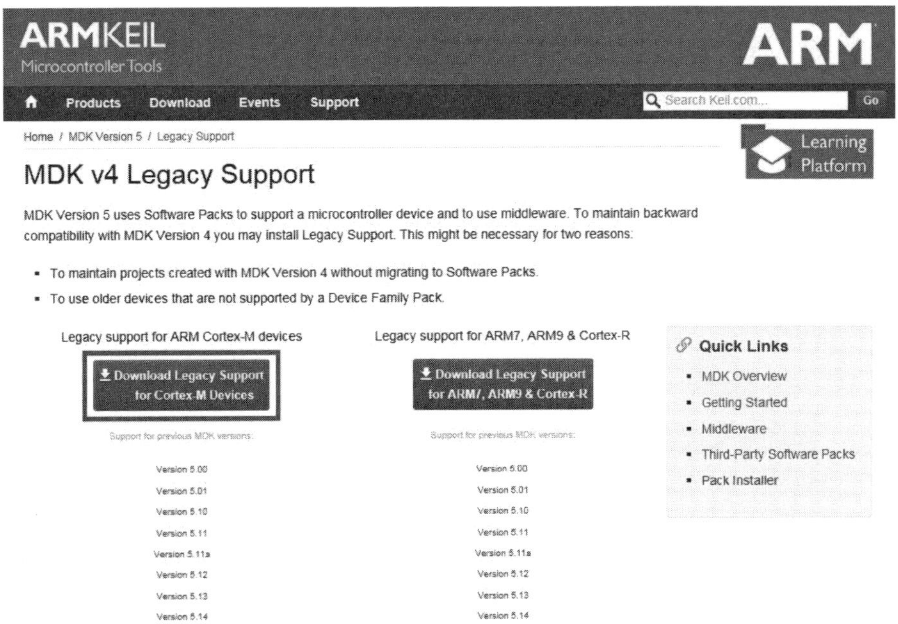

13) 내려 받은 설치 파일을 실행하고 Next 버튼을 누른다.

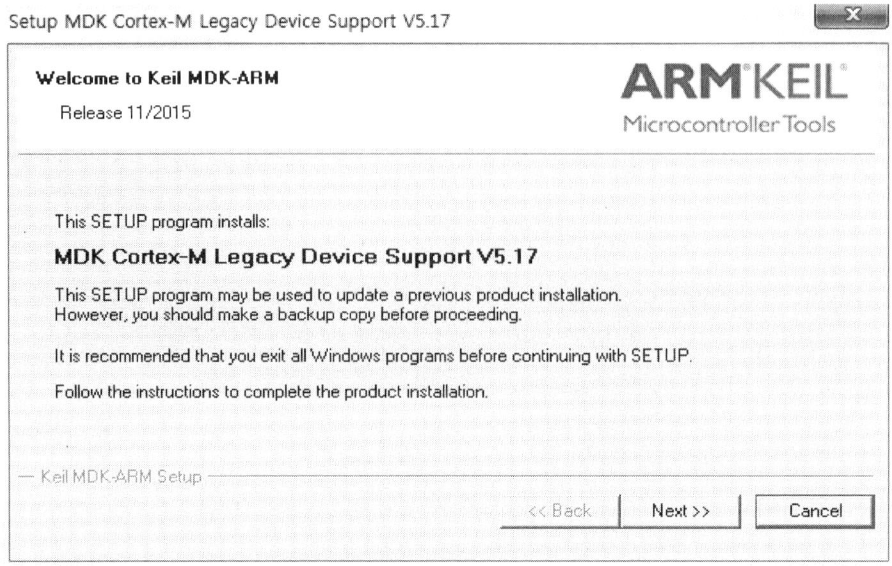

14) 사용 계약에 대한 동의를 묻는 창이 나오면 계약 조항에 대한 내용을 살펴보고, 치를 계속 진행하고자 한다면 하단의 체크박스를 선택한 다음, Next 버튼을 누른다.

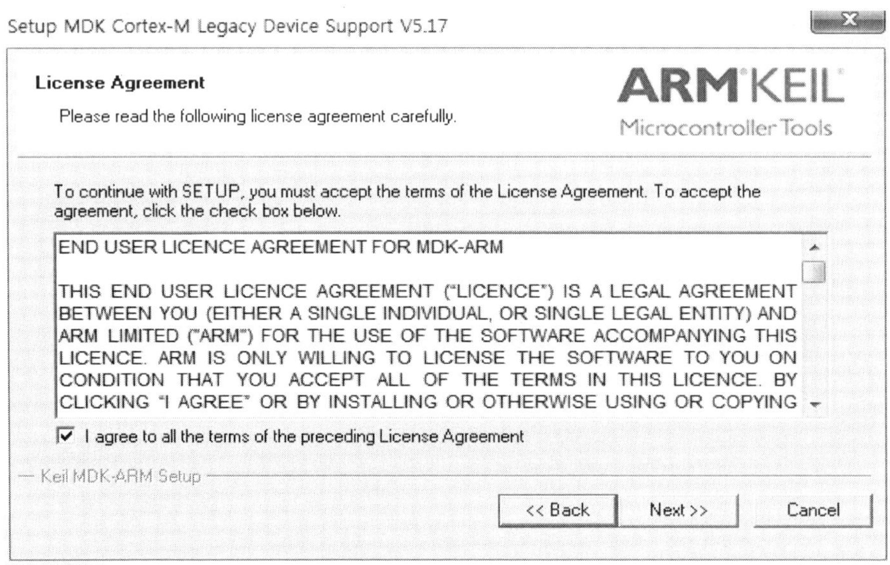

15) 프로그램 기본 설치경로는 "C:\Keil_v5"로 지정되어 있다. 이 경로를 변경하기 원한다면, Browse... 버튼을 눌러서 설치 경로를 지정하고 Next 버튼을 누른다.

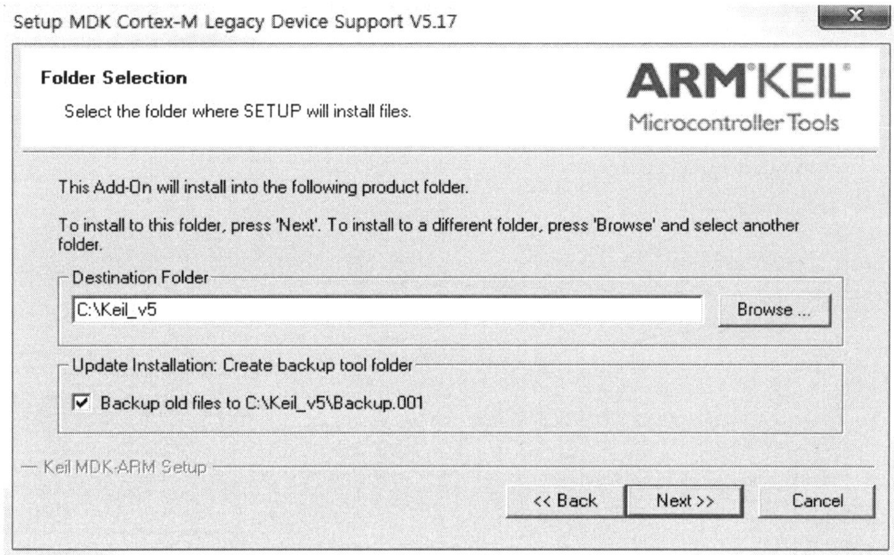

16) 프로그램 설치를 계속 진행하려면 사용자 정보를 입력해야 한다. 본 프로그램을 사용할 사용자의 정보를 입력한 후, Next 버튼을 누른다.

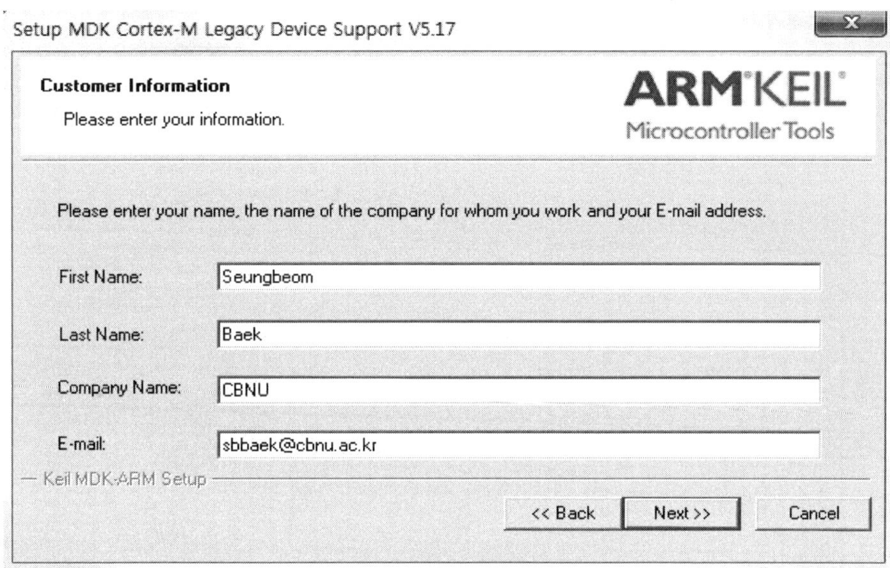

17) 진행바(Progress Bar)가 올라가면서 설치가 진행된다.

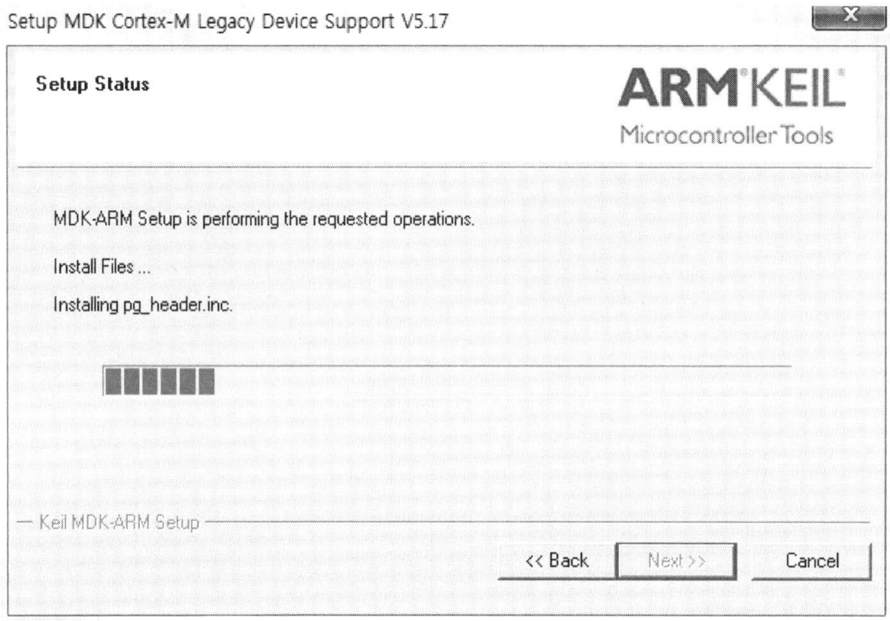

18) Finish 버튼을 눌러 설치를 마친다.

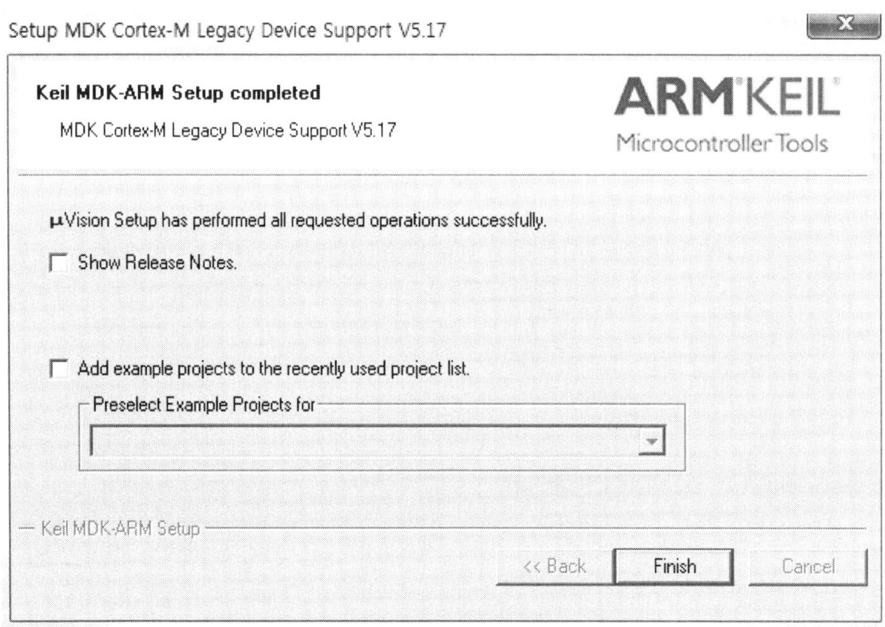

19) 바탕 화면에서 Keil uVision5 아이콘을 눌러 uVision을 실행한다.

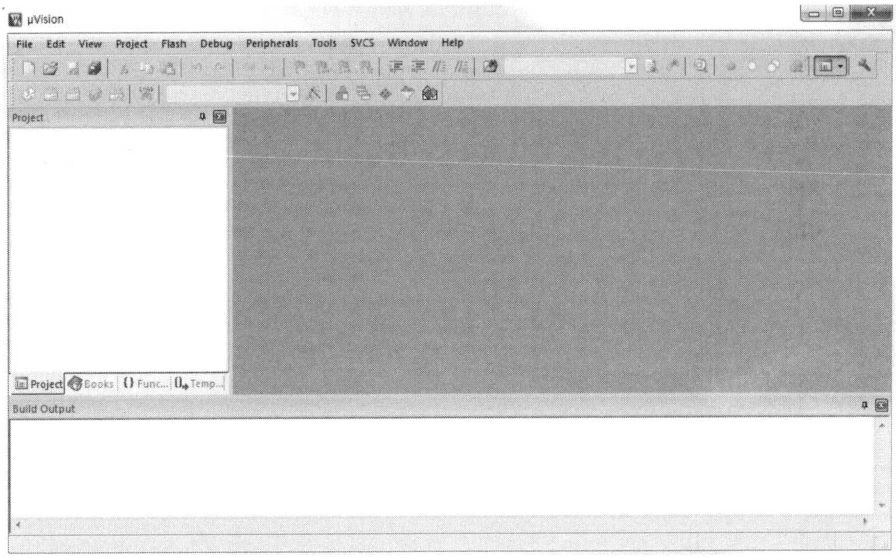

(5) NXP 라이브러리 설치하기

본 교재에서 활용하는 LPC17xx 시리즈 MCU의 프로그램 작성을 위해서는 NXP사에서 제공하는 MCU 구동용 라이브러리 파일이 필요하다. 라이브러리 파일의 이름은 LPC1700 CMSIS Standard Peripheral Firmware Library 이다.

라이브러리는 LPC17xx의 주변 장치의 구동을 위한 함수, 구조체와 매크로로 이루어져 있으며 또한 이들에 대한 매뉴얼과 예제 프로그램도 포함되어 있다. 이 라이브러리를 이용하면 독자들은 MCU의 레지스터나 하드웨어의 구성에 대한 깊은 지식이 없어도 모든 MCU 응용 프로그램의 작성이 충분히 가능한 장점이 있다.

기존의 MCU 프로그램 방법은 대부분의 경우 사용자가 작성한 프로그램 내에서 MCU의 레지스터에 직접 값을 써 넣는 방식으로 이루어졌다. 그러나 본 교재에서처럼 라이브러리에서 제공되는 함수나 구조체를 이용하는 방식을 사용하면 프로그램의 작성이 아주 쉬워지므로 개발에 걸리는 노력이나 시간이 대폭 줄어드는 장점이 있다.

아래와 같이 NXP 홈페이지 (https://www.lpcware.com)에서 라이브러리를 다운받을 수 있다.

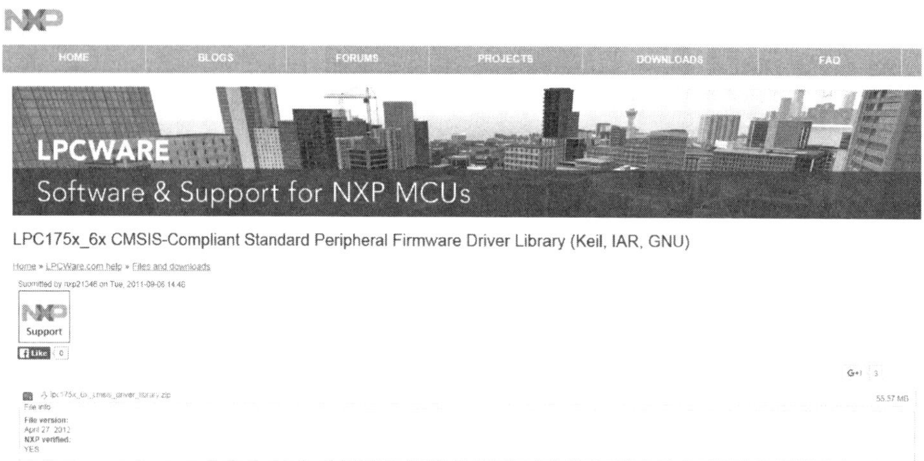

(6) Keil MDK-ARM 라이선스 설치하기

이번 절에서는 Keil 소프트웨어 툴을 구매한 사람이 제품을 등록하는 과정을 설명한다. Keil 홈페이지에서 평가판을 다운로드하여 사용하는 사람은 다음 절로 건너뛰어도 좋다. 우선, 제품의 라이선스 등록 과정을 설명하기에 앞서 사용될 용어에 대해 알아본다.

1) 용어정의

- CID (Computer ID)

CID는 사용자의 컴퓨터를 식별하는 10자리 숫자와 문자로 된 값이다. 이것은 자동으로 uVision IDE에 의해 생성되며, 제품을 사용하는데 필요한 LIC 코드를 만들 때 사용된다. uVision의 "File -> License Management..." 메뉴에서 사용자 컴퓨터의 CID 코드를 확인할 수 있다.

- PSN (Product Serial Number)

PSN은 Keil 제품과 함께 제공받는 15자리 숫자와 문자로 구성된 값이다. 이것은 제품을 등록하여 사용할 때 필요하며, PSN과 CID는 LIC 코드를 생성하는데 필요하다.

- **LIC (License ID Code)**

LIC는 30자리 숫자와 문자로 구성된 값으로, Keil 제품을 사용하는데 필요하다. LIC 코드를 얻으려면 CID와 PSN을 이용하여 On-Line 상에서 등록해야 한다.

- **UNC (Universal Naming Convention)**

UNC는 Machine에 독립적인 파일 이름 규칙이다. 예를 들어, CBNU 라는 컴퓨터에 ICE 라는 공유폴더가 있고, 그 곳에 있는 keilfloat.flf 파일의 UNC 이름은 "\\CBNU\ICE\keilfloat.flf" 가 된다.

2) Single User License

이 라이선스는 정확히 한 사람이 최대 2대의 컴퓨터에서 제품을 사용할 수 있도록 허용한다. 만약 다른 사람이 LIC 코드를 발급받으면, 이는 라이선스 협약을 위반하게 되는 것이다.

Keil 소프트웨어 제품을 설치하여 사용하려면, 설치 프로그램을 실행하여 설치를 완료한 다음에 Keil 홈페이지에서 Single-User License 폼에 CID와 PSN을 등록한다. 잠시 후, 홈페이지에서 사용자가 입력한 E-mail 주소로 LIC 코드를 받게 된다.

라이선스는 Uninstall 횟수가 3회로 제한되어 있으므로 주의가 필요하다. 예를 들어 제품을 설치한 후 다른 컴퓨터에 다시 설치해서 사용해야 할 경우, 이미 설치된 라이선스를 Uninstall 해야 한다. 앞서 설명한 대로 한 사람이 2대 이상의 컴퓨터에 설치할 수 없기 때문이다. (LIC 코드를 발급받을 때마다 Install 횟수가 증가하게 되고, 이는 Keil Web Server에 등록된다.) 라이선스 Uninstall 과정은 잠시 후에 설명한다.

라이선스를 Uninstall 하면 Keil Web Server에서 Install된 수가 줄게 되므로 다른 컴퓨터에서 LIC 코드를 발급받아 라이선스를 등록해 사용할 수 있지만 Uninstall 횟수는 증가하게 된다. 이렇게 해서 Uninstall 횟수가 3회가 되면 더 이상은 라이선스를 등록해서 사용할 수 없게 된다. 따라서 사용자는 제품에 대한 라이선스 등록을 신중하게 하여, 제품을 사용하지 못하게 되는 상황을 피하도록 해야 한다.

☞ LIC (License ID Code) 설치하기

Single User License를 사용하려면 LIC 코드를 발급 받아야 한다. LIC 코드를 발급 받는 방법은 다음과 같다. 만약, 컴퓨터가 인터넷에 연결된 경우에는,

ⓐ uVision에서 File → License Management...를 열어서, Single-User License 탭을 선택한다.

ⓑ Get LIC via Internet... 버튼을 클릭하여, Keil 홈페이지의 Lincense Management Page로 이동한다.

ⓒ 사용자 정보와 Product Serial Number(PSN)을 입력하고, Submit 버튼을 눌러서 제출한다.

ⓓ 몇 분 후, 등록한 E-mail로 LIC 코드를 받게 된다.

ⓔ New License ID Code (LIC)필드에 LIC를 입력하고 Add LIC 버튼을 누른다.

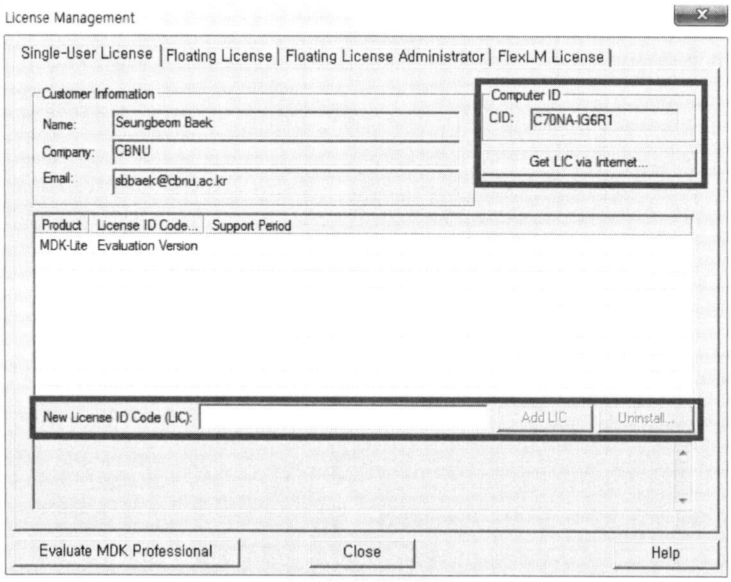

만약, 컴퓨터가 인터넷에 연결되어 있지 않은 경우에는,

ⓐ 인터넷에 연결된 컴퓨터로 아래 웹 사이트를 방문한다.
http://www.keil.com/license/install.htm

ⓑ 필요한 제품 정보를 입력한다. 이 때 CID는 반드시 라이선스를 설치할 컴퓨터의 File -> License Management... 메뉴에서 구한 CID 값이어야 한다.

※ 주의

등록 하는 동안 컴퓨터의 네트워크 연결을 변경하지 말아야 한다. CID는 네트워크 어댑터 정보를 포함하는 다양한 Parameter 들로 구성된다. 제품 활성화(제품 라이선스 등록) 후에, 다양한 네트워크 연결들을 사용하는 휴대용 노트북들의 경우에는 네트워크 어댑터가 변경 될 수도 있다.

☞ LIC Uninstall

라이선스를 다른 컴퓨터로 옮기려면 Single-User License를 Uninstall 할 필요가 있다. 이 경우에는 다음과 같은 순서로 진행한다. 만약, 컴퓨터가 인터넷에 연결되어 있는 경우,

ⓐ uVision에서 File → License Management... 메뉴에서 Single-User License 탭을 선택한다.

ⓑ 리스트에서 Uninstall 하고자 하는 제품을 선택한다.

ⓒ Uninstall... 버튼을 클릭하고, Yes 버튼을 누른다.

ⓓ Keil 웹 사이트의 Single-User License Uninstallation Page가 열리고, Uninstall License ID Code (LIC)가 자동으로 입력된다.

ⓔ Uninstall 과정을 끝내려면 Submit 버튼을 누른다.

만약, 컴퓨터가 인터넷에 연결되어 있지 않은 경우에는,

ⓐ uVision에서 File → License Management... 메뉴에서 Single-User License 탭을 선택한다.

ⓑ 리스트에서 Uninstall 하고자 하는 제품을 선택한다.

ⓒ Uninstall... 버튼을 클릭하고, Yes 버튼을 누른다.

ⓓ License Management... 에서 Uninstall License ID Code를 받아 기억해 둔다. 이 코드는 TRN으로 시작한다.

ⓔ 인터넷이 가능한 컴퓨터에서 아래 웹 사이트를 방문한다.
http://www.keil.com/license/uninstall.htm
이곳에서 Uninstall License ID Code를 입력한다.

※ 주의

- 라이선스를 Uninstall 한 후에 새로운 LIC를 얻어서 활성화(등록) 해야 한다.
- 라이선스 Uninstall 이 불가능 하거나 같은 날의 같은 컴퓨터에 같은 라이선스를 다시 Install 하는 것이 불가능한 경우, 24시간 후에 제품을 Reinstall 한다.

3) Floating-User License

Floating-User License는 다수의 컴퓨터에서 여러 사용자가 제품을 사용할 수 있도록 해 준다. Floating-User License는 Floating License File을 호스트해줄 파일 서버가 필요하며, Floating License File은 uVison의 License Management 메뉴에서 생성된다.

Setup 프로그램을 실행해서 Keil 소프트웨어를 설치한 후, Keil 웹 사이트에서 컴퓨터의 CID와 Floating License Code를 Floating-User License 폼에 등록한다. 잠시 후, Keil 사로부터 LIC 코드를 E-mail로 받게 된다.

☞ LIC Install

Floating-User License를 사용하기 위해 Floating License File을 생성한다. 만약, 컴퓨터가 인터넷에 연결되어 있는 경우에는,

ⓐ uVision에서 File → License Management... 메뉴를 열어서, Floating License 탭을 선택한다.

ⓑ Add Product... 버튼을 클릭하고, Floating License Administrator에 의해 생성된 Floating License File (*.FLF)에 대한 경로를 입력한다.

ⓒ 사용자 정보를 입력하고, Submit 버튼을 누른다.

ⓓ 몇 분 후, 등록한 E-mail로 LIC 코드를 받게 된다. New License ID Code (LIC) 필드에LIC를 입력하고, Add LIC 버튼을 누른다.

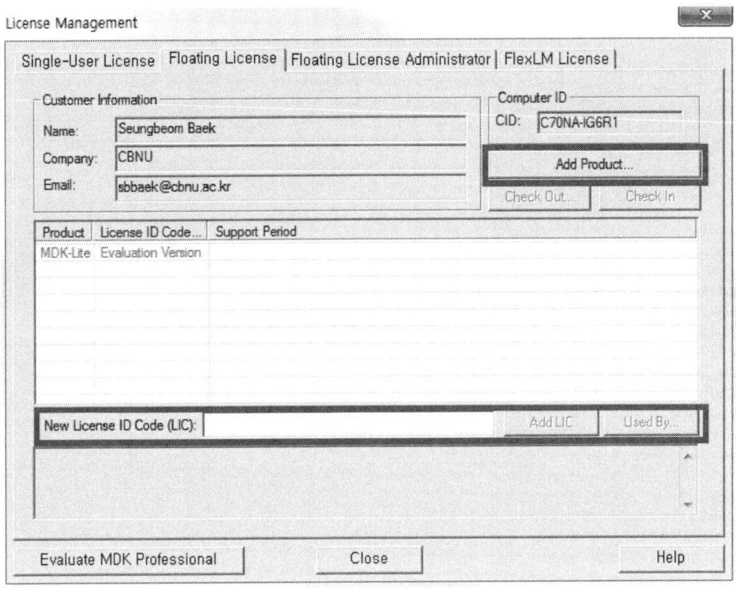

☞ **Floating-User Administrator**

Floating License Administrator는 네트워크 서버에 Floating License File (*.FLF) 생성과 Floating License를 사용하는 각 컴퓨터가 액세스 할 수 있도록 할 책임이 있다. 이 파일은 동일한 Universal Naming Convention(UNC) 경로를 사용하는 각각의 컴퓨터에서 액세스 될 수 있어야 한다.

☞ **Floating License File 생성**

ⓐ uVison에서 File → License Management... 메뉴의 Floating License Administrator 탭을 선택한다.

ⓑ Floating License File이 저장될 경로를 입력한다. 이 폴더는 Network Drive 이여야 한다.

ⓒ Floating-User License의 PSN을 입력한다.

ⓓ Create FLF... 버튼을 누른다.

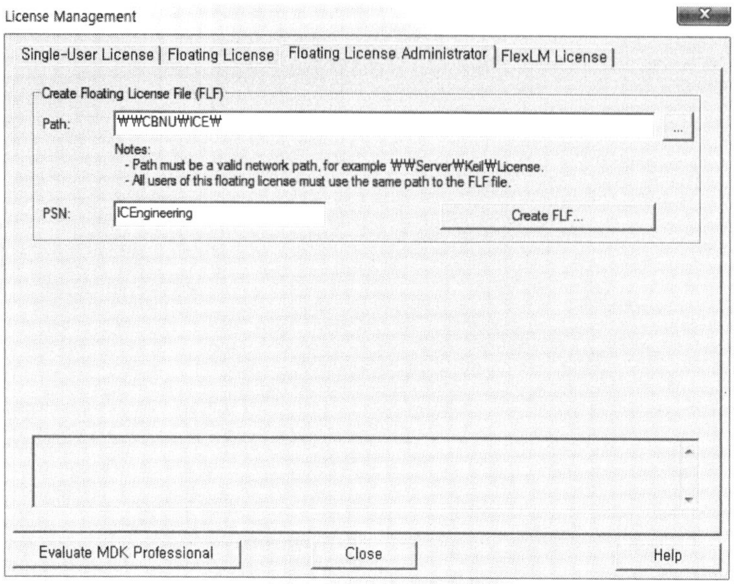

※ 주의

- Keil 웹 사이트로부터 처음 라이선스를 얻은 후에는 Floating License File의 경로는 변경할 수 없다. 하나의 적절한 파일 이름 경로를 선택한다.
- Floating License File은 동일한 Universal Naming Convention(UNC) 경로를 통해 각각의 Floating License 사용자에 의해 접속 가능해야 한다. 각 사용자는 이 파일의 읽기/쓰기 접속 규칙을 갖게 된다.
- Floating License File은 중앙 파일 서버의 공유 네트워크 드라이브에 있어야 한다.

(7) 프로그램 작성하기

uVision은 프로젝트 관리자를 포함하고 있어, 빠르고 쉽게 프로그램을 디자인 할 수 있다. 지금부터 프로젝트 생성, target option 설정, 출력파일 구성, 컴파일러와 링커 옵션 설정, 프로그램 빌드를 어떻게 하는지 설명한다. 프로그램을 작성하기 위해서는 MDK에서 우선 프로젝트를 생성하여야 한다.

이번 절에서는 새로운 프로젝트를 생성하여, 프로젝트의 일부가 되는 사용자의 소스와 디버그 파일을 지정하고 구성하는 단계를 설명하고 있다.

1) uVision의 메뉴 바에서 Project -> New uVision Project를 선택하여 새로운 프로젝트파일을 생성한다. Device Database에서 NXP(Founded by Philips)의 LPC1768을 선택한다. ARM Cortex-M3 NXP 보드는 LPC1768 마이크로 디바이스가 장착되어 있다.

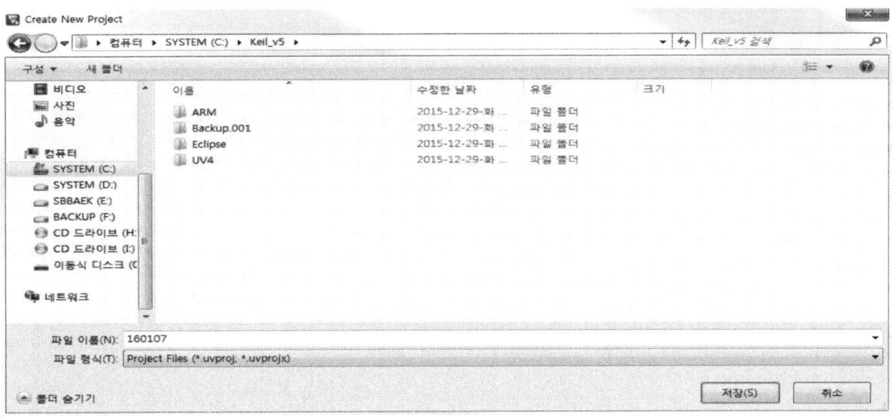

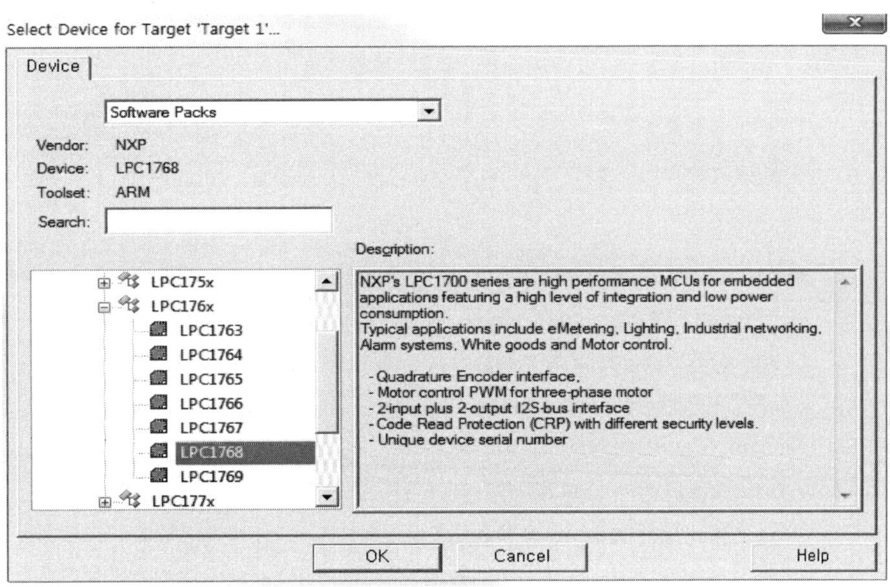

2) 디바이스를 올바르게 선택했다면, Startup Code를 프로젝트에 추가해야 한다. 아래 그림과 같이 CMSIS – Core, Device – Startup 에 체크표시를 한 후, OK 버튼을 누른다.

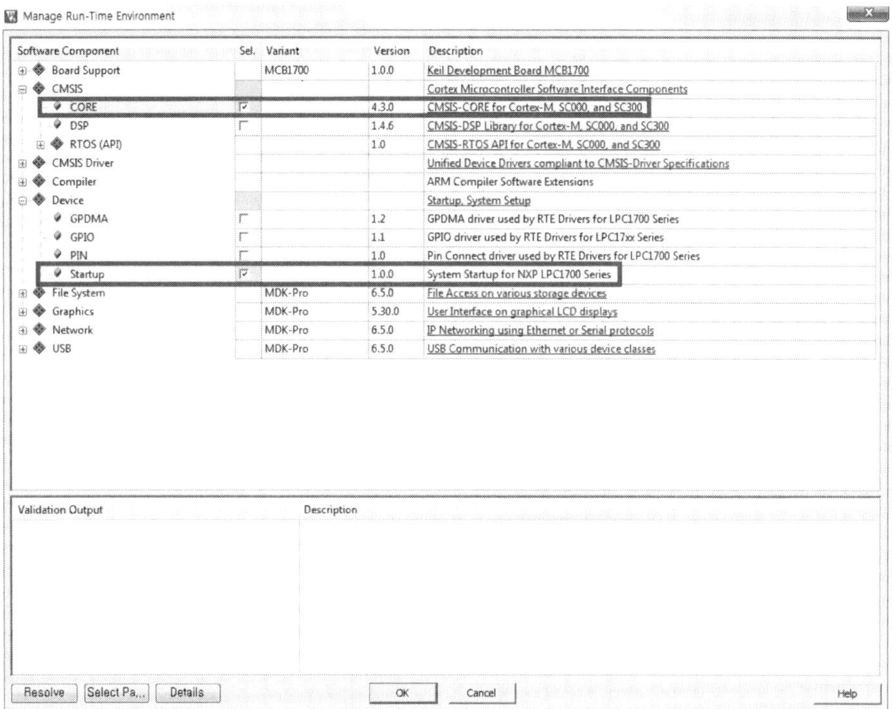

3) uVision 편집기나 다른 소스 편집기로 작성된 사용자 소스코드를 프로젝트에 추가한다.

* 작성된 소스코드를 추가하기 위해서는 Project Workspace의 해당 Group 항목에 마우스 우측 버튼을 클릭하고 팝업메뉴에서 Add Existing Files to Group을 선택한다. Add File to Group 창이 나타나면 추가할 소스를 선택한 후 Add 버튼을 눌러 소스를 추가한다.

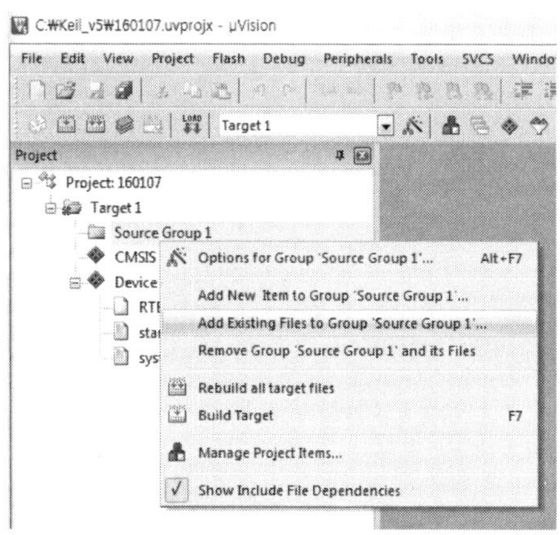

다음은 프로젝트 옵션 설정과정이 필요하다. MDK에서 사용할 Target 하드웨어에 대한 스피드, 메모리 구성을 선택해야 한다. ARMCortex-M3 NXP의 기능은 정해져 있기 때문에 아래 보이는 대로 설정을 한다. 아래는 Target 옵션을 설정하는 각 단계를 보여준다.

1) Project → Option for Target 메뉴를 선택하거나, Project Workspace에서 해당 Target에서 마우스 오른쪽 버튼을 이용해 옵션 창을 연 후, Target 탭으로 이동한다. Xtal (MHz) 항목에 12.0을 입력한다.

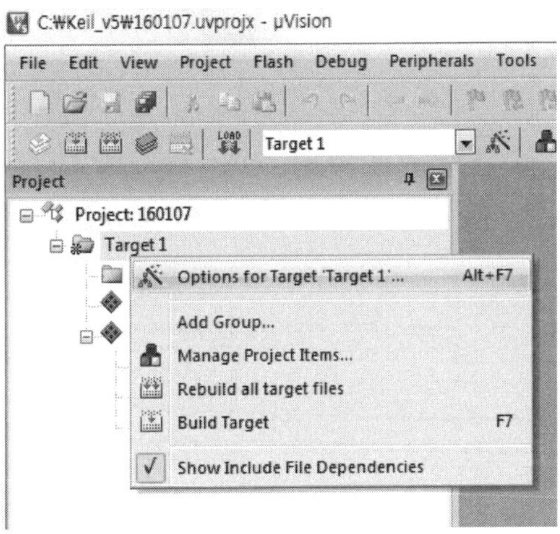

2) ROM1에 대상 시스템의 ROM 메모리 영역을 입력한다. Start에는 시작주소 0x0과 Size에 0x40000을 입력한다. LPC1768은 0x0 – 0x3FFFF 까지 0x40000 Bytes의 On-Chip ROM을 가진다.

3) IRAM1에 대상 시스템의 RAM 메모리 영역을 입력한다. Start에 시작주소 0x10000000과 Size에 크기 0x8000를 입력한다. LPC1768은 0x10000000 - 0x10007FFFF까지 0x8000 Bytes의 On-Chip RAM을 가진다.

* Keil MDK-ARM의 정식 제품은 메모리 영역에 대한 파라미터가 ARMLinker/Locator에 대한 Scatter 파일을 자동으로 구성한다.

4) NXP 라이브러리를 프로그램 작성 시 쉽게 이용하기 위하여, C/C++ 탭으로 이동한 후, Include Path 항목의 ... 버튼을 눌러, NXP 라이브러리를 아래와 같이 Include 항목에 추가한다. uVision은 프로그램 컴파일 시, 이 경로를 참조하여 컴파일 할 것이다.

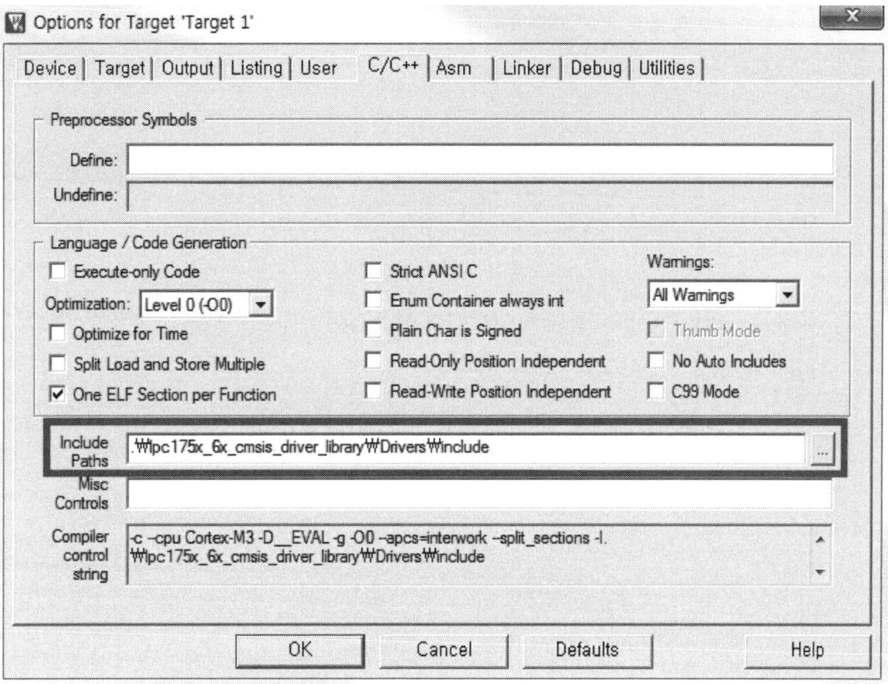

다음은 MDK에서 출력파일 구성에 관한 설정이다. Project → Options for Target 메뉴를 선택하고, Output탭으로 이동하여 출력파일을 구성한다. 다음은 이런 파일을 구성하는 각 단계를 보여준다.

1) Select Folder for Objects... 항목에서 출력파일이 저장될 하위 폴더를 지정할 수 있다.

2) Debug Information 항목은 실행파일 안에 심볼릭 디버그 정보를 저장하여 uVision에서 소스 레벨 프로그램 테스트를 가능하게 한다.

3) Create HEX File 항목은 외부 유틸리티로 플래시 프로그래밍을 위한 Intel Hex 파일을 생성한다.

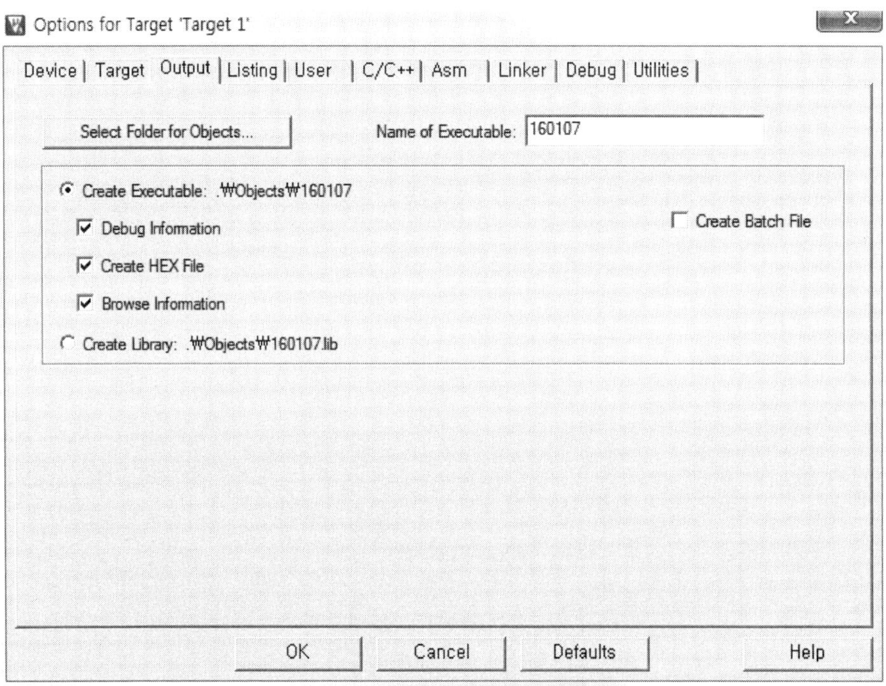

다음은 실제로 프로그램을 생성/빌드 하는 절차이다. 프로그램을 빌드할 때 uVision의 Output Window 창에서 진행사항을 확인할 수 있다. 생성된 실행파일은 출력 폴더에 저장되어 다운로드 할 준비가 된다.

1) 프로그램 빌드

Project → Build Target 버튼을 클릭하여 어플리케이션 프로그램을 생성한다. uVision은 사용자의 소스를 변환해서 프로젝트에 링크한다.

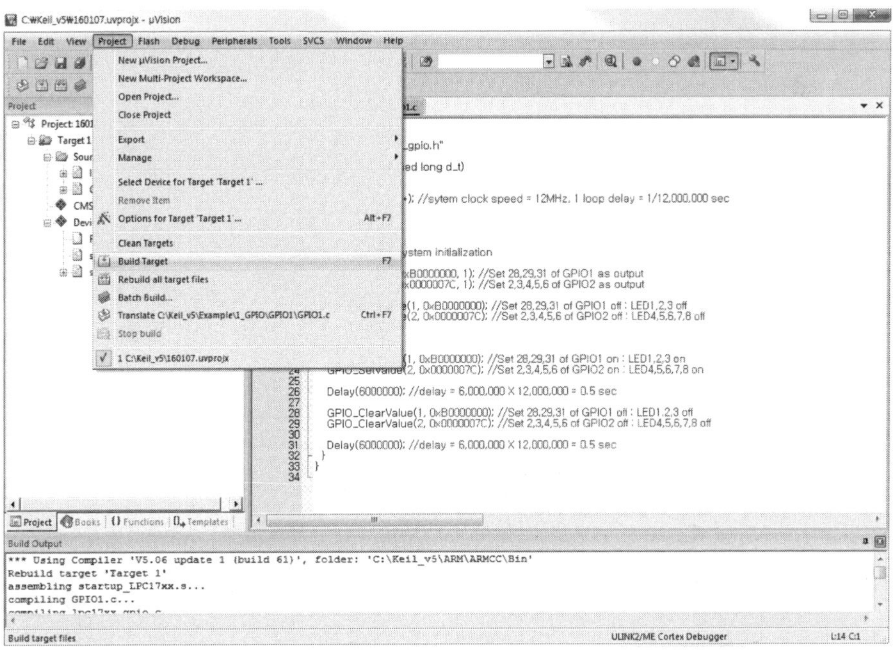

2) 진행사항 모니터

빌드 동장에 대한 진행사항 (Assembling, Compiling, Linking)이 uVision의 Output Window 창에 표시된다. 에러나 경고 메시지는 빌드 과정에서 검출되어 이 창에 표시된다.

Build Output

```
*** Using Compiler 'V5.06 update 1 (build 61)', folder: 'C:\Keil_v5\ARM\ARMCC\Bin'
Rebuild target 'Target 1'
assembling startup_LPC17xx.s...
compiling GPIO1.c...
compiling lpc17xx_gpio.c...
compiling system_LPC17xx.c...
linking...
Program Size: Code=884 RO-data=220 RW-data=0 ZI-data=608
FromELF: creating hex file...
".\Objects\160107.axf" - 0 Error(s), 0 Warning(s).
Build Time Elapsed:  00:00:01
```

3) 프로그램 파일

Build는 앞에서 설정한 Output 폴더에 ELF 포맷으로 된 실행파일을 생성한다. ARM Cortex-M3 NXP에 다운로드 하려면 ULINK USB-JTAG 어댑터가 필요하다. 이제 프로그램이 만들어졌고 테스트할 준비가 끝났다.

다음에는 생성된 바이너리 파일을 보드 상의 Flash 메모리로 프로그램하는 과정이다. ARM Cortex-M3 NXP 보드는 ULINK JTAG 어댑터를 사용해서 Flash 메모리에 프로그램을 다운로드 하는 것을 지원한다. ULINK USB-JTAG어댑터는 PC의 USB 포트를 ARM Cortex-M3 NXP 보드의 JTAG 포트에 연결한다. 이것은 Flash 프로그래밍, 에뮬레이션, 디버그 기능을 지원한다. uVision IDE에서 Flash 프로그래밍을 위해 ULINK를 설정하려면 다음과 같이 한다.

1) ARM Cortex-M3 NXP 보드의 JTAG 커넥터에 ULINK를 연결한다.

* LPC1768 코어 내부의 Embedded ICE는 디바이스가 Power Down 이나 Idle Mode에 있으면 비활성화 된다. 만약, 사용자 코드가 ARM 디바이스를 Idle 혹은 Power Down

Mode로 두면 ULINK는 동작을 멈춘다. 그러므로 어플리케이션 프로그램의 개발 단계에서는 LPC17xx의 Power Saving Mode를 활성화 하지 말아야 한다.

2) ARM Cortex-M3 NXP 보드에 전원을 인가한다.

3) uVision에서 Project → Options for Target → Debug 를 선택하고 Debugger를 설정한다. Options for Target 툴바를 사용해서 Debug 창을 열기 위해 Debug 탭을 클릭한다. Use 라디오 버튼을 선택한 다음, ULINK-JTAG 어댑터를 디버거 툴로 선택하기 위해 드롭-다운 리스트에서 ULINK Cortex Debugger를 선택한다.

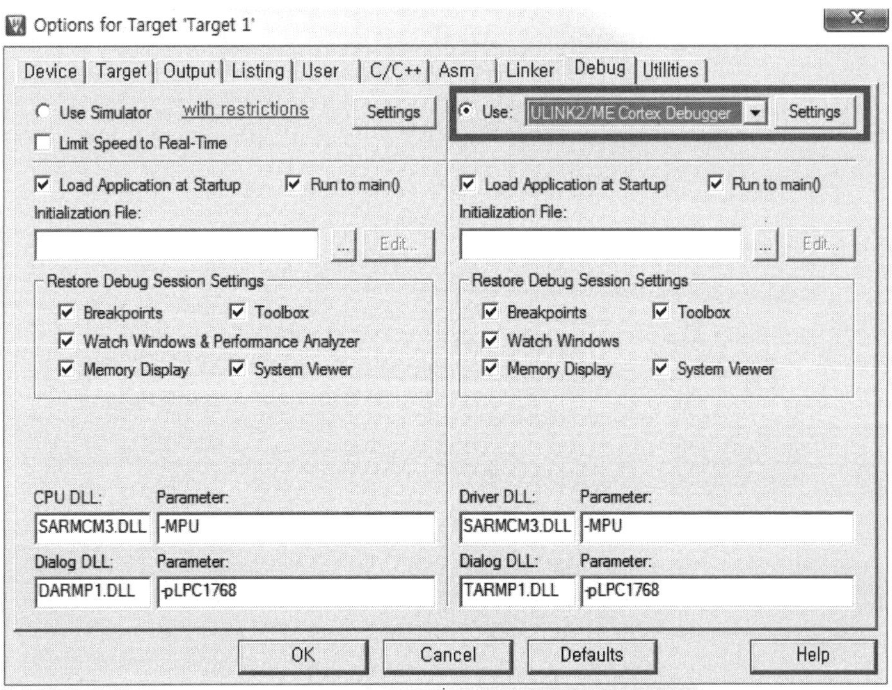

Settings 버튼을 클릭하여 Cortex-M Target Driver Setup 창을 연다. SWJ 체크박스를 체크하고 Single Wire Mode 인터페이스를 사용하기 위해 Port 항목에서 SW 옵션을 선택한다. Max JTAG Clock 드롭-다운 리스트는 대상 보드와 통신하는데 사용될 가장 높은 JTAG Clock으로 설정한다. ARM Cortex-M3 NXP 보드는 1MHz에서 가장 잘 동작한다.

4) Project → Options for Target 메뉴를 선택하고, Utilities 탭에서 Flash 프로그래밍을 구성한다. 툴 바 버튼을 클릭해서 Utilities 탭을 선택한다. Use Target Driver for Flash Programming 라디오 버튼을 클릭한 다음, Drop-Down 창을 클릭하여 ULINK Cortex Debugger를 선택한다. Update Targer Before Debugging 옵션을 체크해서 Debugger가 시작할 때마다 Flash ROM 이 프로그램 되게 한다.

5) Flash Download Setup 대화상자를 구성한다. RAM for Algorithm 항목에서 Start를 0x10000000으로 Size를 0x8000으로 지정한다.

6) Add 버튼을 클릭해서 LPC17xx IAP 512kB Flash Algorithm을 선택한다. 마지막으로, OK 버튼을 눌러서 설정을 저장한다.

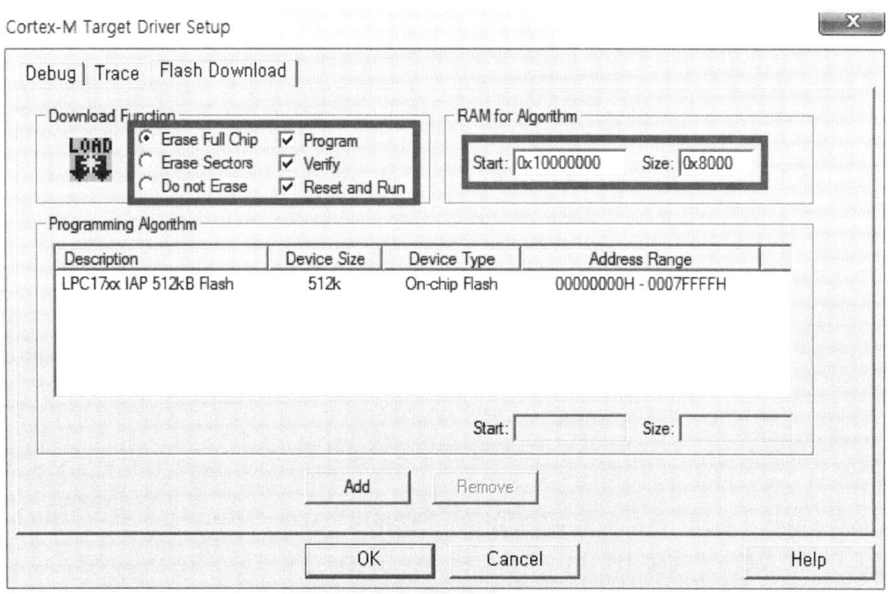

7) 어플리케이션을 Flash에 다운로드 한다. Download to Flash 툴바 버튼을 사용해서 어플리케이션 프로그램을 LPC1768 디바이스에 다운로드 한다. ULINK-JTAG 어댑터는 LPC1768 마이크로 컨트롤러의 ROM이나 RAM에서 어플리케이션 코드를 다운로드 하고 디버깅 하는데 사용될 수 있다.

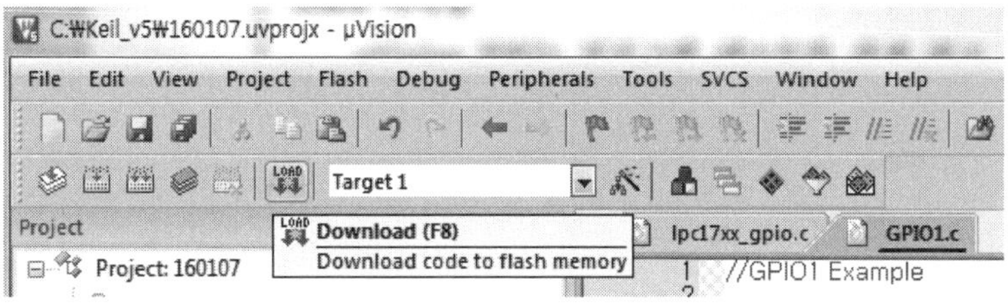

이제 프로그램 컴파일 및 빌드 그리고 Flash 프로그램이 마무리 되었고, 마지막으로 디버깅 절차가 남아있다. uVision IDE는 프로그램 테스트를 쉽게 하고, 잘 동작하는 프로그램을 빠른 시간 안에 만들 수 있게 설계된 매우 강력하고 사용하기 쉬운 디버깅 툴을 제공한다. uVision 디버거와 LPC1768 디바이스의 Embedded ICE 기능을 사용하면 코드에 Breakpoint를 설정하거나 코드 스텝 기능을 사용할 수도 있고, LPC1768 디바이스에 대해 사용자가 작성한 주변장치 대화상자를 이용하여 On-Chip 주변장치의 상태를 볼 수도 있다. 다음은 uVision 디버거와 ULINK USB-JTAG 어댑터를 이용하여 ARMCortex-M3 NXP 보드를 디버깅하기 위해서 설정해야 할 각 단계를 기술한다.

1) ULINK를 ARM Cortex-M3 NXP 보드의 JTAG 커넥터에 연결한다.

* LPC1768 코어 내부의 Embedded ICE는 디바이스가 Power Down 이나 Idle Mode에 있으면 비활성화 된다. 만약, 사용자 코드가 ARM 디바이스를 Idle 혹은 Power Down Mode로 두면 ULINK는 동작을 멈춘다. 그러므로 어플리케이션 프로그램의 개발 단계에서는 LPC17xx의 Power Saving Mode를 활성화 하지 말아야 한다.

2) ARM Cortex-M3 NXP 보드에 전원을 인가한다.

3) uVision에서 Project → Options for Target → Debug를 선택하고 Debugger를 설정한다. Options for Target 툴바를 사용해서 Debug 창을 열기 위해 Debug 탭을 클릭한다. Use 라디오 버튼을 선택한 다음, ULINK-JTAG 어댑터를 디버거 툴로 선택하기 위해 드롭-다운 리스트에서 ULINK Cortex Debugger를 선택한다. Load Application at Startup과 Run to main() 옵션을 체크해서 Debugger가 시작할 때 어플리케이션을 로드하고, 사용자의 main() 함수 시작 위치까지 코드를 실행한다.

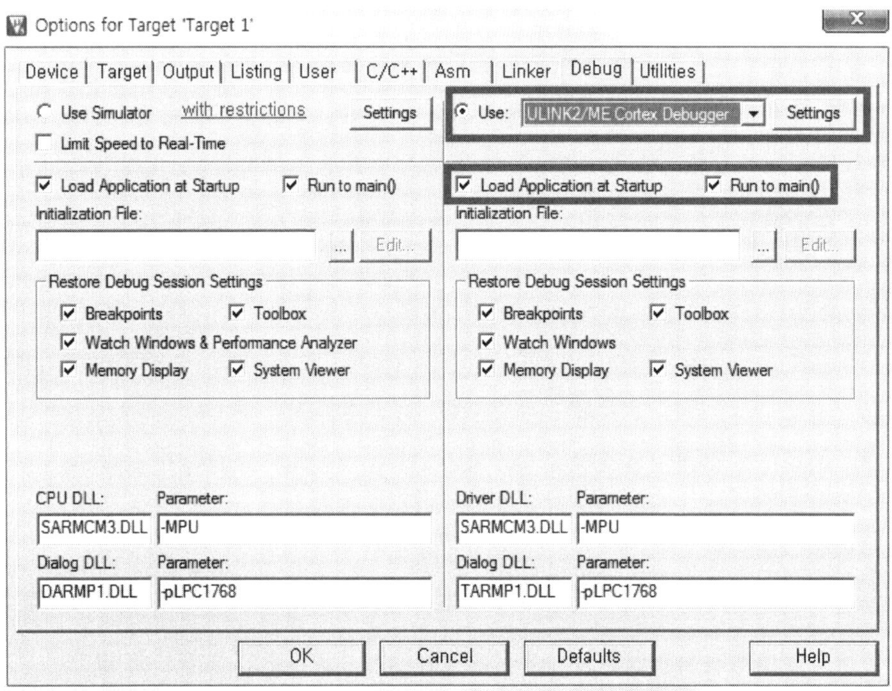

4) Settings 버튼을 클릭해서 ARM Target Driver Setup 대화상자를 연다. 이 대화상자는 ARM Cortex-M3 NXP 보드의 IDCODE를 표시한다. Download Options 밑에 있는 Verify Code Download 옵션을 선택해서 로드된 어플리케이션 프로그램과 Flash ROM의 내용을 비교한다. 디버거 시작 속도를 높이기

위해 이 옵션을 비활성화 할 수 있다.

5) 디버거를 실행한다. Start/StopDebugSession 툴바 버튼을 사용해서 프로그램 디버깅을 시작한다.

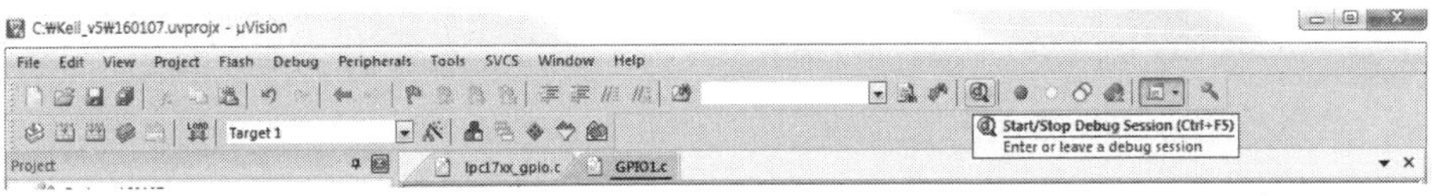

실험 기기 및 부품

- PC
- ARM Cortex-M3 NXP 보드
- ULINK USB-JTAG 어댑터
- MDK-ARM Version 5.17

5. JTAG을 활용한 ARM 프로세서 디버깅

ARM Cortex-M3 NXP 보드는 Ulink JTAG 어댑터를 사용해서 Flash 메모리에 프로그램을 다운로드 하는 것을 지원한다. Ulink USB-JTAG 어댑터는 PC의 USB 포트를 ARM Cortex-M3 NXP 보드의 JTAG 포트에 연결한다. 이것은 Flash 프로그래밍, 에뮬레이션, 디버그 기능을 지원한다. uVision IDE에서 Flash 프로그래밍을 위해 Ulink를 설정하려면 다음과 같이 한다.

가) Ulink Hardware Debugger 세팅 방법

① ARM Cortex-M3 NXP 보드의 JTAG 커넥터에 Ulink를 연결한다.

② ARM Cortex-M3 NXP 보드에 전원을 인가한다.

③ uVision에서 Project → Options for Target → Debug 를 선택 하고 Debugger를 설정한다. OptionsforTarget툴 바를 사용해서 Debug 창을 열기 위해 Debug 탭을 클릭한다. Use 라디오 버튼을 선택한 다음, ULINK-JTAG 어댑터를 디버거 툴로 선택하기 위해 드롭-다운 리스트에서 ULINK2/ME Cortex Debugger 를 선택한다.

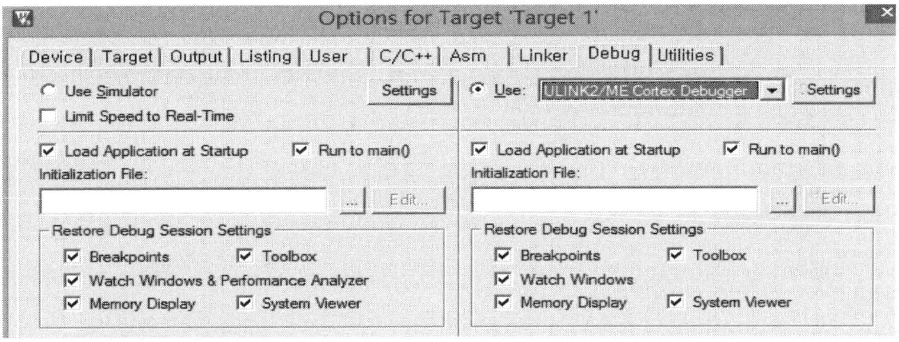

④ Settings 버튼을 클릭하여 Cortex-M Target Driver Setup 창을 연다. SWJ 체크박스를 체크하고 Single Wire mode 인터페이스를 사용하기 위해 Port 항목에서 SW 옵션을 선택한다. Max JTAG Clock 드롭-다운 리스트는 대상 보드와 통신하는데 사용될 가장 높은 JTAG clock으로 설정한다. ARM Cortex-M3 NXP 보드는 1MHz에서 가장 잘 동작한다.

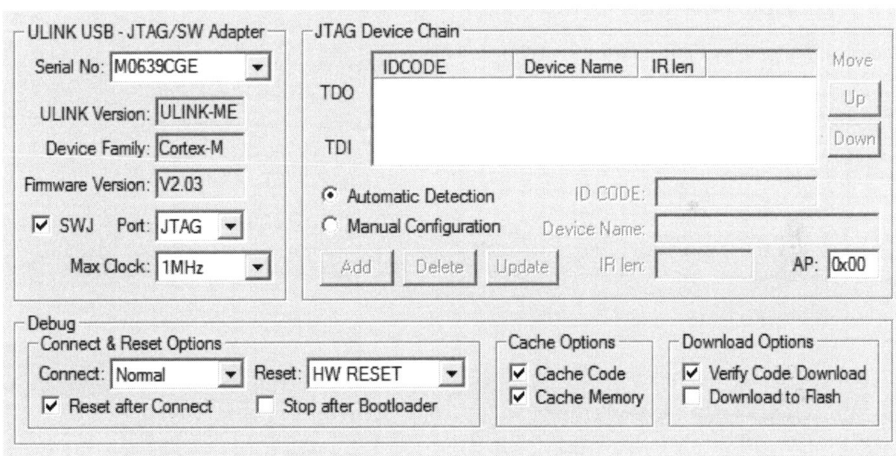

나) Ulink를 활용한 Program Download 방법

① Project → Options for Taget 메뉴를 선택하고, Utilities탭에서 Flash 프로그래밍을 구성한다. 툴 바 버튼을 클릭해서 Utilities탭을 선택한다. Use Target Driver for Flash Programming 라디오 버튼을 클릭한 다음, Drop-Down 창을 클릭하여 ULINK2/ME Cortex Debugger를 선택한다. Update Target Before Debugging 옵션을 체크해서 Debugger가 시작할 때마다 Flash Rom이 프로그램 되게 한다. Settings 버튼을 클릭하여 Flash Download Setup 대화상자를 열고 다음 단계를 진행한다.

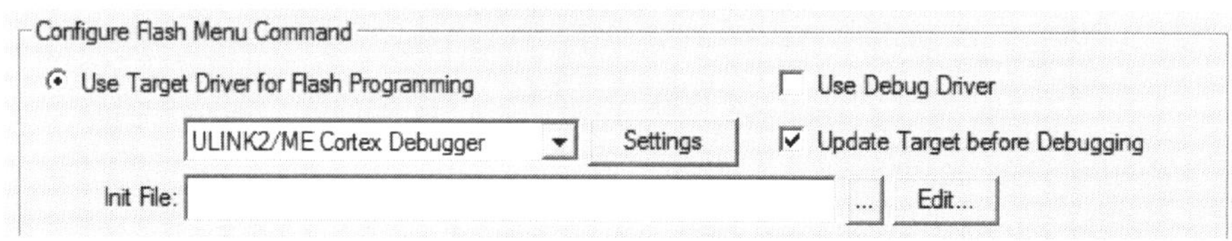

② Flash Download Setup 대화상자를 구성한다.
RAM for Algorithm 항목에서 Start :를 0x10000000으로 Size :를 0x8000으로 지정한다.

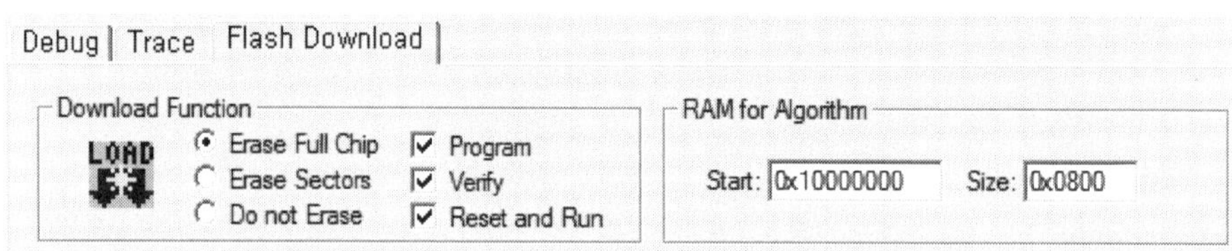

③ Add 버튼을 클랙해서 LPC17xx IAP 512kB Flash를 선택한다.

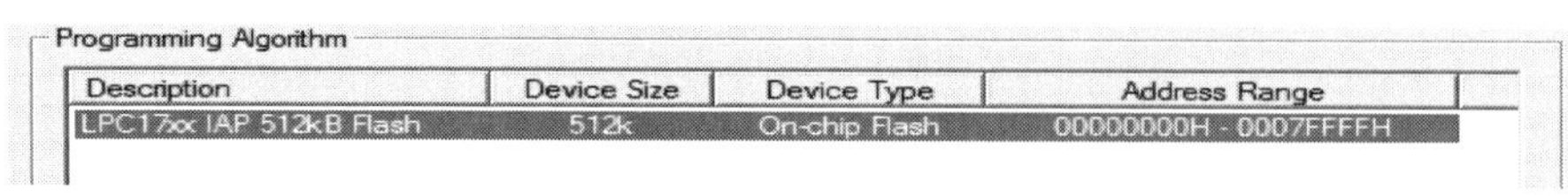

마지막으로, OK 버튼을 클릭해서 설정을 저장한다.

④ 어플리케이션을 Flash에 다운로드한다.

Download to Flash 툴 바 버튼을 사용해서 어플리케이션 프로그램을 LPC1768 디바이스에 다운로드한다. ULINK-JTAG 어댑터는 LPC1768 마이크로 컨트롤러의 ROM이나 RAM에서 어플리케이션 코드를 다운로드하고 디버깅하는데 사용될 수 있다.

(3) Ulink를 활용한 임베디드 SW 디버깅

Start / StopDebugSession 툴 바 버튼이나 Debug 메뉴 버튼에서 버튼을 클릭하여 프로그램 디버깅을 시작한다.

6. GPIO를 이용한 입출력 실습

가) 실험목적

GPIO를 이용하여 LED출력과 switch를 이용한 입력을 실습한다.

나) 기초이론

(1) 개요

LPC1768의 GPIO는 다음과 같은 특징을 가지고 있다. 먼저 빠른 GPIO 기능으로 GPIO 레지스터는 빠른 I/O 타이밍 구현을 위해 주변장치 AHB 버스에 위치하고 있다. 그리고 마스크 레지스터는 각 포트의 비트 셋을 하나의 그룹으로 다룰 수 있게 하며, 다른 비트는 변경하지 않고 남겨 둔다. 또한 모든 GPIO 레지스터는 바이트, 하프-워드, 워드 단위로 다룰 수 있으며, 포트 전체의 값을 하나의 명령으로 쓸 수 있다. 그리고 GPIO 레지스터는 GPDMA를 통해 접근할 수 있다.

비트 레벨로 설정 및 클리어가 가능한 레지스터를 통해 한 포트 안에서는 다수의 비트도 하나의 명령만으로 설정 및 클리어할 수 있다. 모든 GPIO 레지스터는 Cortex-M3의 기능인 비트-밴딩을 지원한다. GPIO 레지스터는 GPDMA 컨트롤러를 통해 접근할 수 있으며 GPIO를 통해 오고 가는 데이터의 DMA는 모든 DMA 요청과 동기화될 수 있으며, 각 포트의 개별 비트를 직접 제어할 수 있다. 모든 I/O는 리셋 후 풀업 상태의 입력으로 초기화 된다.

(2) 기본설정

- **GPIO를 사용하기 위하여 설정할 레지스터**

1) Power: 항상 Enable 되어 있어야 된다.

2) Pins: 8.3 Pin Function Select Register Values

3) Wake-Up: GPIO Port 0과 2는 Wake-Up 용도로 사용될 수 있다.(4.8 Power

Control)

4) Interrupts: GPIO Interrupts는 IO2 / 2IntEnR (Table 9-92) or IO2/ 2IntEnF (Table 9-94)로 Enable 된다.

(3) 기능

- **Digital I/O Ports**

1) 빠른 처리를 위해 GPIO Registers는 Peripheral AHB Bus에 위치한다.
2) 모든 GPIO Registers는 Byte, Half-Word, and Word 단위로 주소를 지정할 수 있다.

```
typedef struct
{
  union {
    __IO uint32_t FIODIR;
    struct {
      __IO uint16_t FIODIRL;
      __IO uint16_t FIODIRH;
    };
    struct {
      __IO uint8_t  FIODIR0;
      __IO uint8_t  FIODIR1;
      __IO uint8_t  FIODIR2;
      __IO uint8_t  FIODIR3;
    };
  };

  uint32_t RESERVED0[3];


union {
    __IO uint32_t FIOMASK;
    struct {
      __IO uint16_t FIOMASKL;
      __IO uint16_t FIOMASKH;
    };
    struct {
      __IO uint8_t  FIOMASK0;
      __IO uint8_t  FIOMASK1;
      __IO uint8_t  FIOMASK2;
      __IO uint8_t  FIOMASK3;
    };
  };

union {
    __IO uint32_t FIOPIN;
    struct {
      __IO uint16_t FIOPINL;
      __IO uint16_t FIOPINH;
    };
    struct {
      __IO uint8_t  FIOPIN0;
      __IO uint8_t  FIOPIN1;
      __IO uint8_t  FIOPIN2;
      __IO uint8_t  FIOPIN3;
    };
  };

  union {
    __IO uint32_t FIOSET;
    struct {
      __IO uint16_t FIOSETL;
      __IO uint16_t FIOSETH;
    };
    struct {
      __IO uint8_t  FIOSET0;
      __IO uint8_t  FIOSET1;
      __IO uint8_t  FIOSET2;
      __IO uint8_t  FIOSET3;
    };
  };

  union {
    __O  uint32_t FIOCLR;
    struct {
      __O  uint16_t FIOCLRL;
      __O  uint16_t FIOCLRH;
    };
    struct {
      __O  uint8_t  FIOCLR0;
      __O  uint8_t  FIOCLR1;
      __O  uint8_t  FIOCLR2;
      __O  uint8_t  FIOCLR3;
    };
  };
} LPC_GPIO_TypeDef;
```

[표 6-1] LPC17xx.h 일부

- 위의 표는 LPC17xx.h의 소스코드 중 일부이다. union 구조를 이용하여 GPIO Register는 Byte(uint32_t), Half-Word(uint16_t), 그리고 Word(uint8_t) 단위로 주소 지정이 가능하다.

3) 전체 포트를 한 개의 명령어로 기록할 수 있다.
4) GPDMA 방식으로 GPIO Registers를 액세스 할 수 있다.
5) 모든 GPIO Registers는 Cortex-M3 Bit-Banding을 지원한다.
6) 각 Port Bit의 방향을 제어할 수 있다.
7) Reset 후 기본 설정은 Input with Pull-Up이다.

Table 76. Pin Mode Select register Bits

PINMODE0 to PINMODE9 Values	Function	Value after Reset
00	Pin has an on-chip pull-up resistor enabled.	00
01	Repeater mode (see text below).	
10	Pin has neither pull-up nor pull-down resistor enabled.	
11	Pin has an on-chip pull-down resistor enabled.	

[표 6-2] Pin Mode Select register Bits

- Interrupt Generating Digital Ports

1) Port 0와 Port 2는 임의의 Port Pins의 조합에 대하여 한 개의 인터럽트를 생성할 수 있다.
2) 각 Port Pin은 Rising Edge, Falling Edge에서 혹은 둘 다에서 인터럽트를 생성하도록 프로그램 될 수 있다.
3) EnabLED Interrupt는 Power-Down Mode를 벗어나는 Wake-Up Signal로 사용될 수 있다.
4) 레지스터를 통하여 Pending Interrupts를 확인할 수 있다.
5) GPIO0와 GPIO2 Interrupts는 NVIC의 External Interrupt3을 공유한다.

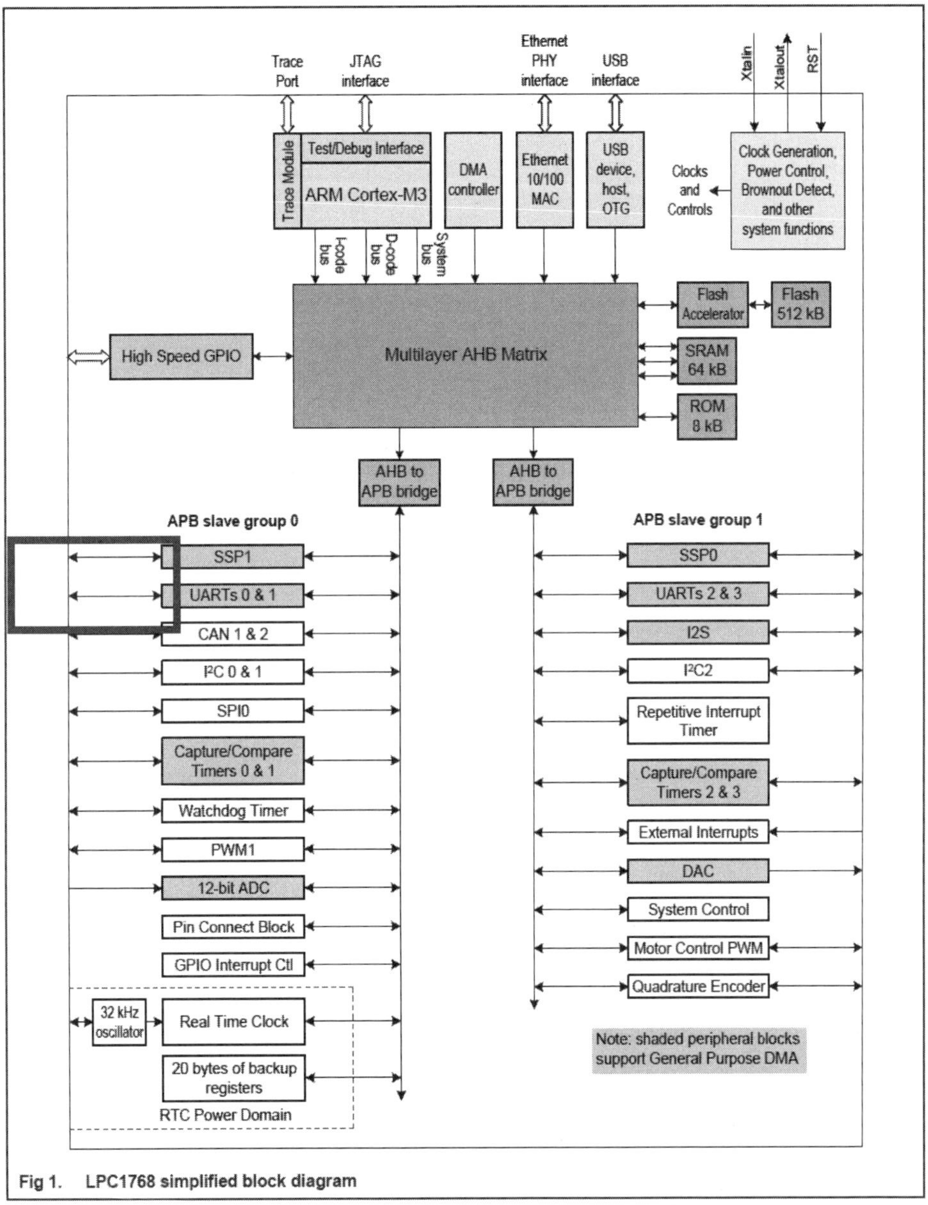

Fig 1. LPC1768 simplified block diagram

[그림 6-1] LPC1768 simplified block diagram

(4) 핀 설정

Table 100. GPIO pin description

Pin Name	Type	Description
P0[30:0][1]; P1[31:0][2]; P2[13:0]; P3[26:25]; P4[29:28]	Input/ Output	General purpose input/output. These are typically shared with other peripherals functions and will therefore not all be available in an application. Packaging options may affect the number of GPIOs available in a particular device. Some pins may be limited by requirements of the alternate functions of the pin. For example, the pins containing the I²C0 functions are open-drain for any function selected on that pin. Details may be found in Section 7.1.1.

[1] P0[14:12] are not available.

[2] P1[2], P1[3], P1[7:5], P1[13:11] are not available.

[표 6-3] GPIO pin description

(5) Register 설명

- Pin Function Select Register Values: 최대 4가지 기능 중 하나 선택
- Pin Mode Select Register Values: Pull-Up/Pull-Down 선택
- Table 9-79 GPIO Register Map: GPIO의 기타 기능을 설정하는 레지스터들에 대한 종합 설명

- **FIODIR: FIO0DIR~FIR4DIR**

1) Fast GPIO Port Direction Register

2) Port Pin의 방향을 설정한다.

- **FIOMASK: FIO0MASK~FIO4MASK**

1) Fast Mask Register for Port

2) FIOMASK의 값이 0이면 Enable, 1이면 금지(Mask)
다음 동작에 영향을 준다.

- Writes to FIOPIN, FIOSET, FIOCLR
- Read from FIOPIN

- **FIOPIN: FIO0PIN~FIO4PIN**

1) Fast Port Pin Value Register Using FIOMASK
2) Port의 방향이나 기능 설정(ADC Input으로 설정된 경우는 제외)과 상관없이 FIOPIN을 통하여 Pin의 현재 상태를 읽어볼 수 있다.
3) 입력된 값은 Masked by ANDing with Inverted FIOMASK.
4) FIOPIN에 값을 기록하면, 해당 값이 Port로 전달된다. FIOMASK로 가려진 비트는 제외.

- **FIOSET: FIO0SET~FIO4SET**

1) Fast Port Output Set Register Using FIOMASK
2) Output Pin의 상태를 제어한다.
- 1을 기록하면, 해당 Pin이 High로 변한다.
- 0을 기록하면, 해당 Pin이 영향을 받지 않는다.
- Register를 읽으면, Port Output Register의 현재 값을 리턴한다.

3) FIOMASK의 값이 0인 비트만 유효

- **FIOCLR: FIO0CLR~FIO4CLR**

1) Fast Port Output Clear Register Using FIOMASK
2) Output Pin의 상태를 제어한다.
- 1을 기록하면, 해당 Port Pin이 Low로 변한다.
- 0을 기록하면, 영향을 받지 않는다.

3) FIOMASK의 값이 0인 비트만 유효

Table 102. GPIO interrupt register map

Generic Name	Description	Access	Reset value[1]	PORTn Register Name & Address
IntEnR	GPIO Interrupt Enable for Rising edge.	R/W	0	IO0IntEnR - 0x4002 8090 IO2IntEnR - 0x4002 80B0
IntEnF	GPIO Interrupt Enable for Falling edge.	R/W	0	IO0IntEnR - 0x4002 8094 IO2IntEnR - 0x4002 80B4
IntStatR	GPIO Interrupt Status for Rising edge.	RO	0	IO0IntStatR - 0x4002 8084 IO2IntStatR - 0x4002 80A4
IntStatF	GPIO Interrupt Status for Falling edge.	RO	0	IO0IntStatF - 0x4002 8088 IO2IntStatF - 0x4002 80A8
IntClr	GPIO Interrupt Clear.	WO	0	IO0IntClr - 0x4002 808C IO2IntClr - 0x4002 80AC
IntStatus	GPIO overall Interrupt Status.	RO	0	IOIntStatus - 0x4002 8080

[1] Reset value reflects the data stored in used bits only. It does not include reserved bits content.

[표 6-4] GPIO Interrupt Register Map

- GPIO는 [그림 6-2]와 같이 각 포트별 다음의 주소공간에 위치한다.

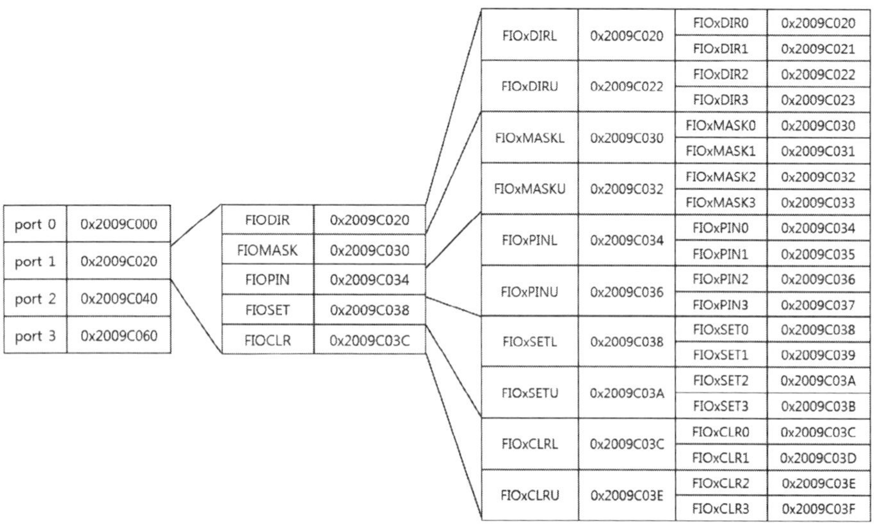

[그림 6-2] GPIO 각 포트별 메모리 번지

- GPIO_SetValue()함수 중 LPC_GPIO_TypeDef *pGPIO = GPIO_GetPointer (portNum)을 이용하여 디버깅 모드를 통해 Memory Mapped I/O 처리를 확인할 수 있다.

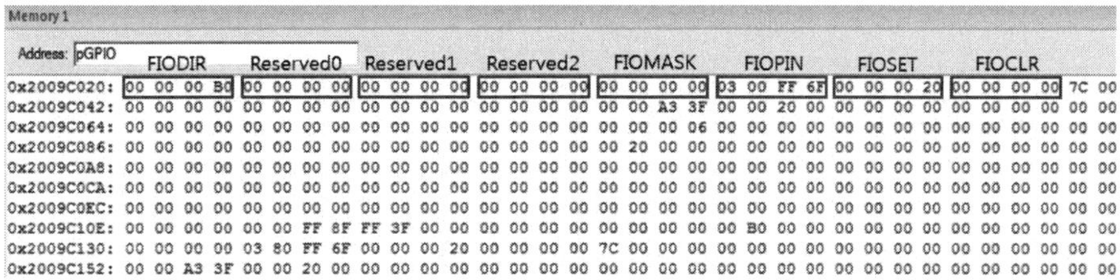

[그림 6-3] pGPIO 구조체 포인터에 할당되는 메모리 번지

(6) **관련 함수 및 구조체**

1) GPIO 관련 구조체

GPIO 관련 구조체는 다음과 같다.

- GPIO_Byte_TypeDef : GPIO포트를 Byte형으로 정의
- GPIO_HalfWord_TypeDef : GPIO포트를 HalfWord형으로 정의

2) GPIO 관련 함수

GPIO 관련 함수는 다음과 같다.

- void GPIO_SetDir (uint8_t portNum, uint32_t bitValue, uint8_t dir)

GPIO포트의 입출력 방향 설정

- void GPIO_SetValue (uint8_t portNum, uint32_t bitValue)

GPIO포트의 해당 비트에 출력 값을 설정

- void GPIO_ClearValue (uint8_t portNum, uint32_t bitValue)

GPIO포트의 해당 비트에 출력된 값을 클리어

- uint32_t GPIO_ReadValue (uint8_t portNum)

GPIO포트의 현재 입력 값을 읽어옴

- void FIO_SetDir (uint8_t portNum, uint32_t bitValue, uint8_t dir)

GPIO_SetDir()과 동일 (FIO = Fast I/O)

- void FIO_SetValue (uint8_t portNum, uint32_t bitValue)

GPIO_SetValue()와 동일

- void FIO_ClearValue (uint8_t portNum, uint32_t bitValue)

GPIO_ClearValue()와 동일

- uint32_t FIO_ReadValue (uint8_t portNum)

GPIO_ReadValue()와 동일

- void FIO_SetMask (uint8_t portNum, uint32_t bitValue, int8_t maskValue)

FIO 포트의 해당 비트에 마스킹 값을 설정

- void FIO_HalfWordSetDir (uint8_t portNum, uint8_t halfwordNum, uint16_t bitValue, uint8_t dir)

HalfWord형으로 접근하는 FIO포트에 입출력 방향을 설정

- void FIO_HalfWordSetMask (uint8_t portNum, int8_t halfwordNum, uint16_t bitValue, uint8_t maskValue)

HalfWord형으로 접근하는 FIO포트의 해당 비트에 마스킹 값을 설정

- void FIO_HalfWordSetValue (uint8_t portNum, int8_t halfwordNum, uint16_t bitValue)

HalfWord형으로 접근하는 FIO포트의 해당 비트에 출력 값 설정

- void FIO_HalfWordClearValue (uint8_t portNum, uint8_t halfwordNum, uint16_t bitValue)

HalfWord형으로 접근하는 FIO포트의 해당 비트 출력 값을 클리어

- uint16_t FIO_HalfWordReadValue (uint8_t portNum, uint8_t halfwordNum)

HalfWord형으로 접근하는 GPIO포트의 해당 핀에 입력된 현재의 값을 읽어옴

• void FIO_ByteSetDir (uint8_t portNum, uint8_t ByteNum, uint8_t bitValue, uint8_t dir)

Byte형으로 접근하는 FIO 포트의 입출력 방향 설정

• void FIO_ByteSetMask (uint8_t portNum, uint8_t ByteNum, uint8_t bitValue, uint8_t maskValue)

Byte형으로 접근하는 FIO 포트의 해당 핀에 마스킹 값을 설정

• void FIO_ByteSetValue (uint8_t portNum, uint8_t ByteNum, uint8_t bitValue)

Byte형으로 접근하는 FIO 포트의 해당 핀에 출력 값을 설정

• void FIO_ByteClearValue (uint8_t portNum, uint8_t ByteNum, int8_t bitValue)

Byte형으로 접근하는 FIO 포트의 해당 비트에 출력 된 값을 클리어

• uint8_t FIO_ByteReadValue (uint8_t portNum, uint8_t ByteNum)

Byte형으로 접근하는 GPIO의 해당 핀에 입력된 현재의 값을 읽어옴.

(7) **주요 함수와 구조체의 상세 설명**

GPIO 설정과 동작을 위한 주요 함수와 구조체를 자세히 살펴보면 다음과 같다.

1) GPIO_SetDir()

GPIO포트의 입출력 방향을 설정한다.

- 함수원형 : void GPIO_SetDir (uint8_t portNum, uint32_t bitValue, uint8_t dir)
- 매개변수 : portNum : GPIO 번호, bit[illegible] : 설정될 비트, dir : 방향 설정 값
- 상세설명 : GPIO핀을 입력으로 사용할 것인지 출력으로 사용할 것인지 설정하기

위한 함수로 portNum은 LPC1768의 GPIO포트 번호인 0~4 사이의 값을 입력해 주어야 하며, bitValue는 해당 GPIO포트 중 입출력을 설정할 비트를 말한다. 예를 들어 0x01은 해당 GPIO포트의 0번 비트를 나타낸다. dir은 GPIO의 입출력 방향 설정 값으로 0으로 설정하면 입력 1로 설정하면 출력으로 설정된다.

- 반환 값 : 없음.

2) GPIO_SetValue()

출력으로 설정된 GPIO 포트의 해당 핀에 값을 출력한다.

- 함수원형 : void GPIO_SetValue (uint8_t portNum, uint32_t bitValue)
- 매개변수 : portNum : GPIO포트 번호, bitValue : 설정될 비트
- 상세설명 : GPIO핀을 출력으로 사용할 경우에 해당 핀에 1을 출력하기 위한 함수이다. portNum은 LPC1768의 GPIO포트 번호인 0~4 사이의 값을 입력해 주어야 하며, bitValue는 해당 GPIO포트 중 입출력을 설정할 비트를 말한다. 예를 들어 0x01은 해당 GPIO포트의 0번 비트를 나타낸다.
- 반환 값 : 없음.

3) GPIO_ClearValue()

출력으로 설정된 GPIO 포트의 해당 핀의 값을 클리어한다.

- 함수원형 : void GPIO_ClearValue (uint8_t portNum, uint32_t bitValue)
- 매개변수 : portNum : GPIO포트 번호, bitValue : 설정될 비트
- 상세설명 : GPIO핀이 출력으로 사용될 때 해당 핀의 값을 0으로 클리어 하기 위한 함수이다. portNum은 LPC1768의 GPIO포트 번호인 0~4 사이의 값을 입력해 주어야 하며, bitValue는 해당 GPIO포트 중 입출력을 설정할 비트를 말한다. 예를 들어 0x01은 해당 GPIO 포트의 0번 비트를 나타낸다.
- 반환 값 : 없음.

4) GPIO_ReadValue()

GPIO포트의 입력 값을 읽어온다.

- 함수원형 : uint32_t GPIO_ReadValue (uint8_t portNum)
- 매개변수 : portNum : GPIO포트 번호
- 상세설명 : GPIO핀을 입력으로 사용할 경우 해당 포트의 입력 값을 읽어오기 위한 함수이다. portNum은 LPC1768의 GPIO포트 번호인 0~4 사이의 값을 입력해 주어야 한다.
- 반환 값 : GPIO 포트의 현재 값.

5) GPIO_Byte_TypeDef

GPIO 포트를 Byte형으로 정의하는 구조체

- 구조체선언 : typedef struct {

  __IO uint8_t FIODIR[4]; uint32_t RESERVED0[3];

  __IO uint8_t FIOMASK[4]; __IO uint8_t FIOPIN[4];

  __IO uint8_t FIOSET[4]; __O uint8_t FIOCLR[4];

  } GPIO_Byte_TypeDef;

  구조체 멤버변수
- FIODIR : Byte형으로 정렬된 입출력 방향 레지스터
- FIOMASK : Byte형으로 정렬된 FIO 마스킹 레지스터
- FIOPIN : Byte형으로 정렬된 FIO 포트 입력 레지스터
- FIOSET : Byte형으로 정렬된 FIO 포트 출력 레지스터
- FIOCLR : Byte형으로 정렬된 FIO Clear 레지스터
- 상세설명 : GPIO_Byte_TypeDef는 GPIO 포트를 Byte형으로 정의하기 위한 구조체로 구조체의 멤버변수들은 모두 GPIO의 레지스터에 입력될 값을 가지게 된다. FIODIR은 레지스터의 해당비트를 0으로 설정하면 입력으로 동작하고, 1로 설정하면 출력으로 동작한다. FIOMASK는 선택한 비트가 입,출력 클리어 명령에 동작하지 않도록 마스킹하는 역할을 한다. FIOPIN은 GPIO 포트의 입력 값을 저장하는 역할을 하며 Low 레벨의 신호가 입력되면, 0 High 레벨의 신호가

입력되면 1의 값을 갖는다. FIOSET은 GPIO 포트가 출력으로 동작할 때 포트의 핀에 High 레벨의 출력을 내보내는 역할을 한다. FIOCLR은 FIOSET과 반대로 GPIO 포트가 출력으로 동작할 때 포트의 핀에 Low 레벨의 출력을 내보내는 역할을 한다.

예를 들어 GPIO 포트의 입출력 방향을 설정해 주는 함수 GPIO_SetDir을 GPIO_SetDir(1, 0xB0000000, 1);와 같이 사용했을 경우 dir의 값이 1로 입력되었기 때문에 FIODIR은 1로 설정되어 출력으로 동작하게 된다. 그리고 출력으로 설정된 GPIO 포트의 해당 핀에 값을 출력하는 함수 GPIO_SetValue을 GPIO_SetValue(1, 0xB0000000);로 사용했을 경우 FIOSET을 통하여 bitValue의 값인 0xB0000000에 해당하는 핀에 High 레벨의 출력을 보낸다. 반대로 출력으로 설정된 GPIO 포트의 해당 핀의 값을 클리어 하는 함수 GPIO_SetClear를 GPIO_SetClear(1, 0xB0000000);로 사용했을 경우에는 앞서의 FIOSET과 반대로 FIOCLR를 통하여 해당 핀에 Low 레벨의 출력을 보내게 된다. GPIO포트의 입력 값을 읽어 오는 함수 GPIO_ReadValue를 GPIO_ReadValue(2) & 0x00000400과 같이 사용했을 경우 FIOPIN을 통하여 포트 2번의 10번 핀에서 Low 레벨의 신호가 입력되면, 0 High 레벨의 신호가 입력되면 1의 값을 갖게 한다.

라) 예제

LPC1768 Cortex-M3 보드에서 다음 실험을 수행한다.

(1) LED 점멸 실험

- 예제 설명 : GPIO 포트1, 2에 연결되어 있는 8개의 LED가 ON/OFF 동작을 반복적으로 수행하는 프로그램이다. 먼저 1, 3, 5, 7번 LED를 ON시킨 후 일정한 시간이 지나면 켜진 LED를 모두 OFF하고 2, 4, 6, 8번 LED를 ON 시킨 후 일정한 시간이 지나면 다시 켜진 LED를 모두 OFF시키는 동작을 반복하여 수행한다.

• 예제 관련 회로도

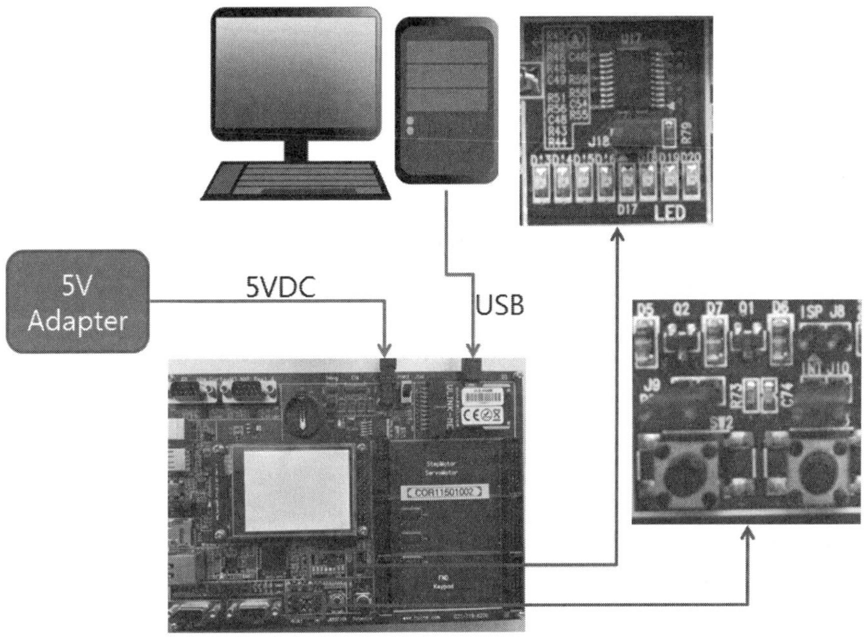

[그림 6-4] GPIO 실습을 위한 하드웨어 연결

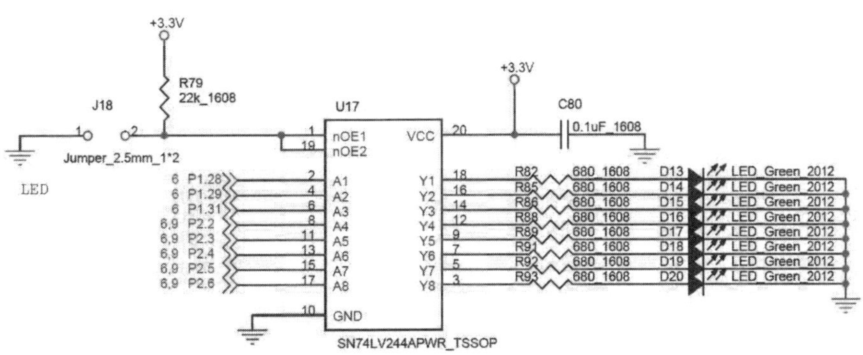

[그림 6-5] GPIO 출력으로 사용되는 LED 회로도

상태 표시를 위한 LED는 포트1의 28,29,31번 핀과 포트2의 2~6번 핀과 연결되어 있으며, 해당 핀에 1을 출력하면 LED가 켜진다.

• 예제 코드

```
#include "lpc17xx_gpio.h"

void Delay(unsigned long d_t)
{
long k;
for(k=0; k<d_t; k++); //System clock speed = 12MHz, 1 loop Delay =
1/12,000,000 sec
}
int main(void)
{
SystemInit(); //System Initialization

GPIO_SetDir(1, 0xB0000000, 1); //Set 28,29,31 of GPIO1 as output
GPIO_SetDir(2, 0x0000007C, 1); //Set 2,3,4,5,6 of GPIO2 as output

GPIO_ClearValue(1, 0xB0000000); //Set 28,29,31 of GPIO1 off : LED1,2,3 off
GPIO_ClearValue(2, 0x0000007C); //Set 2,3,4,5,6 of GPIO2 off :
LED4,5,6,7,8 off

while(1)
{
GPIO_SetValue(1, 0x90000000); //Set 28,31 of GPIO1 on : LED1,3 on
GPIO_SetValue(2, 0x00000028); //Set 3,5 of GPIO2 on : LED5,7 on

Delay(6000000); //Delay = 6,000,000 X 12,000,000 = 0.5 sec

GPIO_ClearValue(1, 0xB0000000); //Set 28,29,31 of GPIO1 off : LED1,2,3 off
GPIO_ClearValue(2, 0x0000007C); //Set 2,3,4,5,6 of GPIO2 off :
LED4,5,6,7,8 off
```

```
GPIO_SetValue(1, 0x20000000); //Set 29 of GPIO1 on : LED2 on
GPIO_SetValue(2, 0x00000056); //Set 2,4,6 of GPIO2 on : LED4,6,8 on

Delay(6000000); //Delay = 6,000,000 X 12,000,000 = 0.5 sec

GPIO_ClearValue(1, 0xB0000000); //Set 28,29,31 of GPIO1 off : LED1,2,3 off
GPIO_ClearValue(2, 0x0000007C); //Set 2,3,4,5,6 of GPIO2 off :
LED4,5,6,7,8 off
}
}
```

(2) LED 순차 점멸 실험

- 예제 설명 : GPIO 포트1, 2에 연결되어 있는 8개의 LED가 순차적으로 점멸하는 동작을 수행하는 프로그램이다. 8번부터 1번까지 8개의 LED를 차례대로 켜고, 마지막 LED가 켜지면 반대로 1번부터 8번까지 차례대로 켜는 동작을 반복한다.
- 예제 코드

```
#include "lpc17xx_gpio.h"
#include "lpc17xx_libcfg.h"

#define LED_NUM 8 //Number of user LEDs
const unsigned long LED_mask[] = {1<<28, 1<<29, 1UL<<31, 1<<2, 1<<3, 1<<4,
1<<5, 1<<6};
//LED on/off oder

void Delay(long d_t)
{
long k;
for(k=0; k<=d_t; k++); //System clock speed = 12MHz, 1 loop Delay =
```

```
1/12,000,000 sec
}

int main (void)
{
int num = 8; //LED Shift number
int dir = -1; //LED Shift direction

SystemInit(); //System initialization

GPIO_SetDir(1, 0xB0000000, 1); //Set 28,29,31 of GPIO1 as output
GPIO_SetDir(2, 0x0000007C, 1); //Set 2,3,4,5,6 of GPIO2 as output

GPIO_ClearValue(1, 0xB0000000); //Set 28,29,31 of GPIO1 off : LED1,2,3 off
GPIO_ClearValue(2, 0x0000007C); //Set 2,3,4,5,6 of GPIO2 off : LED4,5,6,7,8
off

while(1)
{
/* Calculate 'num': 0,1,...,LED_NUM-1,LED_NUM-1,...,1,0,0,... */
num += dir; //Increase shift direction number
if(num == LED_NUM) //When reached LED8
{
dir = -1; //Set LED shift direction as reverse
num = LED_NUM-1; //Set LED shift number as LED_NUM-1
}
else if(num < 0) //When reached LED1
{
dir = 1; //Set LED shift direction as forward
num = 0; //Set LED shift number as zero
}
if (num < 3) //Shift LED1,2,3
```

```
{
GPIO_SetValue(1, LED_mask[num]); //Set LED pin of GPIO1 on : shift LED on
Delay(600000); //Delay = 600,000 X 12,000,000 = 0.05 sec
GPIO_ClearValue(1, LED_mask[num]); //Set LED pin of GPIO1 off : shift LED
off
Delay(600000); //Delay = 600,000 X 12,000,000 = 0.05 sec
}
else //Shift LED4,5,6,7
{
GPIO_SetValue(2, LED_mask[num]); //Set LED pin of GPIO2 on : shift LED on
Delay(600000); //Delay = 600,000 X 12,000,000 = 0.05 sec
GPIO_ClearValue(2, LED_mask[num]); //Set LED pin of GPIO2 on : shift LED
on
Delay(600000); //Delay = 600,000 X 12,000,000 = 0.05 sec
}
}
}
```

(3) **포트 입력 실험**

- 예제 설명 : GPIO 포트 2의 10번핀에 연결되어 있는 스위치 신호를 입력받아 포트 1에 연결되어 있는 LED가 점멸하는 동작을 수행하는 프로그램이다. 스위치를 누르면 1번 LED가 켜지고, 스위치를 떼면 1번 LED가 꺼지는 동작을 반복한다.
- 예제 관련 회로도

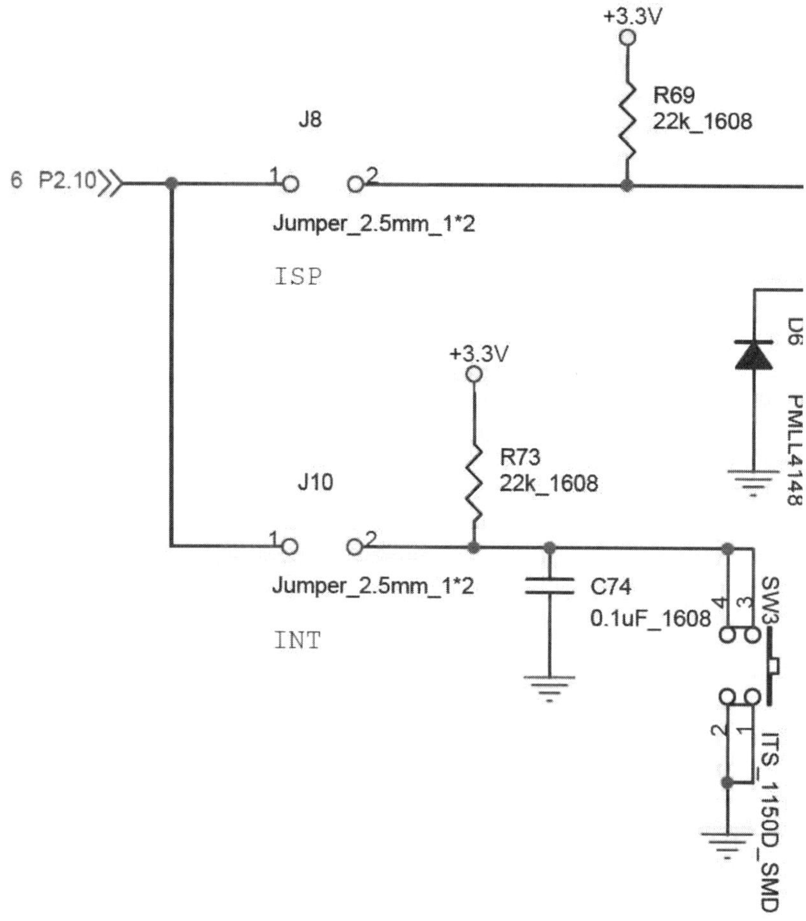

[그림 6-6] GPIO 입력으로 사용되는 스위치 회로도

포트2의 10번 핀에 연결된 스위치 3은 스위치를 눌렀을 때 입력 핀에 0이 입력된다.

• 예제 코드

```
#include "lpc17xx_gpio.h"

void Delay(long d_t) {
long k;
for(k=0; k<=d_t; k++); //Sytem clock speed = 12MHz, 1 loop Delay =
1/12,000,000 sec
}

int main (void)
{
uint32_t sw = 0; //Switch state value

SystemInit(); //System initialization

GPIO_SetDir(1, 0xB0000000, 1); //Set 28,29,31 of GPIO1 as output
GPIO_SetDir(2, 0x0000007C, 1); //Set 2,3,4,5,6 of GPIO2 as output
GPIO_SetDir(2, 0x00000400, 0); //Set 10 of GPIO2 as input

GPIO_ClearValue(1, 0xB0000000); //Set 28,29,31 of GPIO1 off : LED1,2,3 off
GPIO_ClearValue(2, 0x0000007C); //Set 2,3,4,5,6 of GPIO2 off : LED4,5,6,7,8
off

while(1)
{
sw = (GPIO_ReadValue(2) & 0x00000400); //Read 10 of GPIO2 state value
if(sw == 0x00000000) //switch is pushed
{
GPIO_SetValue(1, 0x10000000); //Set 28 of GPIO1 on : LED1 on
}
else //Switch is released
{
```

```
GPIO_ClearValue(1, 0x10000000); //Set 28 of GPIO1 off : LED1 off
}
}
}
```

마) 실습문제

(1) GPIO 포트 2의 10번핀에 연결되어 있는 스위치 신호를 입력받아 포트 1,2에 연결되어 있는 LED가 순차 점멸하는 동작을 수행하는 프로그램을 작성한다. 스위치를 누르고 있는 동안 1번부터 8개의 LED를 차례대로 켜고, 마지막 LED가 켜지면 반대로 8번부터 1번까지 차례대로 켜는 동작을 반복한다. 스위치를 떼면 해당 LED만 ON되어있는 동작을 유지한다.

(2) 스위치를 누를 때마다, 불이 켜지는 led의 위치가 1번부터 8번까지 한 비트씩 이동하도록 코드를 작성하여라.

```
#include "lpc17xx_gpio.h"
#define LED_NUM 8

 //설정될 비트를 변경시켜 주기위한 shift 연산자를 이용한 배열
const unsigned long led_mask[]={1<<28, 1<<29, 1ul<<31, 1<<2, 1<<3, 1<<4,
1<<5, 1<<6};


int main(void)
{
        int num=-1;
```

```
        uint32_t sw=0;

        SystemInit(); //초기화

        GPIO_SetDir(1, 0xB0000000,1); // GPIO포트의 입출력 방향을 설정
        GPIO_SetDir(2,0x0000007C,1);  // 2번포트, 2번~6번 핀, 출력
        GPIO_SetDir(2,0x00000400,0);

        GPIO_ClearValue(1,0xB0000000);  // 출력으로 설정된 GPIO 포트의 해
당 핀의 값을 0으로 클리어 -> 1번포트, 31,29,28번 핀 -> 0
        GPIO_ClearValue(2,0x0000047C);

        while(1)  // 무한루프
        {

                sw = (GPIO_ReadValue(2) & 0x00000400);  // GPIO포트의
입력 값을 읽어옴 -> 2번포트의 입력 값 & 0x00000400

                if(sw==0x00000000)  // sw 값이 0 이면 == sw 가 눌렸을 때
                {
               // sw 가 눌렸다 떼어질 때 num 이 증가한다.
                  while(! (GPIO_ReadValue(2) & 0x00000400));
                   num++;
                }
                else  // sw 값이 1 이면 == sw 가 안 눌렸을 때
                {
                        while(! (GPIO_ReadValue(2) & 0x00000400));
                        GPIO_ClearValue(1,0xB0000000);
                        GPIO_ClearValue(2,0x0000007C);
                }
                        if(num==LED_NUM)  // num 값이 8 이면
                        {
```

```
                        num=0;  // 다시 num =0 으로 만들어 준
다.
                }
                if(num<3)  // num =0, 1, 2 은 1번 포트의 핀을 가
리킨다.
                {
                        GPIO_SetValue(1, led_mask[num]);
// 출력으로 설정된 GPIO 포트의 해당 핀에 1을 출력
                }

                else    // num =3, 4, 5, 6, 7 은 2번 포트의 핀을
가리킨다.
                {
                        GPIO_SetValue(2, led_mask[num]);
                }


        }
}
```

7. 타이머 활용 실습

가) 실험목적

타이머의 이용한 LED의 주기적 ON/OFF 제어

나) 기초이론

(1) 개요

LPC1768의 타이머는 다음과 같은 특징을 가지고 있다.

- 32비트 프리스케일러를 내장한 32비트 타이머/카운터
- 카운터 또는 타이머로 동작
- 각 타이머별로 입력 신호가 변하는 순간의 타이머 값을 저장할 수 있는 32비트 캡쳐 채널을 최대 두 개까지 가지고 있다.
- 32비트 일치 레지스터 4개는 다음과 같은 타이머 일치 동작을 설정한다. 모든 타이머 일치 동작에서 타이머 값 일치 시 인터럽트를 발생시킬 수 있다.
  1) 타이머값 일치 후에도 계속되는 타이머 동작
  2) 타이머값 일치 시 정지하는 타이머 동작
  3) 타이머값 일치 시 리셋되는 타이머 동작

- 타이머 일치 레지스터와 대응하는 최대 4개의 외부 출력은 다음의 기능을 가진다.
  1) 타이머값 일치 시 Low 출력으로 설정
  2) 타이머값 일치 시 High 출력으로 설정
  3) 타이머값 일치 시 출력 값을 반전하도록 설정
  4) 타이머값 일치 시 출력 없음

- 타이머관련 구조체와 함수들은 drivers/include/lpc17xx_timer.c와 drivers/source/lpc17xx_timer.h에 정의되어 있다.

(2) 기본설정

- **Timer 0, 1, 2, 3을 설정하는 레지스터**

1) Power: PCONF Register(Table 4-46)에서 PCTIM0/1/2/3을 세트한다.

2) Peripheral Clock:

- PCLKSEL0 레지스터(table 4-40)에서 PCLK_TIMER0/1을 선택하고, PCLKSEL1 레지스터(table 4-41)에서 PCLK_TIMER2/3을 선택한다.

3) Pins

- PINSEL 레지스터를 통하여 Timer Pins를 선택한다.
- PINMODE Register(Section 8-5)를 통하여 Timer Function에 대한 Pin Mode를 선택한다.

4) Interrupts

- T0/1/2/3MCR(table 21-410)과 T0/1/2/3CCR(table 21-411)에 Match와 Capture Events를 참조한다.
- NVIC의 Interrupt Set Enable Register를 Enable 한다.

5) DMA

- Timed DMA Requests를 생성하기 위하여 두 개의 Match Conditions를 사용할 수 있다.

(3) 기능

- **Timer/Counters**

1) Peripheral Base Address를 제외하면 모두 동일하다.
2) 각 Timer/Counter에 대하여 최소 두 개의 Capture Inputs와 두 개의 Match Outputs이 Pin에 연결되어 있다.
3) Timer2는 네 개의 Match Outputs를 Pin으로 연결한다.

- **특징**

1) A 32-Bit Timer/Counter with a Programmable 32-bit Prescaler
2) Counter or Timer Operation

3) Up to Two 32-Bit Capture Channels Per Timer

입력 신호가 변할 때, Timer 값을 Snapshot으로 가져올 수 있다.

Capture Event는 인터럽트를 발생하도록 만들 수 있다.

4) 네 개의 32-Bit Match Registers가 있다.

타이머는 계속 동작하면서 인터럽트를 발생시키도록 만들 수 있다.

타이머를 정지시키면서 인터럽트를 발생시키도록 만들 수 있다.

타이머를 리셋 하면서 인터럽트를 발생시키도록 만들 수 있다.

5) Match Registers에 해당하는 External Outputs이 최대 4개

Set Low On Match

Set High On Match

Toggle On Match

Do Nothing On Match

(4) 핀 설정

- **Capture Input: CAP0[1:0]/1[1:0]/2[1:0]/3[1:0]**

1) 각 2-Bit

2) Timer Counter의 값을 Capture Register로 적재하는 이벤트를 제공한다.

- **External Match Output: MAT0[1:0]/1[1:0]/2[3:0]/3[1:0]**

1) Counter/Timer 2는 4 Bits

2) Match Register의 값이 TC와 같으면, 이 출력이 Toggle, Low, High, Do nothing.

3) EMR (External Match Register)로 기능을 설정한다.

(5) Register 설명

- **IR (Interrupt Register) T[0/1/2/3]IR**

1) Match Interrupt와 Capture Interrupt가 발생하면 해당 비트가 셋 된다.

2) 해당 비트에 1을 출력하면, 인터럽트가 Clear 된다.

Table 426. Interrupt Register (T[0/1/2/3]IR - addresses 0x4000 4000, 0x4000 8000, 0x4009 0000, 0x4009 4000) bit description

Bit	Symbol	Description	Reset Value
0	MR0 Interrupt	Interrupt flag for match channel 0.	0
1	MR1 Interrupt	Interrupt flag for match channel 1.	0
2	MR2 Interrupt	Interrupt flag for match channel 2.	0
3	MR3 Interrupt	Interrupt flag for match channel 3.	0
4	CR0 Interrupt	Interrupt flag for capture channel 0 event.	0
5	CR1 Interrupt	Interrupt flag for capture channel 1 event.	0
31:6	-	Reserved	-

[표 7-1] Interrupt Register

• TCR (Timer Control Register) : Timer/Counter의 기능을 설정한다.

1) Timer/Counter Enable, Prescaler Counter Enable

Table 427. Timer Control Register (TCR, TIMERn: TnTCR - addresses 0x4000 4004, 0x4000 8004, 0x4009 0004, 0x4009 4004) bit description

Bit	Symbol	Description	Reset Value
0	Counter Enable	When one, the Timer Counter and Prescale Counter are enabled for counting. When 1, the counters are disabled.	0
1	Counter Reset	When one, the Timer Counter and the Prescale Counter are synchronously reset on the next positive edge of PCLK. The counters remain reset until TCR[1] is returned to zero.	0
31:2	-	Reserved, user software should not write ones to reserved bits. The value read from a reserved bit is not defined.	NA

[표 7-2] Timer Control Register

• CTCR (Count Control Register) : Timer/Counter 모드를 결정한다.

① Counter mode

1) Pin 선택, Counting Edge 선택

2) Counter Mode일 때, CAP Input을 Count 한다.

3) CAP Input의 주파수는 PCLK 주파수의 1/4를 초과하지 않아야 한다.

② Timer Mode: 내부 클럭을 Count 한다.

Table 428. Count Control Register (T[0/1/2/3]CTCR - addresses 0x4000 4070, 0x4000 8070, 0x4009 0070, 0x4009 4070) bit description

Bit	Symbol	Value	Description	Reset Value
1:0	Counter/ Timer Mode		This field selects which rising PCLK edges can increment the Timer's Prescale Counter (PC), or clear the PC and increment the Timer Counter (TC).	00
		00	Timer Mode: the TC is incremented when the Prescale Counter matches the Prescale Register. The Prescale Counter is incremented on every rising PCLK edge.	
		01	Counter Mode: TC is incremented on rising edges on the CAP input selected by bits 3:2.	
		10	Counter Mode: TC is incremented on falling edges on the CAP input selected by bits 3:2.	
		11	Counter Mode: TC is incremented on both edges on the CAP input selected by bits 3:2.	
3:2	Count Input Select		When bits 1:0 in this register are not 00, these bits select which CAP pin is sampled for clocking.	00
		00	CAPn.0 for TIMERn	
		01	CAPn.1 for TIMERn	
		10	Reserved	
		11	Reserved	
			Note: If Counter mode is selected for a particular CAPn input in the TnCTCR, the 3 bits for that input in the Capture Control Register (TnCCR) must be programmed as 000. However, capture and/or interrupt can be selected for the other 3 CAPn inputs in the same timer.	
31:4	-	-	Reserved, user software should not write ones to reserved bits. The value read from a reserved bit is not defined.	NA

[표 7-3] Counter Control Register

- **TC (Timer Counter Register) : PCLK를 count 한다.**
  1) Prescale Counter가 Terminal Count에 도달할 때 증가한다.
  2) FFFF_FFFF 다음 값은 0000_0000

- **PR (Prescale Register) : PC의 최대값**
  1) Prescaler Counter의 최대값

- **PC (Prescale Counter) : PR에 할 때까지 PCLK를 Count한다.**
  1) PCLK을 분주하여 T/C로 공급한다.
  2) 매 PCLK마다 증가한다.
  3) PR에 저장된 값과 같아질 때 : TC는 증가하고 PC는 다음 PCLK에서 Reset 된다.

- MR0/1/2/3 (Match Register 0/1/2/3)
  1) TC의 값과 계속 비교된다.
  2) 두 개의 값이 같으면, 자동으로 MCR로 설정한 동작이 발생한다.

- MCR (Match Control Register) : Match에 도달할 때 수행할 동작을 설정한다.
  1) MR == TC일 때 수행할 동작 설정
  2) TC 한 개당 MCR 레지스터는 4개

Table 429. Match Control Register (T[0/1/2/3]MCR - addresses 0x4000 4014, 0x4000 8014, 0x4009 0014, 0x4009 4014) bit description

Bit	Symbol	Value	Description	Reset Value
0	MR0I	1	Interrupt on MR0: an interrupt is generated when MR0 matches the value in the TC.	0
		0	This interrupt is disabled	
1	MR0R	1	Reset on MR0: the TC will be reset if MR0 matches it.	0
		0	Feature disabled.	
2	MR0S	1	Stop on MR0: the TC and PC will be stopped and TCR[0] will be set to 0 if MR0 matches the TC.	0
		0	Feature disabled.	
3	MR1I	1	Interrupt on MR1: an interrupt is generated when MR1 matches the value in the TC.	0
		0	This interrupt is disabled	
4	MR1R	1	Reset on MR1: the TC will be reset if MR1 matches it.	0
		0	Feature disabled.	
5	MR1S	1	Stop on MR1: the TC and PC will be stopped and TCR[0] will be set to 0 if MR1 matches the TC.	0
		0	Feature disabled.	
6	MR2I	1	Interrupt on MR2: an interrupt is generated when MR2 matches the value in the TC.	0
		0	This interrupt is disabled	
7	MR2R	1	Reset on MR2: the TC will be reset if MR2 matches it.	0
		0	Feature disabled.	
8	MR2S	1	Stop on MR2: the TC and PC will be stopped and TCR[0] will be set to 0 if MR2 matches the TC.	0
		0	Feature disabled.	
9	MR3I	1	Interrupt on MR3: an interrupt is generated when MR3 matches the value in the TC.	0
		0	This interrupt is disabled	
10	MR3R	1	Reset on MR3: the TC will be reset if MR3 matches it.	0
		0	Feature disabled.	
11	MR3S	1	Stop on MR3: the TC and PC will be stopped and TCR[0] will be set to 0 if MR3 matches the TC.	0
		0	Feature disabled.	
31:12	-		Reserved, user software should not write ones to reserved bits. The value read from a reserved bit is not defined.	NA

[표 7-4] Match Control Register

- **CR (Capture Register) : TC를 Capture하는 레지스터**
  1) Pin에 CCR로 설정한 이벤트가 발생할 때, TC를 CR로 적재한다.
  2) Capture Register는 2개(CR0, CR1)

- **CCR (Capture Control Register) : Capture 시기와 인터럽트를 설정한다.**
  1) Capture on CAP Rising / Falling Edge
  2) Interrupt 요청

Table 430. Capture Control Register (T[0/1/2/3]CCR - addresses 0x4000 4028, 0x4000 8020, 0x4009 0028, 0x4009 4028) bit description

Bit	Symbol	Value	Description	Reset Value
0	CAP0RE	1	Capture on CAPn.0 rising edge: a sequence of 0 then 1 on CAPn.0 will cause CR0 to be loaded with the contents of TC.	0
		0	This feature is disabled.	
1	CAP0FE	1	Capture on CAPn.0 falling edge: a sequence of 1 then 0 on CAPn.0 will cause CR0 to be loaded with the contents of TC.	0
		0	This feature is disabled.	
2	CAP0I	1	Interrupt on CAPn.0 event: a CR0 load due to a CAPn.0 event will generate an interrupt.	0
		0	This feature is disabled.	
3	CAP1RE	1	Capture on CAPn.1 rising edge: a sequence of 0 then 1 on CAPn.1 will cause CR1 to be loaded with the contents of TC.	0
		0	This feature is disabled.	
4	CAP1FE	1	Capture on CAPn.1 falling edge: a sequence of 1 then 0 on CAPn.1 will cause CR1 to be loaded with the contents of TC.	0
		0	This feature is disabled.	
5	CAP1I	1	Interrupt on CAPn.1 event: a CR1 load due to a CAPn.1 event will generate an interrupt.	0
		0	This feature is disabled.	
31:6	-		Reserved, user software should not write ones to reserved bits. The value read from a reserved bit is not defined.	NA

[표 7-5] Capture Control Register

- **EMR(External Match Register) : External Match Pins를 제어한다.**

1) External Match Pin의 기능 설정 및 상태 제공

Table 431. External Match Register (T[0/1/2/3]EMR - addresses 0x4000 403C, 0x4000 803C, 0x4009 003C, 0x4009 403C) bit description

Bit	Symbol	Description	Reset Value
0	EM0	External Match 0. When a match occurs between the TC and MR0, this bit can either toggle, go low, go high, or do nothing, depending on bits 5:4 of this register. This bit can be driven onto a MATn.0 pin, in a positive-logic manner (0 = low, 1 = high).	0
1	EM1	External Match 1. When a match occurs between the TC and MR1, this bit can either toggle, go low, go high, or do nothing, depending on bits 7:6 of this register. This bit can be driven onto a MATn.1 pin, in a positive-logic manner (0 = low, 1 = high).	0
2	EM2	External Match 2. When a match occurs between the TC and MR2, this bit can either toggle, go low, go high, or do nothing, depending on bits 9:8 of this register. This bit can be driven onto a MATn.2 pin, in a positive-logic manner (0 = low, 1 = high).	0
3	EM3	External Match 3. When a match occurs between the TC and MR3, this bit can either toggle, go low, go high, or do nothing, depending on bits 11:10 of this register. This bit can be driven onto a MATn.3 pin, in a positive-logic manner (0 = low, 1 = high).	0
5:4	EMC0	External Match Control 0. Determines the functionality of External Match 0. Table 432 shows the encoding of these bits.	00
7:6	EMC1	External Match Control 1. Determines the functionality of External Match 1. Table 432 shows the encoding of these bits.	00
9:8	EMC2	External Match Control 2. Determines the functionality of External Match 2. Table 432 shows the encoding of these bits.	00
11:10	EMC3	External Match Control 3. Determines the functionality of External Match 3. Table 432 shows the encoding of these bits.	00
15:12	-	Reserved, user software should not write ones to reserved bits. The value read from a reserved bit is not defined.	NA

[표 7-6] External Match Register

Table 432. External Match Control

EMR[11:10], EMR[9:8], EMR[7:6], or EMR[5:4]	Function
00	Do Nothing.
01	Clear the corresponding External Match bit/output to 0 (MATn.m pin is LOW if pinned out).
10	Set the corresponding External Match bit/output to 1 (MATn.m pin is HIGH if pinned out).
11	Toggle the corresponding External Match bit/output.

[표 7-7] External Match Control

(6) 관련 함수 및 구조체

1) 타이머 관련 구조체

타이머 관련 구조체는 다음과 같다.

- TIM_TIMERCFG_Type : 타이머의 동작을 설정하는 구조체
- TIM_COUNTERCFG_Type : 카운터 모드의 동작을 설정하는 구조체
- TIM_MATCHCFG_Type : 타이머의 매치 동작을 설정하는 구조체
- TIM_CAPTURECFG_Type : 타이머의 캡쳐 동작을 설정하는 구조체

2) 타이머 관련 함수

타이머 관련 함수는 다음과 같다.

- FlagStatus TIM_GetIntStatus (TIM_TypeDef *TIMx, uint8_t IntFlag)

인터럽트 상태 정보를 가져온다.

- void TIM_ClearIntPending (TIM_TypeDef *TIMx, uint8_t IntFlag)

대기중인 인터럽트를 클리어한다.

- void TIM_Cmd (TIM_TypeDef *TIMx, FunctionalState NewState)

타이머/카운터 장치의 동작을 활성화 또는 비활성화한다.

- void TIM_ResetCounter (TIM_TypeDef *TIMx)

타이머/카운터 장치를 리셋한다.

- void TIM_Init (TIM_TypeDef *TIMx, uint8_t TimerCounterMode, void *TIM_ConfigStruct)

타이머/카운터 장치의 동작 설정을 초기화한다.

- void TIM_DeInit (TIM_TypeDef *TIMx)

타이머/카운터 장치의 동작을 중지시킴

- void TIM_ConfigStructInit (uint8_t TimerCounterMode, void *TIM_ConfigStruct)

타이머 초기화 관련 설정

- void TIM_ConfigMatch (TIM_TypeDef *TIMx, TIM_MATCHCFG_Type *TIM_MatchConfigStruct)

타이머 일치 레지스터 설정

- void TIM_SetMatchExt (TIM_TypeDef *TIMx, TIM_EXTMATCH_OPT ext_match)

타이머 일치 동작시 외부 출력핀 상태 설정

- void TIM_ConfigCapture (TIM_TypeDef *TIMx, IM_CAPTURECFG_Type *TIM_CaptureConfigStruct)

타이머 캡쳐 레지스터 설정

- uint32_t TIM_GetCaptureValue (TIM_TypeDef *TIMx, uint8_t CaptureChannel)

타이머/카운터 장치의 캡쳐 레지스터 값을 읽어온다.

(7) 주요 함수와 구조체의 상세 설명

타이머의 설정과 동작을 위한 주요 함수와 구조체를 자세히 살펴보면 다음과 같다.

1) TIM_Init()

타이머/카운터 장치를 초기화 한다.

- 함수원형 : void TIM_Init (TIM_TypeDef* TIMx, uint8_t TimerCounterMode, void* TIM_ConfigStruct)
- 매개변수 : TIMx : 초기화할 타이머, TimerCounterMode : 타이머/카운터 동작 모드, TIM_ConfigStruct : 타이머 설정 구조체
- 상세설명 : 타이머/카운터를 사용하기 위해 장치를 초기화 하는 함수로 TIMx는

초기화할 타이머를 나타내며 TIM0, TIM1, TIM2, TIM3 중에서 선택하면 된다.

TimerCounterMode는 타이머/카운터가 동작할 동작 모드를 선택하는 매개변수이며 타이머로 사용하려면 TIM_TIMER_MODE로 값을 설정하고 카운터로 사용할 경우에는 동작 모드에 따라 상승 에지를 카운트할 경우에는 TIM_COUNTER_RISING_EDGE로 값을 설정하며 하강 에지를 카운트 할 경우에는 TIM_COUNTER_FALLING_EDGE로 값을 설정한다. 양단의 에지를 모두 카운트 하도록 설정하는 경우에는 TIM_COUNTER_ANY_MODE로 설정한다.

TIM_ConfigStruct 매개변수는 타이머의 설정 사항을 저장하고 있는 TIM_ TIMERCFG_Type 구조체의 포인터를 값으로 가진다.

- 반환 값 : 없음.

2) TIM_ConfigMatch()

타이머 일치 동작을 설정한다.

- 함수원형 : void TIM_ConfigMatch (TIM_TypeDef *TIMx,
  TIM_MATCHCFG_Type *TIM_MatchConfigStruct)
- 매개변수 : TIMx : 타이머 일치 동작을 설정할 타이머
  TIM_MatchConfigStruct : 타이머 일치 설정 구조체
- 상세설명 : 타이머 일치 동작을 설정하는 함수로 TIMx는 타이머 일치 동작을 설정할 타이머를 나타내며 TIM0, TIM1, TIM2, TIM3 중에서 선택하면 된다. TIM_MatchConfigStruct는 타이머 일치 동작의 설정 사항을 저장하고 있는 TIM_MATCHCFG_Type 구조체의 포인터를 값으로 가진다.
- 반환 값 : 없음.

3) TIM_ClearIntPending()

타이머/카운터의 인터럽트를 클리어한다.

- 함수원형 : void TIM_ClearIntPending (TIM_TypeDef *TIMx, uint8_t IntFlag)
- 매개변수 : TIMx : 인터럽트 클리어 해당 타이머
  IntFlag : 클리어 해당 타이머/카운터 인터럽트의 종류
- 상세설명 : 타이머/카운터에 발생한 인터럽트를 클리어하는 함수로 TIMx는 인터럽트 클리어 해당 타이머를 나타내며 TIM0, TIM1, TIM2, TIM3 중에서 선택하면 된다. IntFlag는 클리어 해당 인터럽트의 종류를 나타내며 TIM0~3의 타이머 일치 인터럽트는 TIM_MR0_INT, TIM_MR1_INT, TIM_MR2_INT, TIM_MR3_INT 중에서 선택하면 되고, TIM0, TIM1의 캡쳐 인터럽트는 TIM_CR0_INT, TIM_CR1_INT 중에서 선택하면 된다.
- 반환 값 : 없음.

4) TIM_Cmd()

타이머/카운터 장치를 동작 시키거나 정지시킨다.

- 함수원형 : void TIM_Cmd (TIM_TypeDef *TIMx, FunctionalState NewState)
- 매개변수 : TIMx : 동작 또는 정지시킬 타이머
  NewState : 동작 또는 정지 상태의 설정 값
- 상세설명 : 타이머/카운터 장치를 동작 시키거나 정지시키는 함수로 TIMx는 동작 또는 정지시킬 타이머를 나타내며 TIM0, TIM1, TIM2, TIM3 중에서 선택하면 된다. NewState의 값은 ENABLE 또는 DISABLE 중에서 선택하면 되고 ENABLE로 설정하면 타이머/카운터를 동작시키고 DISABLE로 설정하면 타이머/카운터를 정지시킨다.
- 반환 값 : 없음.

5) TIM_TIMERCFG_Type

타이머의 동작을 설정하는 구조체

- 구조체선언 : typedef struct{

```
uint8_t PrescaleOption;
uint8_t Reserved[3];
uint32_t PrescaleValue;
} TIM_TIMERCFG_Type;
```

구조체 멤버변수

- PrescaleOption : 타이머의 프리스케일 설정
- PrescaleValue : 프리스케일 값
- 상세설명 : 타이머의 동작을 설정하는 구조체로 PrescaleOption은 타이머의 프리스케일 옵션을 설정하는 매개변수이며 타이머의 절대 값을 사용하여 시간 간격을 측정하는 TIM_PRESCALE_TICKVAL과 마이크로초(μs)로 환산된 값을 사용하여 시간 간격을 측정하는 TIM_PRESCALE_USVAL 중에서 선택할 수 있다.

  PrescaleValue는 타이머 동작에 사용되는 프리스케일 값으로 사용되는 매개변수로 프리스케일 옵션을 TIM_PRESCALE_TICKVAL로 설정했을 경우에는 프리스케일로 설정한 값만큼 클럭이 카운트되어야 타이머에서 1클록을 카운트하게 되며, TIM_PRESCALE_USVAL로 설정했을 경우에는 타이머의 1클록을 카운트하는데 걸리는 시간이 프리스케일로 설정한 값이 되며 단위는 마이크로초이다.

  예를 들어 PrescaleValue를 100으로 설정하고 PrescaleOption은 TIM_PRESCALE_TICKVAL로 설정되었다면 시스템클록이 100 클록 카운트되어야 타이머의 1클록이 카운트 되는 것이다. PrescaleOption이 TIM_PRESCALE_USVAL로 설정되었다면 타이머의 1클록은 100μs간격으로 카운트된다.

6) TIM_MATCHCFG_Type

타이머 매치 동작에 관련된 사항을 설정하는 구조체

- 구조체선언 : typedef struct {

```
uint8_t MatchChannel;
uint8_t IntOnMatch;
uint8_t StopOnMatch;
uint8_t ResetOnMatch;
uint8_t ExtMatchOutputType;
uint8_t Reserved[3];
uint32_t MatchValue;
} TIM_MATCHCFG_Type;
```

구조체 멤버변수

- MatchChannel : 타이머 일치 동작을 설정할 타이머
- IntOnMatch : 타이머 일치시 인터럽트 발생 여부 설정
- StopOnMatch : 타이머 일치시 타이머 동작 정지 여부 설정
- ResetOnMatch : 타이머 일치시 타이머 값의 리셋 여부 설정
- ExtMatchOutputType : 타이머 일치시 타이머 외부 출력 사용 설정
- MatchValue : 타이머 일치 값 설정
- 상세설명 : 타이머 일치 동작을 설정하는 구조체로 멤버변수 MatchChannel은 타이머 일치 동작에 사용할 타이머를 설정하는 매개변수이며 타이머가0~3번까지 있으므로 0~3의 값을 가질 수 있다.

  IntOnMatch는 타이머 일치 동작시 인터럽트를 발생 여부를 설정하는 매개변수이며 ENABLE로 설정하면 인터럽트가 발생하고 DISABLE로 설정하면 인터럽트는 발생하지 않는다.

  StopOnMatch는 타이머 일치 동작시 타이머 동작의 정지 여부를 설정하는 매개변수이며 ENABLE로 설정하면 타이머 일치 동작 후 타이머가 정지되므로 타이머 일치 동작은 한번만 발생하게 된다. DISABLE로 설정하면 타이머를 정지시킬 때까지 계속해서 타이머 일치 동작이 발생하게 된다.

ResetOnMatch는 타이머 일치 동작시 타이머의 카운트 값 리셋 여부를 설정하는 매개변수이며 ENABLE로 설정하면 타이머의 카운트 값이 리셋되고 DISABLE로 설정하면 리셋되지 않고 타이머 일치 값에서부터 계속해서 카운트를 진행한다.

ExtMatchOutput는 타이머 일치 동작시 타이머의 외부 출력핀 사용을 설정하는 매개변수로 TIM_EXTMATCH_NOTHING으로 설정하면 외부출력 핀은 사용하지 않게 되고 TIM_EXTMATCH_LOW로 설정하면 외부 출력 핀에 Low 신호를 출력한다. TIM_EXTMATCH_HIGH로 설정하면 외부 출력핀에 High 신호를 출력하며 TIM_EXTMATCH_TOGGLE로 설정하면 타이머 일치 동작 시 출력 값을 반전(Toggle)시킨다.

MatchValue는 타이머 일치 값을 설정하는 매개변수로 타이머에서 MatchValue에 설정한 값만큼 타이머 클록을 카운트하면 타이머 일치동작이 발생하게 된다.

다) 예제

(1) 타이머0을 이용한 LED 점멸 1

- 예제 설명 : 타이머0의 타이머 일치 인터럽트를 사용하여 타이머 일치 시 LED의 상태를 반전시켜 점멸하는 동작을 반복한다.
- 예제 세부 사항

다음과 같은 timer cycle을 generation 하도록 한다.

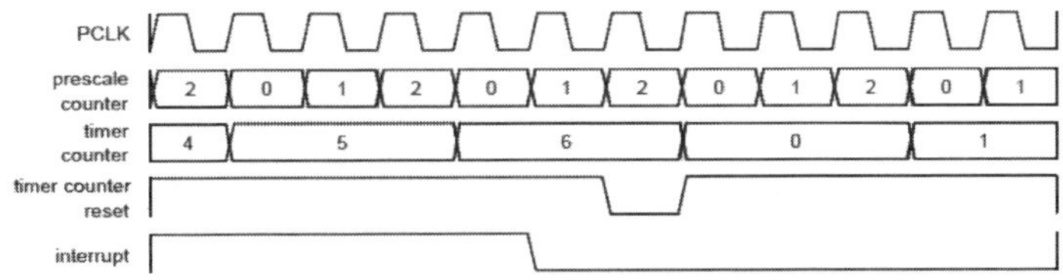

Fig 114. A timer cycle in which PR=2, MRx=6, and both interrupt and reset on match are enabled.

① prescaler(PR) = 2로 설정함으로써, prescale counter가 0~2까지만 증가하고 reset 되도록 함.

② match register(MRx) = 6으로 설정함으로써, timer counter가 0~6까지 증가하고 reset 되도록 함

③ Interrupt on match 와 reset on match를 각각 enable로 설정

→ timer counter의 reset : match가 발생하는 timer cycle의 끝에서 timer count가 0으로 reset되며,

→ interrupt 발생 : match가 발생하면 timer counter가 match 값에 도달한 그 다음 clock에서(여기서 clock은 prescale counter 기준임) interrupt가 발생되도록 함.

- 예제 관련 회로도

타이머 예제 실습을 위해 [그림 7-1]과 같이 하드웨어를 연결한다.

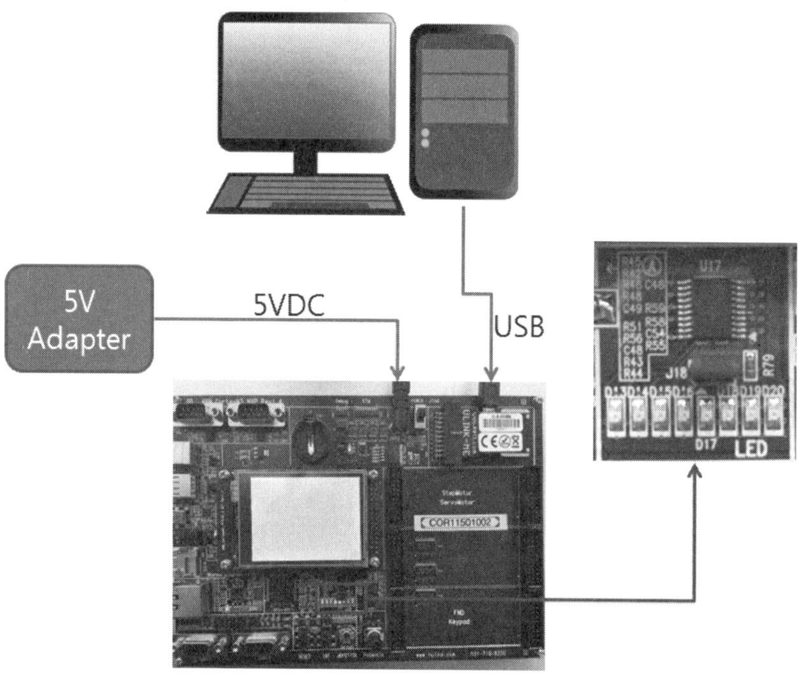

[그림 7-1] 타이머 실습을 위한 하드웨어 연결

실습 보드의 전체 회로도 중 타이머 예제와 관련된 부분은 [그림 7-2] 와 같다.

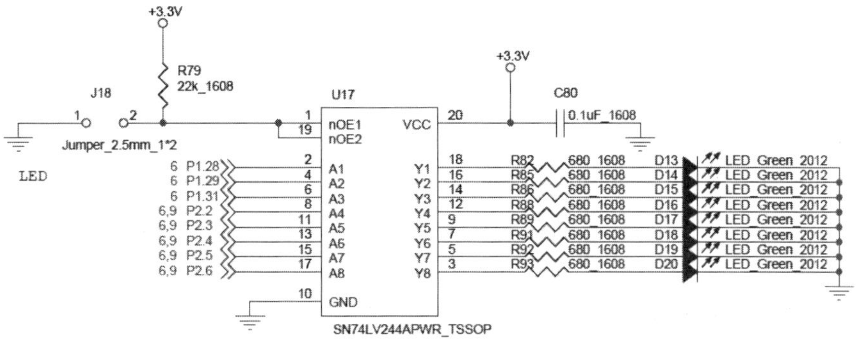

[그림 7-2] 출력 확인을 위한 LED 회로도

상태 표시를 위한 LED는 포트1의 28,29,31번 핀과 포트2의 2~6번 핀과 연결되어 있으며 해당 핀에 1을 출력하면 LED가 켜진다.

- 예제 코드

```
#include "lpc17xx.h"
#include "lpc17xx_gpio.h"
#include "lpc17xx_timer.h"

uint8_t g_ulFlags = 0; //LED on/off flag variable
TIM_TIMERCFG_Type TIM_ConfigStruct;
TIM_MATCHCFG_Type TIM_MatchConfigStruct ;

void TIMER0_IRQHandler(void)
{
TIM_ClearIntPending(LPC_TIM0,0); //TIM0 interrupt clear
g_ulFlags++; //Increase LED on/off flag
if(g_ulFlags ==2) g_ulFlags = 0; //LED on/off flag value has only 0,1
}
```

```
int main(void)
{
SystemInit(); //system initialization

GPIO_SetDir(1, 0xB0000000, 1); //Set 28,29,31 of GPIO1 as output
GPIO_SetDir(2, 0x0000007C, 1); //Set 2,3,4,5,6 of GPIO2 as output

GPIO_ClearValue(1, 0xB0000000); //Set 28,29,31 of GPIO1 off : LED1,2,3 off
GPIO_ClearValue(2, 0x0000007C); //Set 2,3,4,5,6 of GPIO2 off : LED4,5,6,7,8
off

/* Initialize timer 0, prescale count time of 100uS */
TIM_ConfigStruct.PrescaleOption = TIM_PRESCALE_USVAL;
TIM_ConfigStruct.PrescaleValue = 200;
TIM_MatchConfigStruct.MatchChannel = 0; //use channel 0, MR0
TIM_MatchConfigStruct.IntOnMatch = ENABLE;
//Enable interrupt when MR0 matches the Value in TC Register
TIM_MatchConfigStruct.ResetOnMatch = ENABLE;
//Enable reset on MR0: TIMER will reset if MR0 matches it
TIM_MatchConfigStruct.StopOnMatch = DISABLE; //Stop on MR0 if MR0
matches it
TIM_MatchConfigStruct.ExtMatchOutputType = TIM_EXTMATCH_NOTHING;
//No output MR0.0 pin if MR0 matches it
TIM_MatchConfigStruct.MatchValue = 600;
//Set Match Value, count Value of 5000 (5000 * 100uS = 500mS --> 50 Hz)

/* Set configuration for Tim_config and Tim_MatchConfig */
TIM_Init(LPC_TIM0, TIM_TIMER_MODE, &TIM_ConfigStruct);
TIM_ConfigMatch(LPC_TIM0,&TIM_MatchConfigStruct);
NVIC_EnableIRQ(TIMER0_IRQn); //Enable TIMER0 interrupt request
TIM_Cmd(LPC_TIM0,ENABLE); //Start TIM0
```

```
while(1)
{
if(g_ulFlags == 0) //When LED on/off flag is cleared
{
GPIO_SetValue(1, 0xB0000000); //Set 28,29,31 of GPIO1 on : LED1,2,3 on
GPIO_SetValue(2, 0x0000007C); //Set 2,3,4,5,6 of GPIO2 on : LED4,5,6,7,8
on
}
else if(g_ulFlags == 1) //When LED on/off flag is set
{
GPIO_ClearValue(1, 0xB0000000); //Set 28,29,31 of GPIO1 off : LED1,2,3 off
GPIO_ClearValue(2, 0x0000007C); //Set 2,3,4,5,6 of GPIO2 off : LED4,5,6,7,8
off
}
}
}
```

(2) 타이머0을 이용한 LED 점멸 2

- 예제 설명 : 타이머 0의 타이머 일치 인터럽트를 사용하여 타이머 일치 시 LED의 상태를 반전시켜 점멸하는 동작을 반복한다.
- 예제 세부 사항

다음과 같은 timer cycle을 generation 하도록 한다.

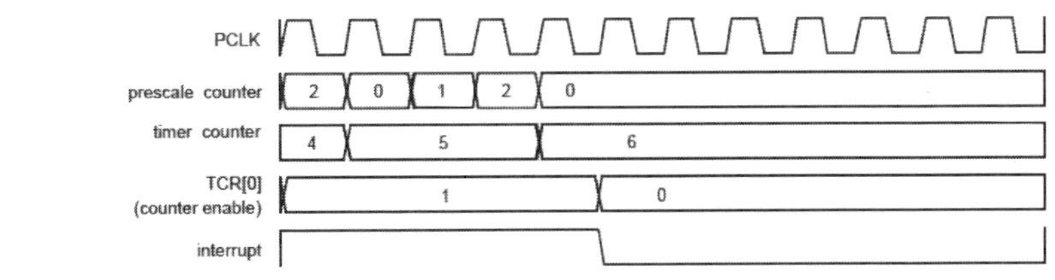

Fig 115. A timer Cycle in Which PR=2, MRx=6, and both interrupt and stop on match are enabled

① prescaler(PR) = 2로 설정함으로써, prescale counter가 0~2까지만 증가하고 reset 되도록 함.

② match register(MRx) = 6으로 설정함으로써, timer counter가 0~6까지 증가하고 reset 되도록 함

③ Interrupt on match 와 stop on match를 각각 enable로 설정

→ timer stop on match 기능 : timer가 match value에 도달한 다음 클럭에서 TCR[0] counter enable bit가 clear된다. 따라서, timer가 stop한다.

→ interrupt 발생 : timer counter가 match 값에 도달한 그 다음 clock에서 인터럽트 발생

```
#include "lpc17xx.h"
#include "lpc17xx_gpio.h"
#include "lpc17xx_timer.h"

uint8_t g_ulFlags = 0; //LED on/off flag variable
TIM_TIMERCFG_Type TIM_ConfigStruct;
TIM_MATCHCFG_Type TIM_MatchConfigStruct ;

void TIMER0_IRQHandler(void)
{
TIM_ClearIntPending(LPC_TIM0,0); //TIM0 interrupt clear
g_ulFlags++; //Increase LED on/off flag
if(g_ulFlags ==2) g_ulFlags = 0; //LED on/off flag value has only 0,1
}


int main(void)
{
SystemInit(); //system initialization

GPIO_SetDir(1, 0xB0000000, 1); //Set 28,29,31 of GPIO1 as output
```

```
GPIO_SetDir(2, 0x0000007C, 1); //Set 2,3,4,5,6 of GPIO2 as output

GPIO_ClearValue(1, 0xB0000000); //Set 28,29,31 of GPIO1 off : LED1,2,3 off
GPIO_ClearValue(2, 0x0000007C); //Set 2,3,4,5,6 of GPIO2 off : LED4,5,6,7,8
off

/* Initialize timer 0, prescale count time of 100uS */
TIM_ConfigStruct.PrescaleOption = TIM_PRESCALE_USVAL;
TIM_ConfigStruct.PrescaleValue = 200;
TIM_MatchConfigStruct.MatchChannel = 0; //use channel 0, MR0
TIM_MatchConfigStruct.IntOnMatch = ENABLE;
//Enable interrupt when MR0 matches the Value in TC Register
TIM_MatchConfigStruct.ResetOnMatch = ENABLE;
//Enable reset on MR0: TIMER will reset if MR0 matches it
TIM_MatchConfigStruct.StopOnMatch = ENABLE; //Stop on MR0 if MR0
matches it
TIM_MatchConfigStruct.ExtMatchOutputType = TIM_EXTMATCH_NOTHING;
//No output MR0.0 pin if MR0 matches it
TIM_MatchConfigStruct.MatchValue = 600;
//Set Match Value, count Value of 5000 (5000 * 100uS = 500mS --> 50 Hz)

/* Set configuration for Tim_config and Tim_MatchConfig */
TIM_Init(LPC_TIM0, TIM_TIMER_MODE, &TIM_ConfigStruct);
TIM_ConfigMatch(LPC_TIM0,&TIM_MatchConfigStruct);
NVIC_EnableIRQ(TIMER0_IRQn); //Enable TIMER0 interrupt request
TIM_Cmd(LPC_TIM0,ENABLE); //Start TIM0

while(1)
{
if(g_ulFlags == 0) //When LED on/off flag is cleared
{
GPIO_SetValue(1, 0xB0000000); //Set 28,29,31 of GPIO1 on : LED1,2,3 on
```

```
GPIO_SetValue(2, 0x0000007C); //Set 2,3,4,5,6 of GPIO2 on : LED4,5,6,7,8
on
}
else if(g_ulFlags == 1) //When LED on/off flag is set
{
GPIO_ClearValue(1, 0xB0000000); //Set 28,29,31 of GPIO1 off : LED1,2,3 off
GPIO_ClearValue(2, 0x0000007C); //Set 2,3,4,5,6 of GPIO2 off : LED4,5,6,7,8
off
}
}
}
```

라) 실습문제

(1) 타이머0의 타이머 일치 인터럽트를 사용하여 LED가 [4, 5번 → 3, 6번 → 2, 7번 → 1, 8번] 순으로 타이머가 일치 시 0.5초 마다 해당 LED를 ON한다.

(2) Timer 와 외부 출력 핀을 이용한 LED 출력
LED를 외부 출력 핀(MAT)으로 설정하고, 스위치도 추가하여 스위치를 한 번 누르면 HIGH 값이, 한 번 더 누르면 LOW 값이, 세 번째로 누르면 TOGGLE 값이 나오도록 한

```
#include "lpc17xx.h"
#include "lpc17xx_gpio.h"
#include "lpc17xx_timer.h"     //timer 관련 구조체와 함수들 정의된 헤더파일
#include "lpc17xx_pinsel.h"

uint8_t g_ulFlags = 0;
uint8_t count = 0;
```

```
TIM_TIMERCFG_Type TIM_ConfigStruct;    // 타이머의 동작을 설정하는 구조체
->timer.h
TIM_MATCHCFG_Type TIM_MatchConfigStruct;  // 타이머 매치 동작에 관련된 사
항을 설정하는 구조체

//외부 출력 핀 사용을 위한 구조체 선언
PINSEL_CFG_Type  Interrupt_Sw;
PINSEL_CFG_Type  Interrupt_pin28;
PINSEL_CFG_Type  Interrupt_pin29;

void Delay(long d_t)
{
        long k;
        for (k = 0 ; k < d_t; k++);
}

void TIMER0_IRQHandler(void)       //timer 인터럽트 발생 시 이곳에 와서 처리
{
            // Device header
            //인터럽트 초기화
        TIM_ClearIntPending(LPC_TIM0, TIM_MR0_INT);   //28번 핀은 채널 0
이니까 TIM_MR0_INT 를 사용한다.
        TIM_ClearIntPending(LPC_TIM0, TIM_MR1_INT);   //29번 핀은 채널 1
이니까 TIM_MR1_INT 를 사용한다.



        g_ulFlags++;                    //flag 를  0, 1 로 설정

        if (g_ulFlags == 2)
                g_ulFlags = 0;
}
```

```
void EINT0_IRQHandler(void)    // 외부 입력 핸들러 -> 스위치 버튼 누렀을 때
{
                LPC_SC->EXTINT = 0X01;   // 초기화

                GPIO_ClearValue(1, 0xB0000000);

            count++;

        if(count==4)  // 스위치가 네 번 눌리면 한 번도 눌리지 않았던 상태로 초기화
                     count = 0;

                  switch(count){
case 0:  // 스위치 한 번도 눌리지 않은 상태

TIM_MatchConfigStruct.MatchChannel = 0;
          TIM_MatchConfigStruct.ExtMatchOutputType                              =
TIM_EXTMATCH_NOTHING;
TIM_ConfigMatch(LPC_TIM0, &TIM_MatchConfigStruct);  // 설정 레지스터에 넣
어줌

TIM_MatchConfigStruct.MatchChannel = 1;
          TIM_MatchConfigStruct.ExtMatchOutputType                              =
TIM_EXTMATCH_NOTHING;
TIM_ConfigMatch(LPC_TIM0, &TIM_MatchConfigStruct);  // 설정 레지스터에 넣
어줌
                                                   break;
case 1:  // 스위치 첫 번째 눌리면 HIGH(켜짐)

TIM_MatchConfigStruct.MatchChannel = 0;

TIM_MatchConfigStruct.ExtMatchOutputType = TIM_EXTMATCH_HIGH;
```

```
TIM_ConfigMatch(LPC_TIM0, &TIM_MatchConfigStruct); // 설정 레지스터에 넣
어줌

TIM_MatchConfigStruct.MatchChannel = 1;
        TIM_MatchConfigStruct.ExtMatchOutputType                    =
TIM_EXTMATCH_HIGH;
TIM_ConfigMatch(LPC_TIM0, &TIM_MatchConfigStruct); // 설정 레지스터에 넣
어줌
                                                            break;
case 2: // 스위치 두 번째 눌리면 LOW (꺼짐)

TIM_MatchConfigStruct.MatchChannel = 0;
        TIM_MatchConfigStruct.ExtMatchOutputType =TIM_EXTMATCH_LOW;
TIM_ConfigMatch(LPC_TIM0, &TIM_MatchConfigStruct); // 설정 레지스터에 넣
어줌

TIM_MatchConfigStruct.MatchChannel = 1;
        TIM_MatchConfigStruct.ExtMatchOutputType                    =
TIM_EXTMATCH_LOW;
TIM_ConfigMatch(LPC_TIM0, &TIM_MatchConfigStruct); // 설정 레지스터에 넣
어줌
                                        break;
case 3: // 스위치 세 번째 눌리면 TOGGLE

TIM_MatchConfigStruct.MatchChannel = 0;
        TIM_MatchConfigStruct.ExtMatchOutputType
=TIM_EXTMATCH_TOGGLE;
TIM_ConfigMatch(LPC_TIM0, &TIM_MatchConfigStruct); // 설정 레지스터에 넣
어줌

TIM_MatchConfigStruct.MatchChannel = 1;
        TIM_MatchConfigStruct.ExtMatchOutputType                    =
```

```
TIM_EXTMATCH_TOGGLE;
TIM_ConfigMatch(LPC_TIM0, &TIM_MatchConfigStruct); // 설정 레지스터에 넣
어줌
                                        break;

                              }

}


int main(void)
{
        SystemInit(); // 초기화

        GPIO_SetDir(1, 0xB0000000, 1);   // 1번포트, 31,29,28번 핀, 출력 설
정
        GPIO_SetDir(2, 0x0000007C, 1); // 2번포트, 2번~6번 핀, 출력 설정

        GPIO_ClearValue(1, 0xB0000000); // 1번포트, 31,29,28번 핀 -> 0
        GPIO_ClearValue(2, 0x0000007C); // 2번포트, 2번~6번 핀 -> 0

 //USVAL -> 100마이크로초에 1클럭
        TIM_ConfigStruct.PrescaleOption = TIM_PRESCALE_USVAL;
        TIM_ConfigStruct.PrescaleValue = 100;

        TIM_MatchConfigStruct.MatchChannel = 0;          //채널 0~3
        TIM_MatchConfigStruct.IntOnMatch = ENABLE;
        TIM_MatchConfigStruct.ResetOnMatch = ENABLE;          // 매치
시키면 다시 리셋 (5000 되면)
        TIM_MatchConfigStruct.StopOnMatch =DISABLE;     //ENABLE 하면
타이머가 한번만 돌고 안돌아감 -> 계속 돌리려면 DISABLE
        TIM_MatchConfigStruct.ExtMatchOutputType                =
```

```
TIM_EXTMATCH_NOTHING;  //외부출력 핀 사용 안함
        TIM_MatchConfigStruct.MatchValue = 5000;        //매치가 일어나야 인
터럽트 발생하는데 인터럽트 발생 주기가 0.5초 ==5000

// 외부 출력 핀 초기화
        LPC_SC->EXTINT = 0X0;
        LPC_SC->EXTMODE = 0X0;
         LPC_SC->EXTPOLAR = 0X0;
         LPC_SC->EXTMODE = 0X1;
         LPC_SC->EXTPOLAR = 0X0;

// Interrupt_Sw  -> 스위치 버튼
                        Interrupt_Sw.Funcnum = 1;
                        Interrupt_Sw.OpenDrain= 0;
                        Interrupt_Sw.Pinmode = 0;
                        Interrupt_Sw.Pinnum = 10;
                        Interrupt_Sw.Portnum = 2;
                        PINSEL_ConfigPin (&Interrupt_Sw);

 //Interrupt_pin28 -> 1번 포트 28 번 핀
                                Interrupt_pin28.Funcnum = 3;
                                Interrupt_pin28.OpenDrain= 0;
                                Interrupt_pin28.Pinmode = 0;
                                Interrupt_pin28.Pinnum = 28;
                                Interrupt_pin28.Portnum = 1;
                         PINSEL_ConfigPin (&Interrupt_pin28);

 //Interrupt_pin29 -> 1번 포트 29 번 핀
                                Interrupt_pin29.Funcnum = 3;
                                Interrupt_pin29.OpenDrain= 0;
                                Interrupt_pin29.Pinmode = 0;
                                Interrupt_pin29.Pinnum = 29;
```

```
                            Interrupt_pin29.Portnum = 1;
                    PINSEL_ConfigPin (&Interrupt_pin29);

        TIM_Init(LPC_TIM0, TIM_TIMER_MODE, &TIM_ConfigStruct);   //설정
을 해주고 레지스터에 옮기기 위해
        TIM_ConfigMatch(LPC_TIM0,  &TIM_MatchConfigStruct);      //설정을
해주고 레지스터에 옮기기 위해

         NVIC_EnableIRQ(EINT0_IRQn);  // sw 인터럽트 활성화 시키겠다
        NVIC_EnableIRQ(TIMER0_IRQn);  //timer0 인터럽트 활성화 시키겠다

        TIM_Cmd(LPC_TIM0, ENABLE);  // 타이머 0번을 사용하겠다.

        while (1)
        {
                if (g_ulFlags == 0)            //0 일때 켜줌
                {
                        GPIO_SetValue(2, 0x0000007C);
                }
                else if (g_ulFlags == 1)           // 1일때 꺼줌
                {
                        GPIO_ClearValue(2, 0x0000007C);
                }
        }

}
```

8. Exception과 Interrupt 처리 실습

1. 실험 목적

(1) ARM 프로세서의 Exception의 종류, 동작 방식과 처리 방법을 이해한다.

(2) ARM 프로세서의 Interrupt를 사용하여 Interrupt의 특징, 동작 방식과 처리 방법을 이해 한다.

2. 기초 이론

예외 처리(Exception Handling)는 프로그램이 실행되는 도중 특정 문제가 발생하였을 때 기존에 실행되던 프로그램을 중단하고 발생한 특정 문제를 먼저 처리하는 것을 말한다. 예외 처리로 인해 예외가 발생하는 순간 프로그램의 순차적 실행을 중단하고 예외를 발생시킨 원인과 상태에 따라 처리를 함으로써 문제를 해결하고 시스템 성능 향상에 도움을 줄 수 있다.

1. 예외의 종류(Exception Type)

- Reset : ARM의 전원을 켜거나 Reset 스위치를 누를 경우
- Undefined instruction : ARM에 정의되지 않은 명령어를 수행할 경우
- Software Interrupt(SWI) : 프로그램에서 임의로 인터럽트를 호출하는 경우, 보통 OS의 System Call을 위한 것.
- Prefetch Abort : 권한이 없거나, 잘못된 주소에서 명령을 실행할 경우
- Data Abort : 권한이 없거나, 잘못된 주소에서 데이터를 읽거나 쓸 경우
- IRQ(Interrupt Request) : 외부 장치로부터 인터럽트 요청이 발생할 경우
- FIQ(Fast Interrupt Request) : IRQ와 유사하지만, 보다 빠른 처리를 할 수 있도록 인터럽트 요청이 발생할 경우

Exception Type	Priority	Mode	Low Vector	High Vector
Reset	1	Supervisor	0x00000000	0xFFFF0000
Undefined Instruction	6	Undefined	0x00000004	0xFFFF0004
SWI	6	Supervisor	0x00000008	0xFFFF0008
Prefetch Abort	5	Abort	0x0000000C	0xFFFF000C
Data Abort	2	Abort	0x00000010	0xFFFF0010
Reserved	-	-	0x00000014	0xFFFF0014
IRQ	4	IRQ	0x00000018	0xFFFF0018
FIQ	3	FIQ	0x0000001C	0xFFFF001C

[그림 8-1] ARM 프로세서의 예외 벡터 테이블

2. **예외 처리**(Exception Handling)

프로그램 실행 도중 예외(exception)가 발생하면 수행중인 동작을 멈추고, 상위의 벡터 테이블에 명시된 예외의 종류에 해당하는 모드(mode)에 진입하게 되고, 예외에 연결된 해당 벡터 주소로 이동하여 예외 처리기(exception handler)를 통해 예외를 처리하게 된다.

예외 처리 과정을 살펴보면, 프로그램 실행 도중 예외가 발생할 경우 진행중인 작업을 중단하고 예외를 처리하기 위해 모드를 변경하고 예외에 대한 처리를 하기 때문에 예외가 발생하기 직전의 상태와 주소를 저장할 필요가 있다. 예외 처리가 끝난 후, 중단되었던 작업을 이어서 실행하기 위해 예외 직전의 상태와 주소를 복구한다.

① 예외 발생시, CPSR 레지스터의 값을 SPSR 레지스터로 복사
② CPSR 레지스터의 값을 해당 예외 처리를 위한 적적한 값으로 설정(상태, 모드, 인터럽트)
③ LR 레지스터에 현재 주소(복귀 주소)를 저장
④ PC에 해당 예외의 벡터주소를 설정
⑤ 예외 처리 후, SPSR 레지스터를 이용해 CPSR 레지스터를 복구

⑥ LR 레지스터에 저장된 복귀 주소를 이용해 PC를 복구

3. ARM 프로세서 Interrupt 처리

인터럽트(interrupt)는 예외(exception)의 한 종류로서, IRQ나 FIQ의 예외가 발생할 경우 인터럽트가 발생하였다고 한다. 인터럽트는 예외의 한 종류이기 때문에 인터럽트 처리는 예외 처리와 동일하게 이루어진다. ARM 프로세서에서는 인터럽트가 발생할 경우 NVIC(Nested Vectored Interrupt Controller)를 통해 인터럽트를 제어한다. NVIC는 프로세서에 연결된 일종의 주변장치로서, 인터럽트가 발생할 경우 프로세서는 인터럽트가 발생했다는 것만 인식하고 어떤 인터럽트가 어떻게 발생하였는지 알기 위해서는 NVIC를 이용하여야 한다. NVIC의 특징은 다음과 같다.

- 112종류의 인터럽트 제어가 가능하고, 실행 가능한 인터럽트의 수는 장치에 의존적이다.
- 각각의 인터럽트에 대해 32단계의 우선순위를 프로그래밍을 통해 설정할 수 있다.
- 레벨과 펄스의 인터럽트 신호 감지

Name	Description	Access	Reset value	Address
ISER0 to ISER1	Interrupt Set-Enable Registers. These 2 registers allow enabling interrupts and reading back the interrupt enables for specific peripheral functions.	RW	0	ISER0 - 0xE000 E100 ISER1 - 0xE000 E104
ICER0 to ICER1	Interrupt Clear-Enable Registers. These 2 registers allow disabling interrupts and reading back the interrupt enables for specific peripheral functions.	RW	0	ICER0 - 0xE000 E180 ICER1 - 0xE000 E184
ISPR0 to ISPR1	Interrupt Set-Pending Registers. These 2 registers allow changing the interrupt state to pending and reading back the interrupt pending state for specific peripheral functions.	RW	0	ISPR0 - 0xE000 E200 ISPR1 - 0xE000 E204
ICPR0 to ICPR1	Interrupt Clear-Pending Registers. These 2 registers allow changing the interrupt state to not pending and reading back the interrupt pending state for specific peripheral functions.	RW	0	ICPR0 - 0xE000 E280 ICPR1 - 0xE000 E284
IABR0 to IABR1	Interrupt Active Bit Registers. These 2 registers allow reading the current interrupt active state for specific peripheral functions.	RO	0	IABR0 - 0xE000 E300 IABR1 - 0xE000 E304
IPR0 to IPR8	Interrupt Priority Registers. These 9 registers allow assigning a priority to each interrupt. Each register contains the 5-bit priority fields for 4 interrupts.	RW	0	IPR0 - 0xE000 E400 IPR1 - 0xE000 E404 IPR2 - 0xE000 E408 IPR3 - 0xE000 E40C IPR4 - 0xE000 E410 IPR5 - 0xE000 E414 IPR6 - 0xE000 E418 IPR7 - 0xE000 E41C IPR8 - 0xE000 E420
STIR	Software Trigger Interrupt Register. This register allows software to generate an interrupt.	WO	0	STIR - 0xE000 EF00

[그림 8-2] NVIC(Nested Vectored Interrupt Controller)의 레지스터 맵

그림 8-2의 NVIC의 레지스터를 통하여 어떤 인터럽트를 활성화할지, 인터럽트 신호를 클리어시킬지, 보류시킬지, 우선순위를 어떻게 매길지 등을 설정할 수 있다. 인터럽트의 종류는 타이머(Timer), PWM(Pulse Width Modulation), EINT(External Interrupt), ADC 등 일종의 주변장치들을 제어할 수 있는 인터럽트들이 있다. 이번 7장에서는 외부 인터럽트(EINT)를 실습하면서 인터럽트의 처리 과정을 이해하도록 한다.

4. **외부 인터럽트**(External Interrupt / EINT)

외부 인터럽트 입력인 EINT는 System Control의 기능이다. 외부 인터럽트 기능은 EXTINT 레지스터, EXTMODE 레지스터, EXTPOLAR 레지스터와 연관되어 있다. 일반적으로 스위치같은 입력용 주변장치를 이용하여 입력 신호를 통해 인터럽트를 발생시킬 때 사용한다.

Name	Description	Access	Reset value[1]	Address
EXTINT	The External Interrupt Flag Register contains interrupt flags for EINT0, EINT1, EINT2 and EINT3. See Table 10.	R/W	0x00	0x400F C140
EXTMODE	The External Interrupt Mode Register controls whether each pin is edge- or level-sensitive. See Table 11.	R/W	0x00	0x400F C148
EXTPOLAR	The External Interrupt Polarity Register controls which level or edge on each pin will cause an interrupt. See Table 12.	R/W	0x00	0x400F C14C

[그림 8-3] 외부 인터럽트 레지스터

Bit	Symbol	Description	Reset value
0	EINT0	In level-sensitive mode, this bit is set if the EINT0 function is selected for its pin, and the pin is in its active state. In edge-sensitive mode, this bit is set if the EINT0 function is selected for its pin, and the selected edge occurs on the pin. This bit is cleared by writing a one to it, except in level sensitive mode when the pin is in its active state.[1]	0

Bit	Symbol	Value	Description	Reset value
0	EXTMODE0	0	Level-sensitivity is selected for $\overline{\text{EINT0}}$.	0
		1	$\overline{\text{EINT0}}$ is edge sensitive.	

Bit	Symbol	Value	Description	Reset value
0	EXTPOLAR0	0	$\overline{\text{EINT0}}$ is low-active or falling-edge sensitive (depending on EXTMODE0).	0
		1	$\overline{\text{EINT0}}$ is high-active or rising-edge sensitive (depending on EXTMODE0).	

[그림 8-4] EXTINT, EXTMODE, EXTPOLAR 레지스터

5. Interrupt 관련 회로도

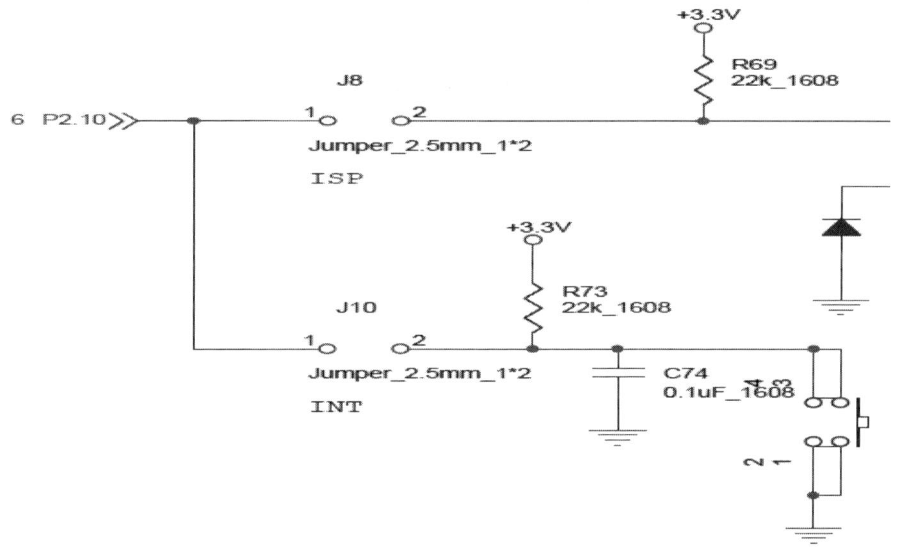

[그림 8-5] EINT0 인터럽트 스위치 회로도

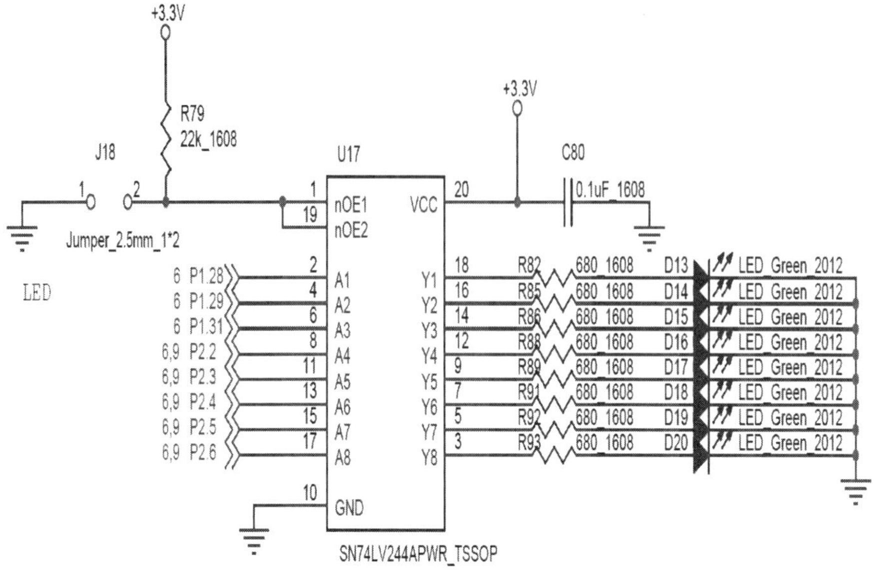

[그림 8-6] 인터럽트 확인용 LED 회로도

6. 관련함수 및 구조체

☞ Interrupt 관련 구조체

```
/*------------- System Control (SC) ------------------------------------------*/
/** @brief System Control (SC) register structure definition */
typedef struct
{
  __IO uint32_t FLASHCFG;               /* Flash Accelerator Module           */
       uint32_t RESERVED0[31];
  __IO uint32_t PLL0CON;                /* Clocking and Power Control         */
  __IO uint32_t PLL0CFG;
  __I  uint32_t PLL0STAT;
  __O  uint32_t PLL0FEED;
       uint32_t RESERVED1[4];
  __IO uint32_t PLL1CON;
  __IO uint32_t PLL1CFG;
  __I  uint32_t PLL1STAT;
  __O  uint32_t PLL1FEED;
       uint32_t RESERVED2[4];
  __IO uint32_t PCON;
  __IO uint32_t PCONP;
       uint32_t RESERVED3[15];
  __IO uint32_t CCLKCFG;
  __IO uint32_t USBCLKCFG;
  __IO uint32_t CLKSRCSEL;
  __IO uint32_t CANSLEEPCLR;
  __IO uint32_t CANWAKEFLAGS;
       uint32_t RESERVED4[10];
  __IO uint32_t EXTINT;                 /* External Interrupts                */
       uint32_t RESERVED5;
  __IO uint32_t EXTMODE;
  __IO uint32_t EXTPOLAR;
       uint32_t RESERVED6[12];
  __IO uint32_t RSID;                   /* Reset                              */
       uint32_t RESERVED7[7];
  __IO uint32_t SCS;                    /* Syscon Miscellaneous Registers     */
  __IO uint32_t IRCTRIM;                /* Clock Dividers                     */
  __IO uint32_t PCLKSEL0;
  __IO uint32_t PCLKSEL1;
       uint32_t RESERVED8[4];
  __IO uint32_t USBIntSt;               /* USB Device/OTG Interrupt Register  */
  __IO uint32_t DMAREQSEL;
  __IO uint32_t CLKOUTCFG;              /* Clock Output Configuration         */
} LPC_SC_TypeDef;
```

[그림 8-7] System Control 설정을 위한 LPC_SC_TypeDef 구조체

```
/* Public Types --------------------------------------------------------------- */
/** @defgroup PINSEL_Public_Types PINSEL Public Types
 * @{
 */

/** @brief Pin configuration structure */
typedef struct
{
  uint8_t Portnum; /**< Port Number, should be PINSEL_PORT_x,
          where x should be in range from 0 to 4 */
  uint8_t Pinnum;    /**< Pin Number, should be PINSEL_PIN_x,
          where x should be in range from 0 to 31 */
  uint8_t Funcnum; /**< Function Number, should be PINSEL_FUNC_x,
          where x should be in range from 0 to 3 */
  uint8_t Pinmode;  /**< Pin Mode, should be:
          - PINSEL_PINMODE_PULLUP: Internal pull-up resistor
          - PINSEL_PINMODE_TRISTATE: Tri-state
          - PINSEL_PINMODE_PULLDOWN: Internal pull-down resistor */
  uint8_t OpenDrain; /**< OpenDrain mode, should be:
          - PINSEL_PINMODE_NORMAL: Pin is in the normal (not open drain) mode
          - PINSEL_PINMODE_OPENDRAIN: Pin is in the open drain mode */
} PINSEL_CFG_Type;

/**
 * @}
 */
```

[그림 8-8] 핀 설정을 위한 PINSEL_CFG_Type 구조체

☞ Interrupt 관련 함수

```
/** ₩brief  Enable External Interrupt
    The function enables a device-specific interrupt in the NVIC interrupt controller.
    ₩param [in]      IRQn  External interrupt number. Value cannot be negative.
 */
__STATIC_INLINE void NVIC_EnableIRQ(IRQn_Type IRQn)
{
  NVIC->ISER[((uint32_t)(IRQn) >> 5)] = (1 << ((uint32_t)(IRQn) & 0x1F)); /* enable interrupt */
}
```

NVIC_EnableIRQ(IRQn_Type IRQn) 함수는 괄호 안의 인터럽트를 활성화시킬 때 사용한다. 이 함수를 사용했을 때, ISER(Interrupt Set-Enable Register)레지스터에 해당 인터럽트를 활성화시키는 비트에 1을 적용시킨다.

```
void IRQn_Type IRQnHandler(void)
{
        ................;
}
```

IRQnHandler 함수는 위의 NVIC_EnableIRQ 함수의 매개변수인 인터럽트가 발생하였을 때 처리하는 함수이다. NVIC_EnableIRQ 함수의 매개변수로 설정된 인터럽트의 종류와 Handler 함수의 음영 부분의 인터럽트 종류가 같아야지 인터럽트가 발생하였을 경우 Handler로 점프한다. Handler 함수가 종료될 때, 인터럽트 발생 직전 지점으로 리턴된다.

```
/*********************************************************************//**
 * @brief     Configure Pin corresponding to specified parameters passed
 *        in the PinCfg
 * @param[in]  PinCfg  Pointer to a PINSEL_CFG_Type structure
 *                that contains the configuration information for the
 *                specified pin.
 * @return    None
 **********************************************************************/
void PINSEL_ConfigPin(PINSEL_CFG_Type *PinCfg)
{
  set_PinFunc(PinCfg->Portnum, PinCfg->Pinnum, PinCfg->Funcnum);
  set_ResistorMode(PinCfg->Portnum, PinCfg->Pinnum, PinCfg->Pinmode);
  set_OpenDrainMode(PinCfg->Portnum, PinCfg->Pinnum, PinCfg->OpenDrain);
}
```

PINSEL_ConfigPin 함수는 평상시 일반적인 입출력용 스위치를 인터럽트를 발생시키기 위한 스위치로 바꿔주기 위해 핀 설정을 위한 함수이다. 매개변수로 핀 설정 구조체를 필요로 하며, 핀의 여러 기능 중 하나를 설정할 수 있다.

3. 실습 예제

ARM Cortex-M3(LPC1768) 실습보드 에서 다음과 같은 실습을 수행한다.

(1) 기존에 포트2에 연결되어있는 LED(실습보드에 있는 LED)를 제외하고 외부 확장 핀을 사용하여 LED를 점등시킨다.
(2) 최초 실행시 LED3이 켜지고, 스위치를 눌러 인터럽트가 발생하면 LED3 → LED4 → LED5 → LED6 → LED7 → LED3의 순서로 점등되는 동작을 반복한다. (외부인터럽트(EXTINT)가 아닌 GPIO인터럽트 사용)

```
#include "lpc17xx_gpio.h"  //헤더
#include "lpc17xx.h"
#include "lpc17xx_libcfg_default.h"
#include "lpc17xx_pinsel.h"  // pinsel_configpin 때문에  필요

uint8_t led;  // interrupt 마다 비트 옮겨주기 위해

void Delay(long d_t)
{
            long k;
            for(k=0; k<=d_t; k++);
}

int main (void)
{
              led = 0x04;    // 4번째 불 들어오도록 설정
```

```
            SystemInit ();

            GPIO_SetDir(1, 0xB0000000, 1);
            GPIO_SetDir(2, 0x0000007C, 1);
          GPIO_SetDir(2, 0x00000400, 0);

            GPIO_ClearValue(1, 0xB0000000);
            GPIO_ClearValue(2, 0x0000007C);

          LPC_GPIOINT->IO2IntEnF =0x00000400; //인터럽트 허용 하겠다.
          LPC_GPIOINT->IO2IntClr =0x00000400; //해당 비트를 클리어 시켜줌.

      while(1)
      {
          GPIO_SetValue(2, led);
    if(LPC_GPIOINT->IO2IntStatF == 0x00000400)  // 상태 -> 스위치가 들어오면
      {
    LPC_GPIOINT->IO2IntClr =0x00000400; // 다시 인식시켜주기 위해
    led=led<<1;
    GPIO_ClearValue(2, 0x0000007C);
    Delay(100000);
    GPIO_SetValue(2, led);
      }
    if(led > 0x70) //0x70 이상으로 led가 비트 옮겨가면 다시 초기화
    led = 0x04;
     }
}
```

9. ADC/DAC 소개 및 실습

ADC(Analog to Digital Converter)는 아날로그 신호를 디지털로 바꿔주는 기능이다. 연속적인 아날로그 신호를 이산적인 디지털 신호로 바꾸는 것이다. 온도, 습도, 조도와 같이 우리가 주변에서 측정하는 대부분의 물리량은 연속적인 아날로그 값이다. 이런 물리량을 센서를 통해 전압, 전류, 저항과 같은 전기적인 신호로 변환하는데 이 값도 역시 연속적인 아날로그 값이기 때문에 프로세서로 처리하기 위해선 "0"과 "1"의 2진 디지털 신호로 변환해야 하는데 이것의 역할을 하는 것이 ADC 기능이다. ADC변환은 샘플링 → 양자화 → 부호화 단계를 거쳐 변환된다. DAC(Digital to Analog Converter)는 ADC와 반대로 디지털 입력을 아날로그 값으로 변환하여 준다.

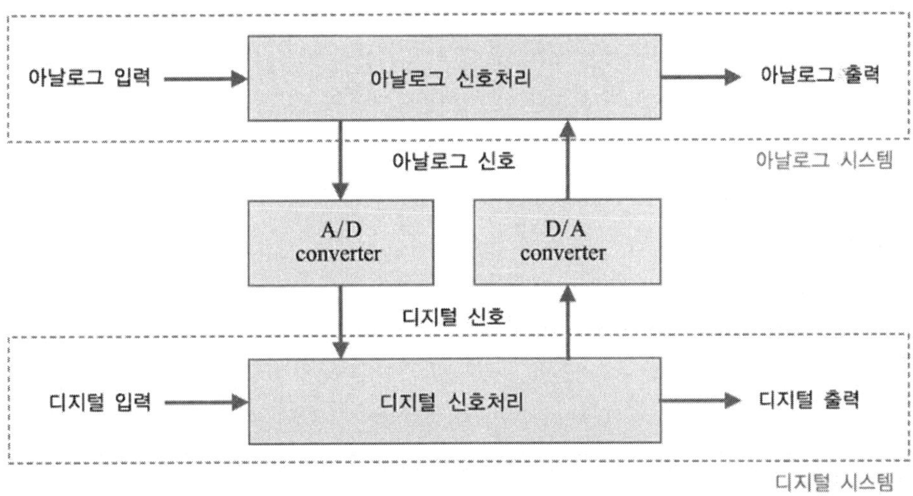

[그림 9-1] ADC/DAC의 개요

가) ADC/DAC의 종류

• ADC

축차비교형(연속근사형)

SAR(successive Approximation Register)을 사용하여 최상위 비트로부터 순서대로 하위 비트 쪽으로 수정하여 가는 방법으로 DAC의 출력을 훨씬 빨리 아날로그 입력 전압에 근사시킨다. 비교적 변환시간이 빠르고 회로도 간단하여 현재 저가형이면서 분해능이 비교적 높은 범용 A/D Converter에 가장 널리 사용되고 있다. 변환 중에 아날로그 입력전압이 일정하게 유지되어야 하므로 샘플/홀드가 반드시 필요하다.

계수비교형

내부에서 D/A Converter로 발생시킨 전압이 아날로그 입력보다 커질 때까지 비교하는 방식이다. D/A Converter의 출력을 만들기 위한 계수기를 사용한다. 이 계수기는 변환을 시작할 때 Reset되고 각 Clock이 사이클마다 1씩 증가하는 구조를 갖는다. 비교기는 D/A Converter의 출력이 아날로그 입력 전압을 초과하는 순간 계수기의 동작을 정지시키며, 이 마지막의 계수 값이 디지털로 변환된 출력 값이 된다. 회로가 비교적 단순하지만 변환시간이 길고 입력 신호의 크기에 따라 달라지는 단점을 가진다. 입력 신호가 full scale이면 변환시간이 가장 길어져서 Clock 주기가 필요하게 된다.

이중적분형

이는 일정한 시간동안 아날로그 입력신호를 적분하고 나서 계수기를 Reset한 후에 다시 기준전압을 적분기의 출력이 0이 될 때까지 적분하여 그 시간을 측정한다. 이것은 일정한 시간동안 아날로그 입력 신호를 적분하므로 입력신호의 잡음에 대하여도 안정된 변환특성을 가지지만 2번의 적분시간 때문에 변환시간이 늦은 것이 단점이다. 따라서 이 방식은 저속으로 동작하는 시스템에 많이 사용된다.

병렬비교형

아날로그 입력신호를 여러개의 저항으로 나눈 기준 전압과 각각의 비교기로 비교하는 방식을 사용하므로 한 단계에 비교가 완료되어 매우 빠른 변환시간을 갖는다. 그러나 높은 분해능을 갖게 하려면 정밀저항 회로와 비교기의 수가 많아져 회로가 복잡해지고 가격이 비싸지는 것이 단점이다. 비교기로는 OP-amp가 사용된다. 이 방식은 가격이 비싸지만 매우 빠른 처리속도가 요구되는 분야에 사용된다.

- **DAC**

가산형

n비트의 디지털 값을 아날로그 량으로 변환하기 위해 $R, 2R, 4R, \cdots, 2^{n-1}R$값의 저항들과 연산 증폭기를 사용하여 가산 증폭기 형태로 구성한 DAC로 정밀한 변환을 위해 최대 저항과 최소 저항 사이의 저항비의 정밀해야하고 비트수가 많아지면 최대 저항과 최소 저항 사이의 저항비가 너무 커져 각 디지털 입력이 서로 다른 부하를 갖는 단점이 있다.

사다리형

$R, 2R$ 두 종류의 저항과 연산 증폭기를 사용한 DAC이며 높은 정밀도를 만들 수 있다.

나) ARM Coretex-M3 NXP 보드의 ADC/DAC

- **ADC**

- 12-bit 연속 근사(successive approximation) ADC
- 파워 다운 모드
- 8핀 사이에서 멀티플레싱 입력
- 측정 범위는 0~3V
- 12-bit 컨버젼 레이트는 200 KHz

- AD 변환 동작의 시작은 핀 입력 또는 타이머 출력으로 가능
- 하나 또는 여러개 핀의 입력을 위한 버스트 변환 모드
- DMA 지원
- 기본 A/D 변환기의 클럭은 APB 클럭이 제공된다. 정확한 변환을dnlgo 65 클럭이 필요
- V_{REFP}에 측정 범위 V_{REFN}는 통상적으로 3 V; V_{DDA} 전압 레벨을 초과하지 않음

• **DAC**

- 10bit DAC
- Resistor String Architecture
- 완충 출력
- 파워 다운 모드
- 최대 1MHz 갱신
- 전력 대 속도 선택 (Selectable Speed vs Power)

(1) 핀 설정 및 Register 설명

Pin	Type	Description
AD0.7 to AD0.0	Input	**Analog Inputs.** The ADC cell can measure the voltage on any of these input signals. Digital signals are disconnected from the ADC input pins when the ADC function is selected on that pin in the Pin Select register. **Warning:** if the ADC is used, signal levels on analog input pins must not be above the level of V_{DDA} at any time. Otherwise, A/D converter readings will be invalid. If the A/D converter is not used in an application then the pins associated with A/D inputs can be used as 5 V tolerant digital IO pins.
V_{REFP}, V_{REFN}	Reference	**Voltage References.** These pins provide a voltage reference level for the ADC and DAC. **Note: V_{REFP} should be tied to VDD(3V3) and V_{REFN} should be tied to V_{SS} if the ADC and DAC are not used.**
V_{DDA}, V_{SSA}	Power	**Analog Power and Ground.** These should typically be the same voltages as V_{DD} and V_{SS}, but should be isolated to minimize noise and error. **Note: VDDA should be tied to VDD(3V3) and VSSA should be tied to VSS if the ADC and DAC are not used.**

[표 9-1] ADC 핀 설정

Generic Name	Description	Access	Reset value[1]	AD0 Name & Address
ADCR	A/D Control Register. The ADCR register must be written to select the operating mode before A/D conversion can occur.	R/W	1	AD0CR - 0x4003 4000
ADGDR	A/D Global Data Register. This register contains the ADC's DONE bit and the result of the most recent A/D conversion.	R/W	NA	AD0GDR - 0x4003 4004
ADINTEN	A/D Interrupt Enable Register. This register contains enable bits that allow the DONE flag of each A/D channel to be included or excluded from contributing to the generation of an A/D interrupt.	R/W	0x100	AD0INTEN - 0x4003 400C
ADDR0	A/D Channel 0 Data Register. This register contains the result of the most recent conversion completed on channel 0.	RO	NA	AD0DR0 - 0x4003 4010
ADDR1	A/D Channel 1 Data Register. This register contains the result of the most recent conversion completed on channel 1.	RO	NA	AD0DR1 - 0x4003 4014
ADDR2	A/D Channel 2 Data Register. This register contains the result of the most recent conversion completed on channel 2.	RO	NA	AD0DR2 - 0x4003 4018
ADDR3	A/D Channel 3 Data Register. This register contains the result of the most recent conversion completed on channel 3.	RO	NA	AD0DR3 - 0x4003 401C
ADDR4	A/D Channel 4 Data Register. This register contains the result of the most recent conversion completed on channel 4.	RO	NA	AD0DR4 - 0x4003 4020
ADDR5	A/D Channel 5 Data Register. This register contains the result of the most recent conversion completed on channel 5.	RO	NA	AD0DR5 - 0x4003 4024
ADDR6	A/D Channel 6 Data Register. This register contains the result of the most recent conversion completed on channel 6.	RO	NA	AD0DR6 - 0x4003 4028
ADDR7	A/D Channel 7 Data Register. This register contains the result of the most recent conversion completed on channel 7.	RO	NA	AD0DR7 - 0x4003 402C
ADSTAT	A/D Status Register. This register contains DONE and OVERRUN flags for all of the A/D channels, as well as the A/D interrupt/DMA flag.	RO	0	AD0STAT - 0x4003 4030
ADTRM	ADC trim register.	R/W	0x0000 0F00	AD0TRM - 0x4003 4034

[표 9-2] ADC 주요 Register

Pin	Type	Description
AOUT	Output	**Analog Output.** After the selected settling time after the DACR is written with a new value, the voltage on this pin (with respect to V_{SSA}) is VALUE × ((V_{REFP} - V_{REFN})/1024) + V_{REFN}. **Remark:** The DAC output is disabled when the device is in deep-sleep, power-down, or deep power-down mode.
V_{REFP}, V_{REFN}	Reference	**Voltage References.** These pins provide a voltage reference level for the ADC and DAC. **Note: V_{REFP} should be tied to VDD(3V3) and V_{REFN} should be tied to V_{SS} if the ADC and DAC are not used.**
V_{DDA}, V_{SSA}	Power	**Analog Power and Ground.** These should typically be the same voltages as V_{DD} and V_{SS}, but should be isolated to minimize noise and error. **Note: VDDA should be tied to VDD(3V3) and VSSA should be tied to VSS if the ADC and DAC are not used.**

[표 9-3] DAC 핀 설정

Name	Description	Access	Reset value[1]	Address
DACR	D/A Converter Register. This register contains the digital value to be converted to analog and a power control bit.	R/W	0	0x4008 C000
DACCTRL	DAC Control register. This register controls DMA and timer operation.	R/W	0	0x4008 C004
DACCNTVAL	DAC Counter Value register. This register contains the reload value for the DAC DMA/Interrupt timer.	R/W	0	0x4008 C008

[표 9-4] DAC 주요 Register

(2) 관련함수 및 구조체 소개

• ADC_TypeDef : ADC의 타입을 정의하는 구조체

- 구조체선언 :

```
typedef struct {
        __IO uint32_t ADCR __IO uint32_t ADGDR
        uint32_t RESERVED0 __IO uint32_t ADINTEN
        __I uint32_t ADDR0 __I uint32_t ADDR1
        __I uint32_t ADDR2 __I uint32_t ADDR3
        __I uint32_t ADDR4 __I uint32_t ADDR5
        __I uint32_t ADDR6 __I uint32_t ADDR7
        __I uint32_t ADSTAT __IO uint32_t ADTRM
} ADC_TypeDef;
```

- 구조체 멤버변수

DCR : A/D 컨트롤 레지스터 설정을 하거나 가져온다.

DGDR : A/D 글로벌 데이터 레지스터 설정을 하거나 가져온다.

DINTEN :A/D 인터럽트 활성화 레지스터 설정을 하거나 가져온다.

DDR0 ~ 7 : A/D 채널 0~7 데이터 레지스터의 설정을 가져온다.

DSTAT : A/D 상태 레지스터의 설정을 가져온다.

DTRM : ADC Trim 레지스터 설정을 하거나 가져온다.

- void ADC_Init (ADC_TypeDef * ADCx, uint32_t ConvFreq)
  : ADC를 초기화 하며 PCADC를 설정하고 ADC의 클럭을 설정

- ADCx : ADC_TypeDef에 대한 포인터
- ConvFreq : 클럭 주파수

- void ADC_IntConfig (ADC_TypeDef * ADCx, ADC_TYPE_INT_OPT IntType, FunctionalState NewState) : 사용할 인터럽트 채널을 설정하고 설정한 인터럽트를 활성화 할 것인지 비활성화 할 것인지 선택을 한다.

- ADCx : ADC_TypeDef에 대한 포인터
- IntType : 인터럽트 타입을 표시하는 데이터 형식인 ADC_TYPE_INT_OPT 중에서 필요한 것을 선택한다.

```
typedef enum{
            ADC_ADINTEN0 = 0, ADC_ADINTEN1,
            ADC_ADINTEN2, ADC_ADINTEN3,
            ADC_ADINTEN4, ADC_ADINTEN5,
            ADC_ADINTEN6, ADC_ADINTEN7,
            ADC_ADGINTEN
}ADC_TYPE_INT_OPT;
```

ADC_ADINTEN0~7: 인터럽트 채널 0~7, DC_ADGINTEN: 개별 채널/글로벌 플래그 인터럽트 생성

- NewState : ADC 인터럽트 활성화/비활성화

- void ADC_ChannelCmd (ADC_TypeDef * ADCx, uint8_t Channel, FunctionalState NewState) : 사용자가 원하는 ADC 채널 번호를 설정하고 설정한 채널을 활성화 또는 비활성화 할 것인지 설정을 한다.

- ADCx : ADC_TypeDef에 대한 포인터
- Channel : 채널 번호
- NewState : 활성화/비활성화

- void ADC_StartCmd (ADC_TypeDef * ADCx, uint8_t start_mode) : ADC의 시작 모드를 ADC_START_OPT의 열거형 타입 정의 중 하나의 모드를 설정하여 A/D의 변환을 시작한다.

- ADCx : ADC_TypeDef에 대한 포인터
- start_mode: ADC_START_OPT의 열거형 타입 정의 중 하나의 모드를 선택 한다.

```
typedef enum{
            ADC_START_CONTINUOUS =0,
            ADC_START_NOW,                  // 연속모드 설정
            ADC_START_ON_EINT0,             // 즉시 변환 시작
            ADC_START_ON_CAP01,             //P.210/EINT0
            ADC_START_ON_MAT01,             // MAT0.1,
            ADC_START_ON_MAT03,             // MAT0.3,
            ADC_START_ON_MAT10,             // MAT1.0,
            ADC_START_ON_MAT11              // MAT1.1,
} ADC_START_OPT;
```

- FlagStatus ADC_ChannelGetStatus (ADC_TypeDef * ADCx, uint8_t channel, uint32_t StatusType) : channel에서 채널 번호를 설정하고 StatusType에서 상태를 설정하면 ADC 데이터 레지스터에서 ADC 채널 상태를 반환하여 준다.

- ADCx : ADC_TypeDef에 대한 포인터
- channel : 채널 번호
- StatusType : 0:버스트 상태 1:완료 상태

반환값 : SET/RESET

- uint16_t ADC_ChannelGetData (ADC_TypeDef * ADCx, uint8_t channel) : 채널 번호를 설정하면 설정한 채널의 ADC 결과 값을 반환한다.

- ADCx : ADC_TypeDef에 대한 포인터
- channel : 채널 번호

- 반환 값 : 변환한 값을 반환한다.

• void ADC_DeInit (ADC_TypeDef * ADCx) : ADC의 초기화를 해제한다.

- ADCx : ADC_TypeDef에 대한 포인터

• DAC_TypeDef : DAC 타입을 정의하는 구조체

- 구조체선언 :

```
typedef struct {
        __IO uint32_t DACR
        __IO uint32_t DACCTRL
        __IO uint16_t DACCNTVAL
} DAC_TypeDef;
```

- 구조체 멤버변수

DACR : D/A 컨버터 레지스터 설정을 하거나 가져온다.

DACCTRL : D/A 컨트롤 레지스터 설정을 하거나 가져온다.

DACCNTVAL : DAC 카운터 값 레지스터 설정을 하거나 가져온다.

• void DAC_Init (DAC_TypeDef * DACx) : ADC 구성 초기화 한다. 최대 전류는 700uA

- DACx : DAC_TypeDef에 대한 포인터

• void DAC_UpdateValue (DAC_TypeDef * DACx, uint32_t dac_Value) : DAC 값을 업데이트 한다.

-DACx : DAC_TypeDef에 대한 포인터

-dac_Value : 변환하여 10비트 값을 출력

(3) 하이퍼 터미널 설정 방법

11520Bps, Data Bit 8Bit, No parity, Stop Bit 1Bit, No Flow Control로 설정한다.

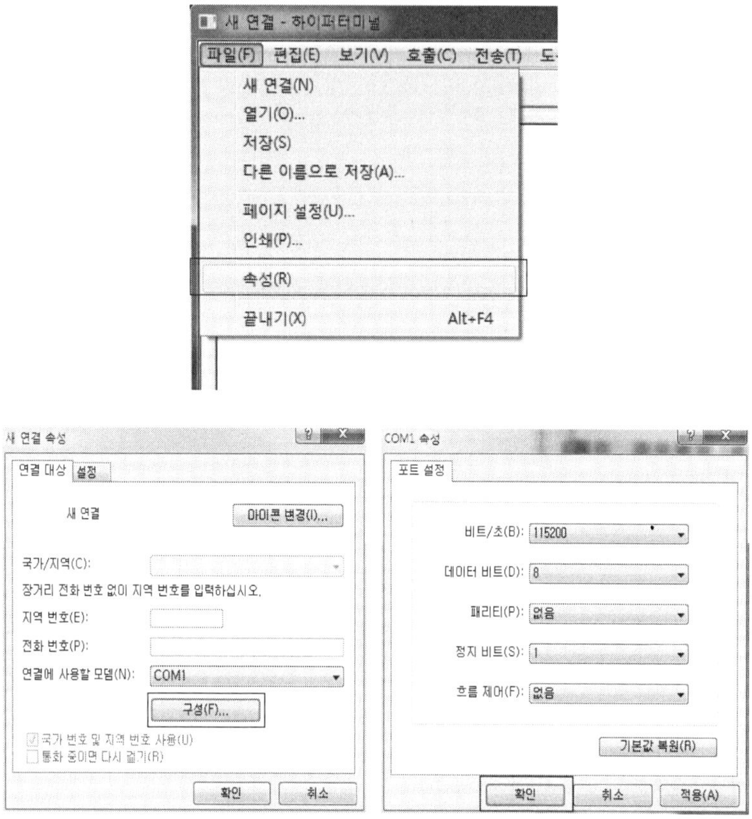

[그림 9-2] 하이퍼 터미널 설정

다) 실험 기기 및 부품

실습보드(LPC1768 Cortex-M3) 활용 예제

(1) ADC를 이용한 Potentiometer 값의 디지털화

- 예제 설명 : Potentiometer값을 디지털 값으로 변환하여 확인
- 예제 관련 회로도

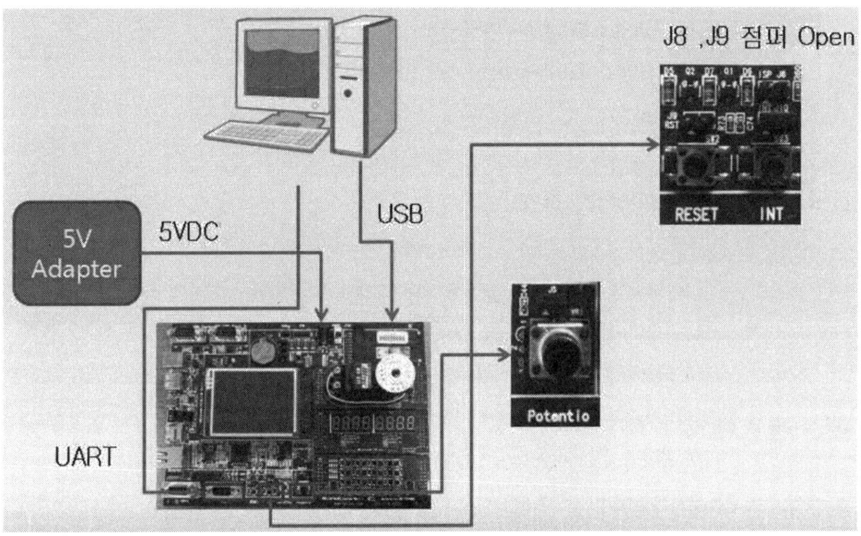

[그림 9-3] 실습을 위한 하드웨어 연결

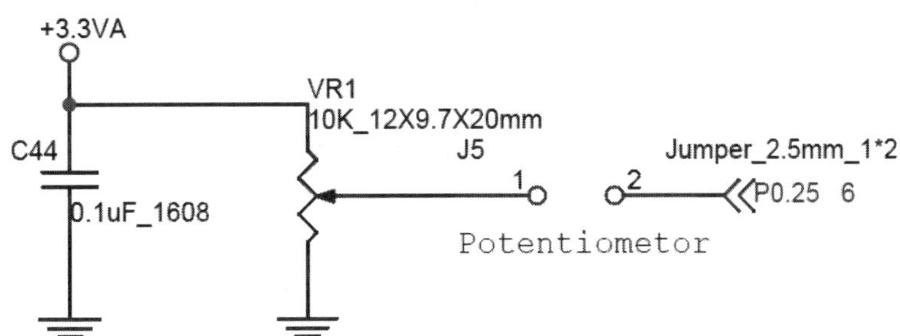

[그림 9-4] 신호 입력 Potentiometer 회로

• 예제 코드

```
#include "lpc17xx_adc.h"
#include "lpc17xx_uart.h"
#include "lpc17xx_timer.h"
#include "lpc17xx_libcfg.h"
#include "lpc17xx_pinsel.h"
#include "debug_frmwrk.h"

TIM_TIMERCFG_Type TIM_ConfigStruct;
TIM_MATCHCFG_Type TIM_MatchConfigStruct ;
uint32_t adc_value;

void Timer_Wait(uint32_t time)
{
        /* Initialize timer 0, prescale count time of 1000uS */
        TIM_ConfigStruct.PrescaleOption = TIM_PRESCALE_USVAL;
        TIM_ConfigStruct.PrescaleValue        = 1000;

        TIM_MatchConfigStruct.MatchChannel = 0;
      //use channel 0, MR0
        TIM_MatchConfigStruct.IntOnMatch = ENABLE;
        //Enable interrupt when MR0 matches the Value in TC Register
        TIM_MatchConfigStruct.ResetOnMatch = DISABLE;
        //Disable to reset on MR0: TIMER will reset if MR0 matches it
        TIM_MatchConfigStruct.StopOnMatch = ENABLE;
        //Enable to stop on MR0 if MR0 matches it
        TIM_MatchConfigStruct.ExtMatchOutputType                    =
TIM_EXTMATCH_NOTHING;
        //No output MR0.0 pin if MR0 matches it
        TIM_MatchConfigStruct.MatchValue = time;
        //Set Match Value, count Value of time (time * 1000uS = time msec
-->            1/time Hz)
```

```
        /* Set configuration for Tim_config and Tim_MatchConfig */
        TIM_Init(LPC_TIM0,  TIM_TIMER_MODE, &TIM_ConfigStruct);
        TIM_ConfigMatch(LPC_TIM0, &TIM_MatchConfigStruct);

        TIM_Cmd(LPC_TIM0, ENABLE); //Start TIM0

        while (!(TIM_GetIntStatus(LPC_TIM0,  TIM_MR0_INT)));
       //Wait until TIM0 channel 0 interrupt flag bit is set
        TIM_ClearIntPending(LPC_TIM0,  TIM_MR0_INT);
       //Clear TIM0 channel 0 interrupt flag bit
}

void ADC_IRQHandler(void)
{
        i                                                       f
(ADC_ChannelGetStatus(LPC_ADC, ADC_CHANNEL_2, ADC_DATA_DONE))
       //Check ADC is comlete
        {
                adc_value                                       =
ADC_ChannelGetData(LPC_ADC, ADC_CHANNEL_2);
            //Get ADC channel 2 raw data
                NVIC_DisableIRQ(ADC_IRQn);  //Disable  ADC  interrupt
request
        }
}

int main(void)
{
        PINSEL_CFG_Type PinCfg;

        SystemInit(); //system initialization
```

```
        debug_frmwrk_init(); //Debug framework initialization

        PinCfg.Portnum = 0; //Set port number as 0
        PinCfg.Pinnum = 25; //Set pin number as 25
        PinCfg.Funcnum = 1; //Set function number as ADC
        PinCfg.Pinmode = 0; //Set internal pull up
        PinCfg.OpenDrain = 0; //Set no open drain

        PINSEL_ConfigPin(&PinCfg); //Save PinCfg parameter

        ADC_Init(LPC_ADC, 200000); //ADC initialization 200kHz
        ADC_IntConfig(LPC_ADC,ADC_ADINTEN2,ENABLE);
       //ADC channel2 interrupt configuration
        ADC_ChannelCmd(LPC_ADC,ADC_CHANNEL_2,ENABLE);
        //Enable ADC channel2

        while(1)
        {
                ADC_StartCmd(LPC_ADC,ADC_START_NOW);
                 //Start conversion 1 time

                NVIC_EnableIRQ(ADC_IRQn);    //Enable    ADC    interrupt
request

                _DBG("ADC value : "); //Display string
                _DBD32(adc_value); //Display ADC raw value
                _DBG_(""); //Display string

                Timer_Wait(1000); //Delay = 1sec
        }
}
```

(2) DAC **출력을 이용한 스피커 소리제어**

- 예제 설명 : 디지털 값을 아날로그 값으로 변환하여 스피커 소리 출력
- 예제 관련 회로도

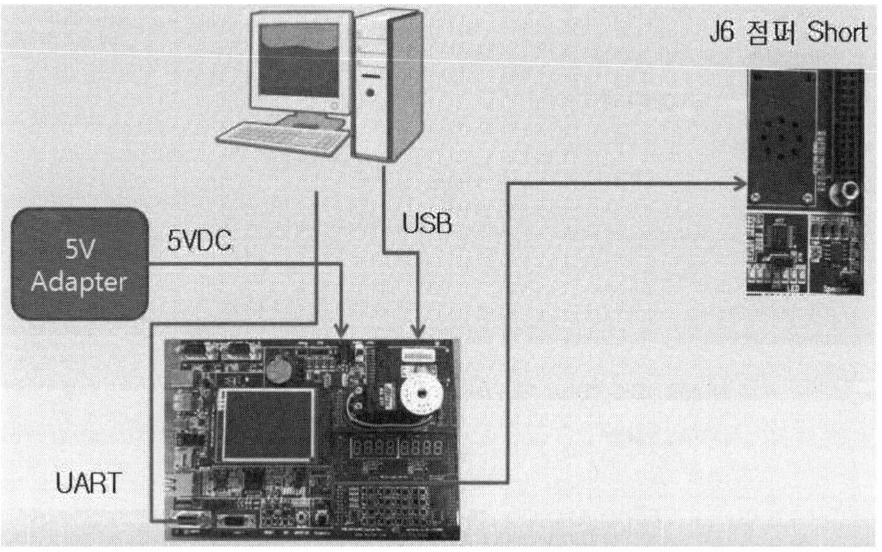

[그림 9-5] 실습을 위한 하드웨어 연결

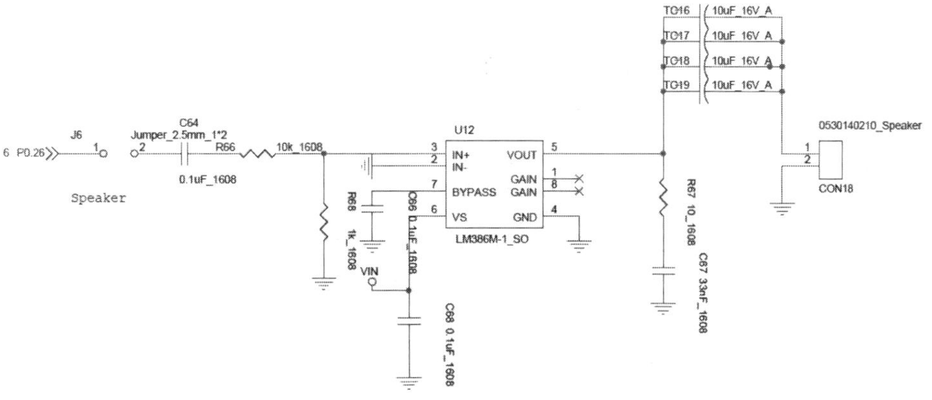

[그림 9-6] DAC 연결부 회로

• 예제 코드

```
#include "lpc17xx_dac.h"
#include "lpc17xx_uart.h"
#include "lpc17xx_libcfg.h"
#include "lpc17xx_pinsel.h"
#include "debug_frmwrk.h"

uint8_t menu[] = "Starting DAC ₩n₩r";


int main(void)
{
        PINSEL_CFG_Type PinCfg;
        uint32_t time;
        float rate = 0;

        SystemInit(); //system initialization

        PinCfg.Portnum = 0; //Set port number as 0
        PinCfg.Pinnum = 26; //Set pin number as 26
        PinCfg.Funcnum = 2; //Set function number as DAC
        PinCfg.Pinmode = 0; //Set internal pull up
        PinCfg.OpenDrain = 0; //Set no open drain

        PINSEL_ConfigPin(&PinCfg); //Save PinCfg parameter
        debug_frmwrk_init(); //Debug framework initialization
        DAC_Init(LPC_DAC); //DAC initialization

        _DBG(menu); //display message

        while (1)
        {
```

```
                for(time = 1; time < 0x3FF; time++)
                        D A C _ U p d a t e V a l u e
(LPC_DAC, (uint32_t) (time*rate));
                        //Update DAC value

                rate += 0.001; //Increase DAC coefficient value

                if(rate == 1) //When DAC coefficient value is reached limit
                        rate = 0; //Reset DAC coefficient value
        }
}
```

라) 실습문제

(1) Potentiometer 값을 조정하여 LED의 밝기를 제어하는 프로그램을 작성하라.
(2) TIMER의 MAT를 이용하여 MAT에 Rising Edge가 발생할 경우에 AD Conversion을 시작, PWM을 이용하여 포텐셔미터 값으로 LED의 밝기를 제어

```
#include "lpc17xx_adc.h"
#include "lpc17xx_uart.h"
#include "lpc17xx_timer.h"
#include "lpc17xx_pinsel.h"
#include "debug_frmwrk.h"
#include "lpc17xx_gpio.h"
#include "lpc17xx_pwm.h"
uint8_t menu1[] =
```

```
"***********************************************************************
******₩n₩r"
"Hello NXP Semiconductors ₩n₩r"
" ADC demo ₩n₩r"
"₩t - MCU: LPC17xx ₩n₩r"
"₩t - ARM COTEX ₩n₩r"
"₩t - Communicate via: UART0 - 115200 bps ₩n₩r"
" Use ADC with 12-bit resolution at freq = 1MHz, read in interrupt
mode₩n₩r"
" To get ADC0 value on channel 2 and display via UART0₩n₩r"
" Turn the potentiometer to see how ADC value changes₩n₩r"
"***********************************************************************
******₩n₩r";
TIM_TIMERCFG_Type TIM_ConfigStruct;
TIM_MATCHCFG_Type TIM_MatchConfigStruct;
PWM_TIMERCFG_Type PWMTIM;
PWM_MATCHCFG_Type PWMMatch0;
PWM_MATCHCFG_Type PWMMatch3;
uint32_t adc_value;
uint32_t PWMValue = 1;
uint32_t PWMPeriod = 4095;
void print_menu(void)
{
        _DBG(menu1);
}
void TIMER0_IRQHandler()
```

```
{
        TIM_ClearIntPending(LPC_TIM0, TIM_MR1_INT);
}
void ADC_IRQHandler(void)
{
        if (ADC_ChannelGetStatus(LPC_ADC, ADC_CHANNEL_2,
ADC_DATA_DONE))
        {
                adc_value = ADC_ChannelGetData(LPC_ADC,
ADC_CHANNEL_2);
                _DBG("ADC value on channel 2: ");
                _DBD32(adc_value);
                _DBG_("");
        }
}
void PWM1_IRQHandler(void)
{
        PWM_ClearIntPending(LPC_PWM1, PWM_INTSTAT_MR3);
        PWMValue = adc_value;
        if (PWMValue == 0)
                PWMValue = 1;
        PWM_MatchUpdate(LPC_PWM1, 3, PWMValue,
PWM_MATCH_UPDATE_NEXT_RST);
}
int main(void)
{
```

```
PINSEL_CFG_Type ADC0_2;
PINSEL_CFG_Type MAT0_1;
PINSEL_CFG_Type PWMPin2_2;
SystemInit();
GPIO_SetDir(1, 0xB0000000, 1);
GPIO_SetDir(2, 0x0000007C, 1);
GPIO_ClearValue(1, 0xB0000000);
GPIO_ClearValue(2, 0x0000007C);
debug_frmwrk_init();
print_menu();
ADC0_2.Portnum = 0;
ADC0_2.Pinnum = 25;
ADC0_2.Funcnum = 1;
ADC0_2.Pinmode = 0;
ADC0_2.OpenDrain = 0;
MAT0_1.Funcnum = 3;
MAT0_1.OpenDrain = 0;
MAT0_1.Pinmode = 0;
MAT0_1.Pinnum = 29;
MAT0_1.Portnum = 1;
PWMPin2_2.Funcnum = 1;
PWMPin2_2.OpenDrain = 0;
PWMPin2_2.Pinmode = 0;
PWMPin2_2.Pinnum = 2;
PWMPin2_2.Portnum = 2;
PINSEL_ConfigPin(&ADC0_2);
```

```
        PINSEL_ConfigPin(&MAT0_1);
        PINSEL_ConfigPin(&PWMPin2_2);
        ADC_Init(LPC_ADC, 200000);
        ADC_IntConfig(LPC_ADC, ADC_ADINTEN2, ENABLE);
        ADC_ChannelCmd(LPC_ADC, ADC_CHANNEL_2, ENABLE);
        ADC_EdgeStartConfig(LPC_ADC, ADC_START_ON_RISING);
        TIM_ConfigStruct.PrescaleOption = TIM_PRESCALE_USVAL;
        TIM_ConfigStruct.PrescaleValue = 100;
        TIM_MatchConfigStruct.MatchChannel = 1;
        TIM_MatchConfigStruct.IntOnMatch = ENABLE;
        TIM_MatchConfigStruct.ResetOnMatch = ENABLE;
        TIM_MatchConfigStruct.StopOnMatch = DISABLE;
        TIM_MatchConfigStruct.ExtMatchOutputType =
TIM_EXTMATCH_TOGGLE;
        TIM_MatchConfigStruct.MatchValue = 1000;
        PWMTIM.PrescaleOption = PWM_TIMER_PRESCALE_USVAL;
        PWMTIM.PrescaleValue = 1;
        PWM_Init(LPC_PWM1, PWM_MODE_TIMER, &PWMTIM);
        PWMMatch0.MatchChannel = 0;
        PWMMatch0.ResetOnMatch = ENABLE;
        PWMMatch3.MatchChannel = 3;
        PWMMatch3.IntOnMatch = ENABLE;
        PWM_ConfigMatch(LPC_PWM1, &PWMMatch0);
        PWM_ConfigMatch(LPC_PWM1, &PWMMatch3);
        PWM_MatchUpdate(LPC_PWM1, 0, PWMPeriod,
PWM_MATCH_UPDATE_NOW);
```

```
        PWM_MatchUpdate(LPC_PWM1, 3, PWMValue,
PWM_MATCH_UPDATE_NOW);
        TIM_Init(LPC_TIM0, TIM_TIMER_MODE, &TIM_ConfigStruct);
        TIM_ConfigMatch(LPC_TIM0, &TIM_MatchConfigStruct);
        TIM_Cmd(LPC_TIM0, ENABLE);
        ADC_StartCmd(LPC_ADC, ADC_START_ON_MAT01);
        PWM_ChannelConfig(LPC_PWM1, 3, PWM_CHANNEL_SINGLE_EDGE);
        PWM_ChannelCmd(LPC_PWM1, 3, ENABLE);
        PWM_Cmd(LPC_PWM1, ENABLE);
        PWM_CounterCmd(LPC_PWM1, ENABLE);
        NVIC_EnableIRQ(TIMER0_IRQn);
        NVIC_EnableIRQ(ADC_IRQn);
        NVIC_EnableIRQ(PWM1_IRQn);
        while (1)
        {
        }
}
```

(3) ADC 인터럽트 방식으로 DAC의 값을 변경하여 스피커로 출력(포텐셔미터로 스피커의 출력 소리 조절)

```
#include "lpc17xx_gpio.h"
#include "lpc17xx_pwm.h"
#include "lpc17xx_mcpwm.h"
#include "lpc17xx_pinsel.h"
#include "lpc17xx_libcfg_default.h"
#include "lpc17xx_adc.h"
#include "lpc17xx_uart.h"
```

```
#include "lpc17xx_timer.h"
#include "debug_frmwrk.h"
#include "lpc17xx_dac.h"
uint8_t menu1[] = //출력될 메뉴 설정
"*************hi***************₩n₩r";

uint32_t adc_value;
            uint32_t time;


PINSEL_CFG_Type pin2_2;
PWM_Match_T PWMVALUE[2]; //0번채널 3번채널
MCPWM_CHANNEL_CFG_Type PWMSetup;
PINSEL_CFG_Type PWMPin[2];
uint32_t PeriodValue = 1500; //펄스주기 조절 선언
uint8_t UpDownFlag = 0;  //듀티비(밝기)가 100이되면 어둡게
int PWMValue=1;


void ADC_IRQHandler (void)
{
        if              (ADC_ChannelGetStatus(LPC_ADC,ADC_CHANNEL_2,
ADC_DATA_DONE))
       //2번채널에 DONE비트 값이 1이되면 ->ADC컨버젼이 완료됨
        {
                adc_value            =            ADC_ChannelGetData
(LPC_ADC,ADC_CHANNEL_2);            //ADC값 가져옴
 NVIC_DisableIRQ(ADC_IRQn); // ADC 인터럽트 비활성화

        }
 for(time = 1; time < 0x3FF; time++) //비트수가 10개밖에 없어서 범위를 1023까
지함
```

```
	{
		DAC_UpdateValue (LPC_DAC, (uint32_t)((time*(adc_value/1024))));
	}
			if(adc_value >1024)
			 adc_value = 0;
}

int main(void)
{
	PINSEL_CFG_Type PinCfg;
		PINSEL_CFG_Type PinCfg2;

	float rate = 0;

	SystemInit();

		PinCfg2.Funcnum = 1;
		PinCfg2.OpenDrain = 0;
		PinCfg2.Pinmode = 0;
		PinCfg2.Pinnum = 25;
		PinCfg2.Portnum = 0;
		PINSEL_ConfigPin (&PinCfg2); //0번포트 25번을 1번기능으로 레지스터에
저장

		ADC_Init(LPC_ADC, 200000); //200000 안으로 적어줘야함
		ADC_IntConfig(LPC_ADC, ADC_ADINTEN2,ENABLE);// 이걸해야지 해당
채널에 한에 인터럽트 사용가능
		ADC_ChannelCmd (LPC_ADC,ADC_CHANNEL_2,ENABLE);//해당채널에
해당한것을 셋해주고 아닌것을 mask 시킴
		//enable 해준 채널에 한에서 ADC기능 활성화

	PinCfg.Funcnum = 2;
```

```
        PinCfg.OpenDrain = 0;
        PinCfg.Pinmode = 0;
        PinCfg.Pinnum = 26;
        PinCfg.Portnum = 0;
        PINSEL_ConfigPin (&PinCfg);

while(1)
{
            ADC_StartCmd(LPC_ADC,ADC_START_NOW);//시작->계속 컨버전을 하
게됨 그래서 아래서 꺼준다.

                        NVIC_EnableIRQ(ADC_IRQn);//인터럽트 발생하면 핸들러로 가
서 adcvalue에 컨버전값 대입

        DAC_Init(LPC_DAC);
}

return 0;
}
```

(4) MCPWM을 이용하지 않고 PWM 인터럽트를 사용해서 4번 LED의 Duty Cycle을 제어하는 것으로 바꿔 LED밝기 제어)

```
#include "lpc17xx_gpio.h"
#include "lpc17xx_pwm.h"
#include "lpc17xx_pinsel.h"

PINSEL_CFG_Type PWMPin2_2;
PWM_TIMERCFG_Type PWMTIM;
PWM_MATCHCFG_Type PWMMatch0;
PWM_MATCHCFG_Type PWMMatch3;
```

```
uint32_t PWMPeriod=1500;
uint32_t PWMValue=1;
uint8_t UpDownFlag=0;
void PWM1_IRQHandler(void)

{ PWM_ClearIntPending(LPC_PWM1,PWM_INTSTAT_MR3);
if(UpDownFlag==0) PWMValue++;
else PWMValue--;

if(PWMValue == PWMPeriod)
UpDownFlag=1;

else if(PWMValue==1)
UpDownFlag=0;


PWM_MatchUpdate(LPC_PWM1,3,PWMValue,PWM_MATCH_UPDATE_NEXT_RST)
; }
int main(void)
{ SystemInit();
//system initialization

GPIO_SetDir(1, 0xB0000000, 1);
//Set 28,29,31 of GPIO1 as output
GPIO_SetDir(2, 0x0000007C, 1);
//Set 2,3,4,5,6 of GPIO2 as output
GPIO_ClearValue(1, 0xB0000000);
//Set 28,29,31 of GPIO1 off : LED1,2,3 off
GPIO_ClearValue(2, 0x0000007C); //Set 2,3,4,5,6 of GPIO2 off : LED4,5,6,7,8
off
PWMPin2_2.Funcnum=1;
```

```
PWMPin2_2.OpenDrain=0;
PWMPin2_2.Pinmode=0;
PWMPin2_2.Pinnum=2;
PWMPin2_2.Portnum=2;
PINSEL_ConfigPin(&PWMPin2_2);

PWMTIM.PrescaleOption=PWM_TIMER_PRESCALE_USVAL;
PWMTIM.PrescaleValue=1;
PWM_Init(LPC_PWM1, PWM_MODE_TIMER, &PWMTIM);
PWMMatch0.MatchChannel=0;
PWMMatch0.ResetOnMatch=ENABLE;
PWMMatch3.MatchChannel=3;
PWMMatch3.IntOnMatch=ENABLE;

PWM_ConfigMatch(LPC_PWM1, &PWMMatch0);
PWM_ConfigMatch(LPC_PWM1, &PWMMatch3);
PWM_MatchUpdate(LPC_PWM1, 0, PWMPeriod, PWM_MATCH_UPDATE_NOW);
PWM_MatchUpdate(LPC_PWM1, 3, PWMValue, PWM_MATCH_UPDATE_NOW);
PWM_ChannelConfig(LPC_PWM1, 3, PWM_CHANNEL_SINGLE_EDGE);
PWM_ChannelCmd(LPC_PWM1, 3, ENABLE);
PWM_Cmd(LPC_PWM1, ENABLE);
PWM_CounterCmd(LPC_PWM1, ENABLE);
NVIC_EnableIRQ(PWM1_IRQn);

while(1) { } }
```

10. UART/USB 활용 실습

가) 실험목적

UART/USB를 활용하여 PC와 통신을 할 수 있다.

나) 기초이론

(1) 개요

UART(Universal asynchronous receiver/transmitter)는 병렬 데이터를 직렬 형태로 송신하고 수신된 직렬 데이터를 병렬 데이터로 바꿔 입력하는 통신으로 0,1,2,3을 가지고 있다. 기능이 같은 것도 있고 다른 부분도 있다. 표준 외에도 데이터 라인 송수신에 UART1은 모뎀 제어 핸드셰이크 인터페이스를 제공한다.

USB(Universal Serial Bus)는 사용의 편리와, 넓은 확장성 그리고 PC, 전화 등 주변 기기들의 PC 접속 인터페이스 공동화를 목적으로 개발되었다.

(2) 기능

- UART

- 데이터 사이즈 5,6,7,8 비트
- 패리티 생성 체크 : 홀수, 짝수
- 한 개 또는 두 개의 스탑 비트
- 16바이트 수신 및 전송 FIFO
- 보레이트 생성
- 수신 / 전송 DMA 지원
- 자동 전송 기능
- 멀티프로세서 주소 모드
- 적외선 통신모드 지원

- 소프트웨어 흐름 제어 지원

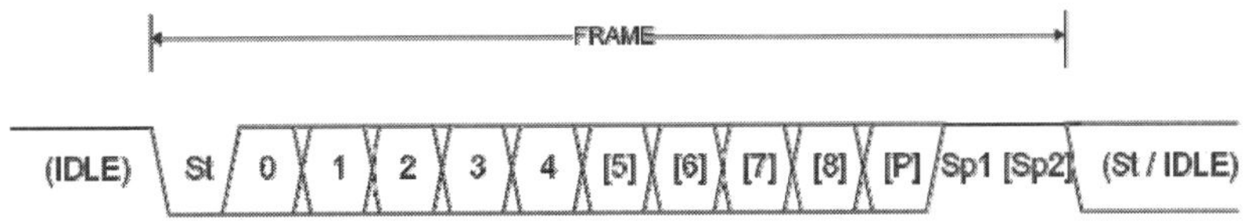

[그림 10-1] UART 통신의 데이터 프레임

스타트 비트 : 송신 시 자동적으로 생성되는 1bit로 항상 0레벨

데이터 비트 : 5~9bit 가능

패리티 비트 : 사용여부 설정 가능

스탑 비트 : 1 또는 2bit가능 항상 1레벨

- **USB**

- 최대 127개의 디바이스를 직렬 연결방식으로 가능,
- 최대 5m 케이블 사용가능.
- PnP 지원으로 점퍼 셋팅 없이 하드웨어 설치가 가능
- Hot Plug In 지원으로 동작 중에도 하드웨어를 탈/부착 가능
- 버스 자체전원 5V(500mA) 공급
- 휴대장치에 적합한 소형 크기 때문에 휴대성이 증대
- 규격화된 커넥터 사용으로 인해 포트 수가 획기적으로 감소

(3) ARM Coretex-M3 NXP **보드의** UART/USB

- **UART**

- 16바이트의 수신 및 전송 FIFO
- 내부 보레이트 발생기가 특정 보레이트 속도 값을 외부 크리스탈 없이 사용 가능하게 한다.
- 전송 속도 제어분주기, FIFO 제어 메커니즘에 자동 전송기능, 소프트웨어 흐름 제어 구현
- UART1은 표준 모뎀 인터페이스 신호를 갖춘 UART

- 이 모듈은 또한 하드웨어 흐름 제어 (자동-CTS/RTS) 지원
- RS-485/9-비트 모드 지원.
- UART3 적외선 통신을 지원하도록 IrDA 모드가 포함.
- 모든 UART DMA 지원

• USB

- USB 2.0 사양을 준수 (Full Speed)
- 32 물리 (16 논리) Endpoint 지원
- Control, Bulk, Interrupt 그리고 Isochronous Endpoint 지원.
- 실시간으로 Endpoint 확장 가능
- 소프트웨어에 의해 실시간에 Endpoint 최대 패킷 크기 선택 가능
- CPU 컨트롤 그리고 DMA 모드를 동적으로 전환 가능
- Bulk 그리고 Isochronous Endpoint에 대한 이중 버퍼 구현

(4) 핀 설정 및 Register 설명

Pin	Type	Description
RXD0, RXD2, RXD3	Input	**Serial Input.** Serial receive data.
TXD0, TXD2, TXD3	Output	**Serial Output.** Serial transmit data.

[표 10-1] UART 핀 설정

Generic Name	Description	Access	Reset value[1]	UARTn Register Name & Address
RBR (DLAB =0)	Receiver Buffer Register. Contains the next received character to be read.	RO	NA	U0RBR - 0x4000 C000 U2RBR - 0x4009 8000 U3RBR - 0x4009 C000
THR (DLAB =0)	Transmit Holding Register. The next character to be transmitted is written here.	WO	NA	U0THR - 0x4000 C000 U2THR - 0x4009 8000 U3THR - 0x4009 C000
DLL (DLAB =1)	Divisor Latch LSB. Least significant byte of the baud rate divisor value. The full divisor is used to generate a baud rate from the fractional rate divider.	R/W	0x01	U0DLL - 0x4000 C000 U2DLL - 0x4009 8000 U3DLL - 0x4009 C000
DLM (DLAB =1)	Divisor Latch MSB. Most significant byte of the baud rate divisor value. The full divisor is used to generate a baud rate from the fractional rate divider.	R/W	0x00	U0DLM - 0x4000 C004 U2DLM - 0x4009 8004 U3DLM - 0x4009 C004
IER (DLAB =0)	Interrupt Enable Register. Contains individual interrupt enable bits for the 7 potential UART interrupts.	R/W	0x00	U0IER - 0x4000 C004 U2IER - 0x4009 8004 U3IER - 0x4009 C004
IIR	Interrupt ID Register. Identifies which interrupt(s) are pending.	RO	0x01	U0IIR - 0x4000 C008 U2IIR - 0x4009 8008 U3IIR - 0x4009 C008
FCR	FIFO Control Register. Controls UART FIFO usage and modes.	WO	0x00	U0FCR - 0x4000 C008 U2FCR - 0x4009 8008 U3FCR - 0x4009 C008
LCR	Line Control Register. Contains controls for frame formatting and break generation.	R/W	0x00	U0LCR - 0x4000 C00C U2LCR - 0x4009 800C U3LCR - 0x4009 C00C
LSR	Line Status Register. Contains flags for transmit and receive status, including line errors.	RO	0x60	U0LSR - 0x4000 C014 U2LSR - 0x4009 8014 U3LSR - 0x4009 C014
SCR	Scratch Pad Register. 8-bit temporary storage for software.	R/W	0x00	U0SCR - 0x4000 C01C U2SCR - 0x4009 801C U3SCR - 0x4009 C01C
ACR	Auto-baud Control Register. Contains controls for the auto-baud feature.	R/W	0x00	U0ACR - 0x4000 C020 U2ACR - 0x4009 8020 U3ACR - 0x4009 C020
ICR	IrDA Control Register. Enables and configures the IrDA mode.	R/W	0x00	U0ICR - 0x4000 C024 U2ICR - 0x4009 8024 U3ICR - 0x4009 C024
FDR	Fractional Divider Register. Generates a clock input for the baud rate divider.	R/W	0x10	U0FDR - 0x4000 C028 U2FDR - 0x4009 8028 U3FDR - 0x4009 C028
TER	Transmit Enable Register. Turns off UART transmitter for use with software flow control.	R/W	0x80	U0TER - 0x4000 C030 U2TER - 0x4009 8030 U3TER - 0x4009 C030

[표 10-2] UART 주요 Register

Name	Direction	Description
V_{BUS}	I	V_{BUS} status input. When this function is not enabled via its corresponding PINSEL register, it is driven HIGH internally.
USB_CONNECT	O	SoftConnect control signal.
USB_UP_LED	O	GoodLink LED control signal.
USB_D+	I/O	Positive differential data.
USB_D-	I/O	Negative differential data.

[표 10-3] USB 핀 설정

Name	Description	Access	Reset value[1]	Address
Clock control registers				
USBClkCtrl	USB Clock Control	R/W	0	0x5000 CFF4
USBClkSt	USB Clock Status	RO	0	0x5000 CFF8
Device interrupt registers				
USBIntSt	USB Interrupt Status	R/W	0x8000 0000	0x400F C1C0
USBDevIntSt	USB Device Interrupt Status	RO	0x10	0x5000 C200
USBDevIntEn	USB Device Interrupt Enable	R/W	0	0x5000 C204
USBDevIntClr	USB Device Interrupt Clear	WO	0	0x5000 C208
USBDevIntSet	USB Device Interrupt Set	WO	0	0x5000 C20C
USBDevIntPri	USB Device Interrupt Priority	WO	0	0x5000 C22C
Endpoint interrupt registers				
USBEpIntSt	USB Endpoint Interrupt Status	RO	0	0x5000 C230
USBEpIntEn	USB Endpoint Interrupt Enable	R/W	0	0x5000 C234
USBEpIntClr	USB Endpoint Interrupt Clear	WO	0	0x5000 C238
USBEpIntSet	USB Endpoint Interrupt Set	WO	0	0x5000 C23C
USBEpIntPri	USB Endpoint Priority	WO[2]	0	0x5000 C240
Endpoint realization registers				
USBReEp	USB Realize Endpoint	R/W	0x3	0x5000 C244
USBEpIn	USB Endpoint Index	WO[2]	0	0x5000 C248
USBMaxPSize	USB MaxPacketSize	R/W	0x8	0x5000 C24C
USB transfer registers				
USBRxData	USB Receive Data	RO	0	0x5000 C218
USBRxPLen	USB Receive Packet Length	RO	0	0x5000 C220
USBTxData	USB Transmit Data	WO[2]	0	0x5000 C21C
USBTxPLen	USB Transmit Packet Length	WO[2]	0	0x5000 C224
USBCtrl	USB Control	R/W	0	0x5000 C228
SIE Command registers				
USBCmdCode	USB Command Code	WO[2]	0	0x5000 C210
USBCmdData	USB Command Data	RO	0	0x5000 C214

[표10-4] USB 주요 Register(1)

Name	Description	Access	Reset value[1]	Address
DMA registers				
USBDMARSt	USB DMA Request Status	RO	0	0x5000 C250
USBDMARClr	USB DMA Request Clear	WO[2]	0	0x5000 C254
USBDMARSet	USB DMA Request Set	WO[2]	0	0x5000 C258
USBUDCAH	USB UDCA Head	R/W	0	0x5000 C280
USBEpDMASt	USB Endpoint DMA Status	RO	0	0x5000 C284
USBEpDMAEn	USB Endpoint DMA Enable	WO[2]	0	0x5000 C288
USBEpDMADis	USB Endpoint DMA Disable	WO[2]	0	0x5000 C28C
USBDMAIntSt	USB DMA Interrupt Status	RO	0	0x5000 C290
USBDMAIntEn	USB DMA Interrupt Enable	R/W	0	0x5000 C294
USBEoTIntSt	USB End of Transfer Interrupt Status	RO	0	0x5000 C2A0
USBEoTIntClr	USB End of Transfer Interrupt Clear	WO[2]	0	0x5000 C2A4
USBEoTIntSet	USB End of Transfer Interrupt Set	WO[2]	0	0x5000 C2A8
USBNDDRIntSt	USB New DD Request Interrupt Status	RO	0	0x5000 C2AC
USBNDDRIntClr	USB New DD Request Interrupt Clear	WO[2]	0	0x5000 C2B0
USBNDDRIntSet	USB New DD Request Interrupt Set	WO[2]	0	0x5000 C2B4
USBSysErrIntSt	USB System Error Interrupt Status	RO	0	0x5000 C2B8
USBSysErrIntClr	USB System Error Interrupt Clear	WO[2]	0	0x5000 C2BC
USBSysErrIntSet	USB System Error Interrupt Set	WO[2]	0	0x5000 C2C0

[표10-5] USB 주요 Register(2)

(5) **관련함수 및 구조체 소개**

- UART_CFG_Type : UART 타입을 정의하는 구조체

- 구조체선언 :

```
typedef struct {
                uint32_t Baud_rate
                UART_PARITY_Type Parity
                UART_DATABIT_Type Databits
                UART_STOPBIT_Type Stopbits
} UART_CFG_Type;
```

- 구조체 멤버변수

Baud_rate : UART 보레이트 설정을 정의 한다.

Parity : UART 패리티 설정을 정의 한다.

Databits : UART 데이터 비트 설정을 정의 한다.

Stopbits : UART 스톱 비트를 설정을 정의 한다.

• UART_FIFO_CFG_Type : UART FIFO 타입을 정의하는 구조체

- 구조체선언 :

```
typedef struct {
        FunctionalState FIFO_ResetRxBuf
        FunctionalState FIFO_ResetTxBuf
        FunctionalState FIFO_DMAMode
        UART_FITO_LEVEL_Type FIFO_Level
} UART_FIFO_CFG_Type;
```

- 구조체 멤버변수

Baud_rate : UART 보레이트 설정을 정의 한다.

Parity : UART 패리티 설정을 정의 한다.

Databits : UART 데이터 비트 설정을 정의 한다.

Stopbits : UART 스톱 비트를 설정을 정의 한다.

• FlagStatus UART_CheckBusy (UART_TypeDef *UARTx) : UART가 busy 인지 확인 한다.

- UARTx : UART0 ~ 3
- 반환 값 : 인터럽트 플레그의 상태 (SET/RESET)

• void UART_ConfigStructInit (UART_CFG_Type* UART_InitStruct) : UART_InitStruct로 구성을 초기화 한다.

- UART_InitStruct : UART_CFG_Type으로 초기화 한다.

• void UART_FIFOConfig(UART_TypeDef* UARTx, UART_FIFO_CFG_Type * FIFOCfg) : UART의 FIFO를 UART_FIFO_CFG_Type를 이용하여 설정한다.

- UARTx : UART0, UART1, UART2 또는 UART3
- FIFOCfg : FIFO 구성 정보를 포함하는 UART_FIFO_CFG_Type 구조에 포인터가 지정

- void UART_FIFOConfigStructInit(UART_FIFO_CFG_Type* UART_FIFOInitStruct)
  : UART의 FIFO를 초기화 한다.

- UART_FIFOInitStruct : FIFO 구성 정보를 포함하는 UART_FIFO_CFG_Type 구조에 포인터가 지정

- void UART_Init(UART_TypeDef * UARTx, UART_CFG_Type* UART_ConfigStruct)

: UARTx가 지정된 매개 변수를 사용하여 UART_ConfigStruct
초기화 한다.

- UARTx : UART0, UART1, UART2 또는 UART3
- UART_ConfigStruct : 지정된 UART 주변 구성 정보를 포함하는 UART_CFG_Type 구조 포인터

- void UART_IntConfig (UART_TypeDef * UARTx, UART_INT_Type UARTIntCfg, FunctionalState NewState) : 지정된 UART 인터럽트 활성/비활성화 한다.

- UARTx : UART0, UART1, UART2
- UART3 UARTIntCfg : 인터럽트 플래그를 지정한다.

```
typedef enum {
        UART_INTCFG_RBR = 0, // RBR 인터럽트 설정
        UART_INTCFG_THRE, // THR 인터럽트 설정
        UART_INTCFG_RLS, // RX 상태 인터럽트 설정
        UART1_INTCFG_MS, // 모뎀 상태 인터럽트 설정(UART1)
        UART1_INTCFG_CTS, // CTS1 신호 변환 인터럽트 설정(UART1)
        UART_INTCFG_ABEO, // auto-baud 인터럽트 설정
        UART_INTCFG_ABTO, // auto-baud 타임 아웃 인터럽트 설정
} UART_INT_Type;
```

- NewState : 지정된 형식의 UART 인터럽트를 ENALBE / DISALBE 한다.

- uint32_t UART_Receive(UART_TypeDef * UARTx, uint8_t* rxbuf, uint32_t buflen, TRANSFER_BLOCK_Type flag) : UART를 통해 데이터의 블록을 받는다. UART BLOCKING

- UARTx : UART0, UART1, UART2 또는 UART3
- rxbuf : 전송 버퍼 포인터
- buflen : 전송 버퍼의 길이
- flag : NONE_BLOCKING or BLOCKING
- 반환 값 : 받은 바이트 수

- uint8_t UART_ReceiveData(UART_TypeDef * UARTx) : UART에서 하나의 데이터를 받는다

- UARTx : UART0, UART1, UART2 또는 UART3
- 반환 값 : 받은 데이터

- void UART_SendData(UART_TypeDef* UARTx, uint8_t Data) : 단일 UART 통해 데이터를 전송한다.

-UARTx : UART0, UART1, UART2 또는 UART3
- Data : 전송 데이터

- uint32_t UART_Send (UART_TypeDef * UARTx, uint8_t * txbuf, uint32_t buflen, TRANSFER_BLOCK_Type flag) : UART를 통해 데이터의 블록을 보낸다.

- UARTx : UART0, UART1, UART2 또는 UART3
- rxbuf : 전송 버퍼 포인터
- buflen : 전송 버퍼의 길이
- flag : NONE_BLOCKING or BLOCKING
- 반환 값 : 받은 바이트 수

- void USB_ISR (void)

  : USB_ISR 함수를 컨트롤러 하드웨어에서 모든 USB 요청을 받고 해당 작업을 처리하기 위해 해당 USB 이벤트를 보낸다. USB 소프트웨어 스택 장치 컨트롤러 레이어의 일부 USB_ISR 함수이다. 이 함수는 수정할 필요가 없다.

- U32 USB_ReadEP(U32 EPNum, U8 *pData)

  : USB_ReadEP 함수의 로컬 소프트웨어 버퍼에 USB 컨트롤러의 Endpoint 버퍼에서 데이터를 읽는다. USB 컨트롤러를 Endpoint 버퍼에 호스트에서 데이터를 저장한다. USB 소프트웨어 스택 장치 컨트롤러 레이어의 일부를 USB_ReadEP 함수이다. 이 함수는 수정할 필요가 없다.

- EPNum : Endpoint 및 방향을 지정한다.
- pData : 데이터를 쓸 버퍼에 대한 포인터이다.
- 반환 값 : USB_ReadEP 함수는 읽을 바이트 수를 반환하는 경우 Endpoint 버퍼

- U32 USB_WriteEP(U32 EPNum, U8 *pData, U32 cnt)

  : USB_WriteEP 함수를 USB 컨트롤러의 Endpoint 버퍼에 데이터를 쓴다. 그것을 할 때 호스트 컴퓨터의 Endpoint 버퍼에서 데이터를 읽는다. 소프트웨어 스택 장치 컨트롤러 레이어의 일부를 USB_WriteEP 함수이다. 이 함수는 수정할 필요가 없다.

- EPNum : Endpoint 및 방향을 지정한다.
- pData : 데이터를 쓸 버퍼에 대한 포인터이다.
- cnt: Endpoint 버퍼에 Write 바이트 수이다.
- 반환 값 : USB_WriteEP 함수를 쓸 바이트 수를 반환하는 경우 Endpoint 버퍼

- void USB_Endpoint0 (void)

  : USB_Endpoint0 함수를 주요 USB 인터럽트 서비스 루틴(USB_ISR) 컨트롤에 모든 요청을 받고 여기에는 모든 표준 및 클래스의 특정 설치 요청이 포함된다. 여기에는 또한 Endpoint을 0사용하여 모든 데이터 전송이 포함된다. 이 함수는 수정할 필요가 없다.

- void USB_Init (void)

  : USB_Init 함수 USB 장치 컨트롤러 하드웨어를 초기화한다.
  다른 USB 함수를 호출하기 전에 응용 프로그램에서 USB_Init 함수를 호출해야 하고 USB가 아닌 하드웨어 기능을 초기화하지 않는다. USB 소프트웨어 스택 장치 컨트롤러 레이어의 일부를 USB_Init 함수이다. 이 함수는 사용자 지정된 함수 각각에 대해 지원되는 USB 컨트롤러가 제공되기 때문에 수정할 필요가 없다.

- void USB_Connect(BOOL Conn)

  : USB_Connect 함수를 USB 컨트롤러를 호스트에서 인식 또는 USB 컨트롤러를 호스트에서 연결을 해제 할 수 있다. USB 소프트웨어 스택 장치 컨트롤러 레이어의 일부를 USB_Connect 함수이다. 이 함수는 사용자 지정된 함수 각각에 대해 지원되는 USB 컨트롤러가 제공되기 때문에 수정할 필요가 없다.

- Conn : USB 컨트롤러를 사용할지 여부를 지정한다.

- int USB_Device(void)

  : USB_Device 함수 호스트에서 보낸 USB 장치 이벤트를 처리합니다. USB_Device 함수를 경우에만 usbcfg.h 또는 구성 마법사를 사용하여 사용할 장치 이벤트를 처리한다. USB 소프트웨어 스택 USB 핵심 레이어의 일부를 USB_Device 함수이다. USB 장치의 이벤트에 대한 특수 처리 코드를 직접 제공하려면 이 기능을 수정할 수 있다.

- int USB_Core(void)

  : USB_Core 함수 호스트에서 보낸 USB 핵심 이벤트를 처리한다. USB_Core 함수를 경우에만 usbcfg.h 또는 구성 마법사를 사용하면 USB 핵심 이벤트를 처리한다. USB 소프트웨어 스택 USB 핵심 레이어의 일부를 USB_Core 함수이다. USB 핵심 이벤트에 대한 특수 처리코드를 직접 제공하려면 이 기능을 수정할 수 있다.

- void USB_Endpoint<Number> (void)
  USB_Endpoint <number>핸들을 번호에 의해 표시된 특정 Endpoint 간에 모든 데이터 전송 함수이다. 주요 USB 인터럽트 서비스 루틴 ((USB_ISR) 요청을 받는다. Endpoint은 응용 프로그램의 호스트 컴퓨터 간의 가장 중요한 링크 및 USB_Endpoint <number>사용하여 이 링크를 설정하는 함수이다. usbcfg.h 또는 구성 마법사를 사용하여 적절한 Endpoint을 사용하면 함수가 있다. USB_Endpoint <number>의 USB 소프트웨어 스택 USB 핵심 레이어의 일부를 함수다. USB_End point<number>위해 추가하거나 수정할 수 있다. 응용 프로그램의 요구에 의해 함수를 기능이 활성화되면 각 USB_Endpoint <number> 기능을 지속적으로 실행한다.

- BOOL HID_GetReport(void)/HID_setReport(void)
  : 이 함수는 요청된 보고서 데이터를 Endpoint 버퍼(EP0Buf)에 보고서 데이터를 작성하여 호스트에 보낸다.

다) 예제

LPC1768 Cortex-M3 보드에서 다음과 같이 실습한다.

(1) UART를 이용한 PC와의 통신

- 예제 설명 : 사용자 PC 터미널과 통신을 하는 프로그램. 사용자가 키보드의 a,s,d,f키를 누르면 메시지를 출력하고 ESC키를 누르면 프로그램을 종료한다.
- 하이퍼 터미널 설정 : 9600bps, Data Bit 8Bit, No Parity, Stop Bit 1Bit, No Flow Control
- 예제 관련 회로도

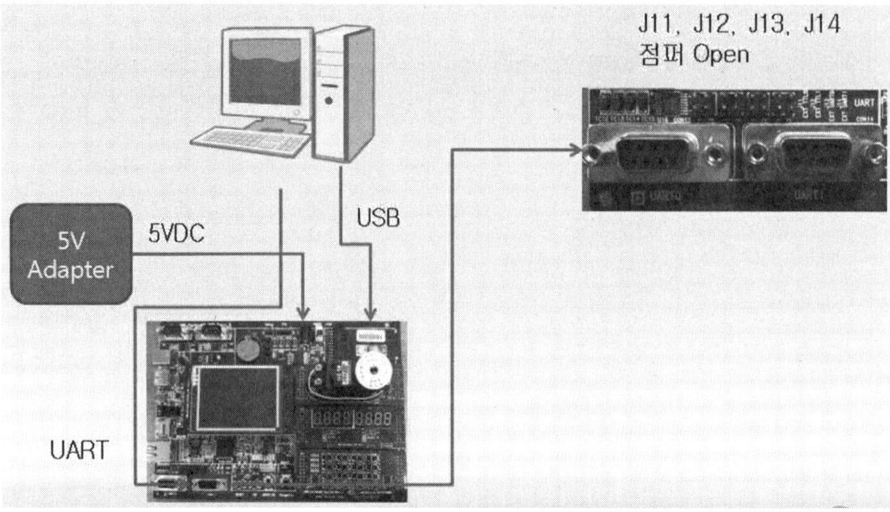

[그림 10-2] 실습을 위한 하드웨어 연결

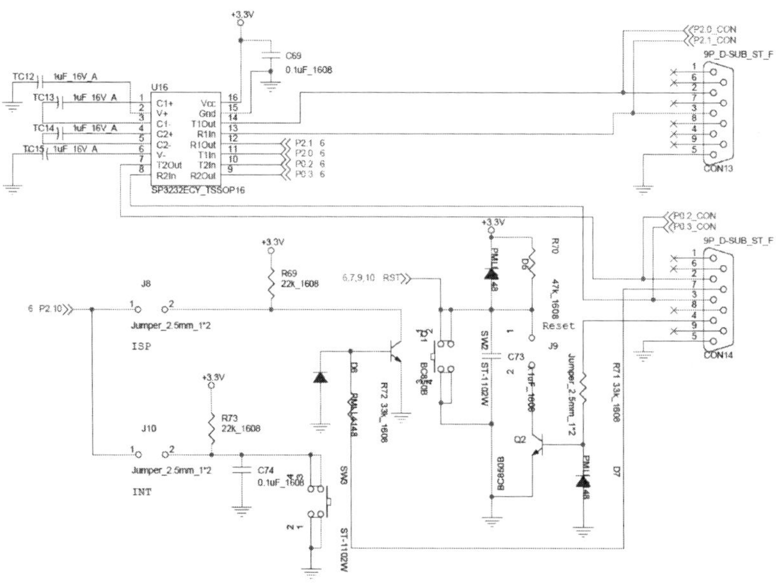

[그림 10-3] UART 연결부 회로도

• 예제 코드

```
#include "lpc17xx_uart.h"
#include "lpc17xx_libcfg.h"
#include "lpc17xx_nvic.h"
#include "lpc17xx_pinsel.h"

#define TEST_UART LPC_UART0

uint8_t menu1[] = "entered a ₩n₩r";
uint8_t menu2[] = "entered s ₩n₩r";
uint8_t menu3[] = "entered d ₩n₩r";
uint8_t menu4[] = "entered f ₩n₩r";
uint8_t menu5[] = "UART demo terminated!";

int main(void)
{
        UART_CFG_Type UARTConfigStruct;
        UART_FIFO_CFG_Type UARTFIFOConfigStruct;

        PINSEL_CFG_Type PinCfg;

        uint32_t idx, len;
        __IO FlagStatus exitflag;
        uint8_t buffer[10];

        SystemInit(); //System initialization

        PinCfg.Portnum = 0; //Set port number as 0
        PinCfg.Pinnum = 2; //Set pin number as 2 : UART0 TX
        PinCfg.Funcnum = 1; //Set function number as UART0
        PinCfg.Pinmode = 0; //Set internal pull up
        PinCfg.OpenDrain = 0; //Set no open drain
```

```
	PINSEL_ConfigPin(&PinCfg); //Save PinCfg parameter

	PinCfg.Pinnum = 3; //Set pin number as 2 : UART0 RX

	PINSEL_ConfigPin(&PinCfg); //Save PinCfg parameter

	UART_ConfigStructInit(&UARTConfigStruct);  //Save  UART  config
structure
	UART_Init(TEST_UART, &UARTConfigStruct); //UART0 initialization
	UART_FIFOConfigStructInit(&UARTFIFOConfigStruct);
	//Save UART FIFO(TX/RX buffer) config structure
	UART_FIFOConfig(TEST_UART, &UARTFIFOConfigStruct);
	//UART0 FIFO initialization
	UART_TxCmd(TEST_UART, ENABLE); //START UART0 TX

	exitflag = RESET; //Exit flag initial value(to break while loop)

	while (exitflag == RESET)
	{
		len = 0;
		while  (len  ==  0)  //Repeat  receive  until  receive  data
complete
		{
			len  =  UART_Receive(TEST_UART,  buffer,
sizeof(buffer),                                NONE_BLOCKING);
		}

		idx = 0;
		while (idx < len)
		{
			if (buffer[idx] == 27) //Detect 'ESC' key
```

```
                {
                        UART_Send(TEST_UART,          menu5,
sizeof(menu5),                                  BLOCKING);
                        exitflag = SET; //Break
                }
                else if (buffer[idx] == 'a') //Detect 'a' key
                {
                        UART_Send(TEST_UART,          menu1,
sizeof(menu1),                              BLOCKING);
                }
                else if (buffer[idx] == 's') //Detect 's' key
                {
                        UART_Send(TEST_UART,          menu2,
sizeof(menu2),                              BLOCKING);
                }
                else if (buffer[idx] == 'd') //Detect 'd' key
                {
                        UART_Send(TEST_UART,          menu3,
sizeof(menu3),                              BLOCKING);
                }
                else if (buffer[idx] == 'f') //Detect 'f' key
                {
                        UART_Send(TEST_UART,          menu4,
sizeof(menu4),                              BLOCKING);
                }
                else
                {
                        UART_Send(TEST_UART, &buffer[idx],
1, BLOCKING);
                }
                idx++;
        }
```

```
        }

        while (UART_CheckBusy(TEST_UART) == SET);
        UART_DeInit(TEST_UART);
        return 1;
}
```

(2) HID를 이용한 LED, Button 제어

- 예제 설명 : HIClient.exe를 이용하여 LED와 Button을 제어한다
- 예제 관련 회로도

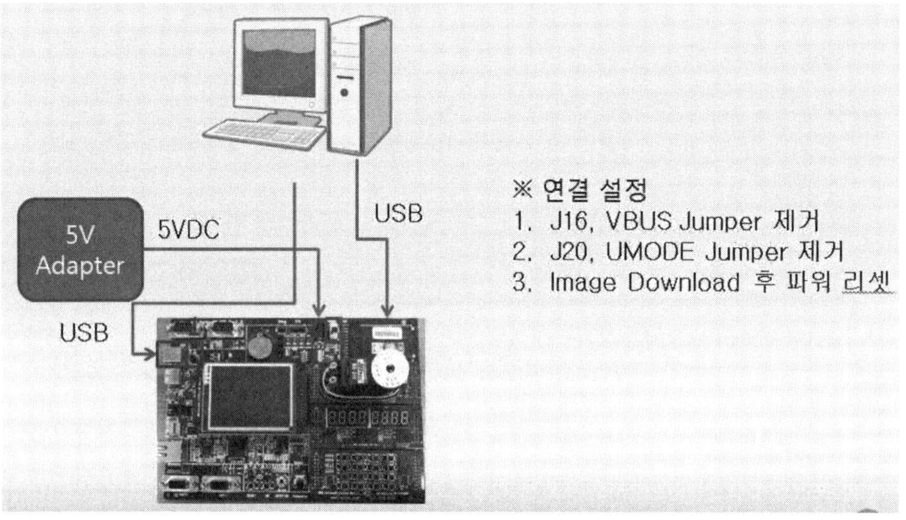

[그림 10-4] 실습을 위한 하드웨어 연결

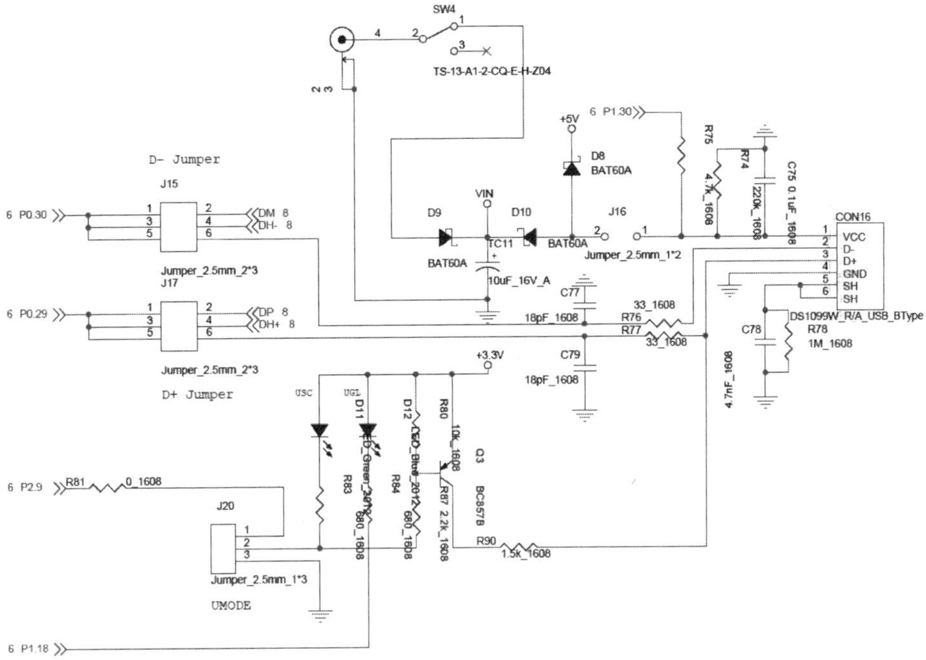

[그림 10-5] USB 회로도

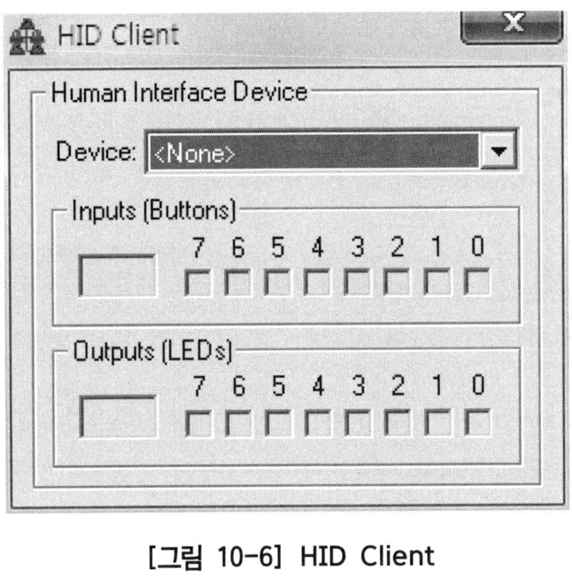

[그림 10-6] HID Client

• 예제 코드

```
#include "LPC17xx.H"                          /* LPC17xx definitions      */
#include "type.h "
#include "usb.h"
#include "usbcfg_LPC17xx.h"
#include "usbhw_LPC17xx.h"
#include "demo.h"
U8 InReport;                                  /* HID Input Report      */
/*    Bit0    : Buttons  */
/*    Bit1..7: Reserved */

U8 OutReport;                                 /* HID Out Report       */
/*    Bit0..7: LEDs       */

/*----------------------------------------------------------------
Get HID Input Report -> InReport
*---------------------------------------------------------------*/
void GetInReport (void) {
          uint32_t kbd_val;

          kbd_val = (LPC_GPIO1->FIOPIN >> 20) & KBD_MASK;

          InReport = 0x00;
          if ((kbd_val & KBD_UP)       == 0) InReport |= 0x01;
        /* up       pressed means 0 */
          if ((kbd_val & KBD_LEFT)     == 0) InReport |= 0x02;
        /* left    pressed means 0 */
          if ((kbd_val & KBD_RIGHT)    == 0) InReport |= 0x04;
        /* right   pressed means 0 */
          if ((kbd_val & KBD_SELECT) == 0) InReport |= 0x08;
        /* select pressed means 0 */
          if ((kbd_val & KBD_DOWN)     == 0) InReport |= 0x10;
```

```
        /* down   pressed means 0 */
}

/*----------------------------------------------------------
Set HID Output Report <- OutReport
*---------------------------------------------------------*/
void SetOutReport (void) {
        static unsigned long led_mask[] = { 1<<28, 1<<29, 1UL<<31, 1<<2,
1<<3,                                     1<<4, 1<<5, 1<<6 };
        int i;

        for (i = 0; i < LED_NUM; i++) {
                if (OutReport & (1<<i)) {
                        if (i < 3) LPC_GPIO1->FIOPIN |= led_mask[i];
                        else       LPC_GPIO2->FIOPIN |= led_mask[i];
                } else {
                        if (i < 3) LPC_GPIO1->FIOPIN &= ~led_mask[i];
                        else       LPC_GPIO2->FIOPIN &= ~led_mask[i];
                }
        }
}

/*----------------------------------------------------------
Main Program
*---------------------------------------------------------*/
int main (void) {
        /* P1.28, P1.29, P1.31 is output (LED) */
        LPC_GPIO1->FIODIR |= ((1UL<<28)|(1UL<<29)|(1UL<<31));
        /* P2.2..6 is output (LED) */
        LPC_GPIO2->FIODIR  |=  ((1UL<< 2)|(1UL<< 3)|(1UL<< 4)|(1UL<<
5)|(1UL<< 6)) ;
        /* P1.20, P1.23..26  is input  (Joystick) */
```

```
        LPC_GPIO1->FIODIR                                          &=
~((1UL<<20)|(1UL<<23)|(1UL<<24)|(1UL<<25)|(1UL<<26));

        LPC_GPIO4->FIODIR |= (1UL<< 28);
      /* Pin P2.28 is output (GLCD BAcklight) */
        LPC_GPIO4->FIOPIN &= ~(1UL<< 28);     /* Turn backlight off */

        USB_Init();                          /* USB Initialization */
        USB_Connect(__TRUE);             /* USB Connect */

        while (1);                           /* Loop forever */
}
```

라) 실습문제

(1) UART(통신 시 사용) 응용 프로그램을 이용하여

'r' 키를 누르면 글씨 써지고

'1' 키를 누르면 불켜지고

'2' 키를 누르면 불꺼지고

'3' 키를 누르면 소리가 나게 코드를 작성하시오.

```
#include "lpc17xx_pinsel.h"
#include "lpc17xx_gpio.h"
#include "lpc17xx_uart.h"
#include "debug_frmwrk.h"
#include "lpc17xx_dac.h"

#define TEST_UART LPC_UART0   //정의 되어 있는 함수, 상수로 취급해서 사용
```

```
uint8_t menu1[]=                        // print menu함수로 uart에서 송신
"hello hello";  // 배열로 문자열 만듦

uint8_t menu2[]=                        //esc 눌렀을 때 송신하는지 아닌지
"test";  // 배열로 문자열 만듦

 uint32_t time;
        float rate =0;  //rate 변수 선언

void print_menu(void)   // 함수 원형 정의
{
         UART_Send(TEST_UART,menu1, sizeof(menu1), BLOCKING);
//uart 몇번 쓰나, 문자열, 문자열 길이,
 // blocking mode => 데이터 송신할 때 길이가 정해져있는걸 보낼때는 blocking 쓰
고 //none_blocking은 버퍼 길이를 모를때 써 준다.

}

int main(void)
{
        UART_CFG_Type UARTConfigStruct;
        UART_FIFO_CFG_Type UARTFIFOConfigStruct;     //데이터 송수신 위한
구조체 설정

        PINSEL_CFG_Type PinCfg;
   PINSEL_CFG_Type PinCfg2;

        uint32_t idx, len;

        __IO FlagStatus exitflag;
        uint8_t buffer[10];
```

```
SystemInit();

GPIO_SetDir(1, 0xB0000000, 1);
GPIO_SetDir(2, 0x0000007C, 1);

GPIO_ClearValue(1, 0xB0000000);
GPIO_ClearValue(2, 0x0000007C);

PinCfg.Funcnum = 1;
PinCfg.OpenDrain = 0;
PinCfg.Pinmode = 0;
PinCfg.Pinnum = 2;
PinCfg.Portnum = 0;
PINSEL_ConfigPin(&PinCfg);
PinCfg.Pinnum = 3;
PINSEL_ConfigPin(&PinCfg);


PinCfg2.Funcnum = 2;    //  2번 Funcnum 쓴다
 PinCfg2.OpenDrain= 0;  //안씀
 PinCfg2.Pinmode = 0;    // 풀업 동작 설정
 PinCfg2.Pinnum = 26;  //26번 핀 사용
 PinCfg2.Portnum = 0;    // 0번 포트
 PINSEL_ConfigPin (&PinCfg2);  //주소값 이용해 설정을 reg에 넣어줌


                              DAC_Init (LPC_DAC);

UART_ConfigStructInit(&UARTConfigStruct);     //초기 설정, 값 넣어줌
UART_Init(TEST_UART, &UARTConfigStruct);
UART_FIFOConfigStructInit(&UARTFIFOConfigStruct);
UART_FIFOConfig(TEST_UART, &UARTFIFOConfigStruct);   //레지스터
```

```
적용 시켜줌
        UART_TxCmd(TEST_UART, ENABLE); //enable시켜서 송신을 할 수 있게
해 준다.

        print_menu();

        exitflag = RESET;     //exitflag

        while (exitflag == RESET)
        {
                len = 0;
                while (len == 0)
                {
                        len    =    UART_Receive(TEST_UART,     buffer,
sizeof(buffer), NONE_BLOCKING); //receive함수로 len을 받아 while로 들어감

                }

                idx = 0;
                while (idx < len)
                {
                        if (buffer[idx] == 27)     //buffer 27=> esc
                        {
                                UART_Send(TEST_UART,          menu2,
sizeof(menu2), BLOCKING);
                                exitflag = SET;
                        }
                        else if (buffer[idx] == '1')
                        {
                                GPIO_SetValue(1, 0xB0000000);
                                GPIO_SetValue(2, 0x0000007C);
                        }
```

```
                    else if (buffer[idx] == '2')
                    {
                            GPIO_ClearValue(1, 0xB0000000);
                            GPIO_ClearValue(2, 0x0000007C);
                    }

                                                else if (buffer[idx]
== '3')
                    {

                                        for(time =1; time<0x3FF*100;
time++) //시간은 1부터 0x3FF 전까지 for 반복문
            {
            DAC_UpdateValue (LPC_DAC, (uint32_t) (time%1024));
                  // dac_value: value 10 bit to be converted to output

            }



                    }

                    else if (buffer[idx] == 'r')
                    {
                            print_menu();
                    }
                    else
                    {
                            UART_Send(TEST_UART, &buffer[idx],
1, BLOCKING);
                    }
                    idx++;
                }
```

```
        }
        while (UART_CheckBusy(TEST_UART) == SET);

        UART_DeInit(TEST_UART);

        return 1;

}
```

(2) USB를 이용하여 HID Client를 실행하여

조이스틱을 돌리면 HID Client inputs 부분에 해당 조이스틱 위치 번호에 체크가 들어오고 outputs에 0~7번을 체크하면 해당 부분에 led가 들어오고 스위치를 눌렀을 경우에는 inputs 5번에 체크가 들어오는 코딩을 작성하라

```
#include "LPC17xx.h"
#include "type.h"
#include "HID.h"
#include "usb.h"
#include "usbcfg_LPC17xx.h"
#include "usbhw_LPC17xx.h"

#include "demo.h"          //usb통신

U8 InReport;          //INREPORT 값에 뭔가 들어오면 HID CLIENT에 해당 비트에
                        체크
```

```
U8 OutReport;          //OUTREPORT는 체크하는 비트에 따라서 OUT이 되는 것


void GetInReport (void) {
  uint32_t kbd_val;          //*HID Demo Functions*  kdb_val 변수 설정

kbd_val = (LPC_GPIO1->FIOPIN >> 20) & KBD_MASK;
  //값을 20씩 오른쪽으로 쉬프트 시킨다 , 조이스틱은 20, 23~26이므로
    쉬프트 시키면 0, 3,4,5,6 으로 된다.

 InReport = 0x00;
  if ((kbd_val & KBD_UP)      == 0) InReport |= 0x01;
  if ((kbd_val & KBD_LEFT)    == 0) InReport |= 0x02;
  if ((kbd_val & KBD_RIGHT)   == 0) InReport |= 0x04;
  if ((kbd_val & KBD_SELECT) == 0) InReport |= 0x08;
  if ((kbd_val & KBD_DOWN)    == 0) InReport |= 0x10;
  if ((LPC_GPIO2->FIOPIN & 0x400)    == 0) InReport |= 0x20;
}
// kbd_val 과 KBD_UP , LEFT, RIGHT, SELECT, DOWN을 AND 연산을 시키면
  각각 0,1,2,3,4 번에 들어온다는 것을 코딩
  스위치 핀 0X400과 FIOPIN을 연산하여 5번에 들어온다는 것을 코딩

void SetOutReport (void) {
  static unsigned long led_mask[] = { 1<<28, 1<<29, 1UL<<31, 1<<2, 1<<3,
1<<4, 1<<5, 1<<6 };
  int i;
```

```
  for (i = 0; i < LED_NUM; i++) {  //i가 0일 때 if문으로 들어감
    if (OutReport & (1<<(i)) {
      if (i < 3) LPC_GPIO1->FIOPIN |= led_mask[i];
      else       LPC_GPIO2->FIOPIN |= led_mask[i];
    } else {
      if (i < 3) LPC_GPIO1->FIOPIN &= ~led_mask[i];
      else       LPC_GPIO2->FIOPIN &= ~led_mask[i];
    }
  }
}               //28번 비트면 0번 led를 켜겠다는 의미, 0~7까지 다 비슷한 과정이고
                 ~led_mask 같은 경우 값이 맞지 않으면 led를 끊다는 의미

int main (void) {
  LPC_GPIO1->FIODIR   |= ((1UL<<28)|(1UL<<29)|(1UL<<31));
 //레지스터에 직접 값을 넣은 것, FIODIR  해당비트에 1더 해줄 때 OR연산이므로 다
  더해 1이 된다.
  LPC_GPIO2->FIODIR   |= ((1UL<< 2)|(1UL<< 3)|(1UL<< 4)|(1UL<< 5)|(1UL<<
6)) ;
  LPC_GPIO1->FIODIR
&= ~((1UL<<20)|(1UL<<23)|(1UL<<24)|(1UL<<25)|(1UL<<26));
// OR연산에 NOT을 붙이므로 0이 된다.
  LPC_GPIO4->FIODIR   |=  (1UL<< 28);  //LCD 끄는 것
  LPC_GPIO4->FIOPIN   &= ~(1UL<< 28);
  LPC_GPIO2->FIODIR  &= ~(1UL<<10);
```

```
  USB_Init();          //USB 레지스터 초기화
  USB_Connect(__TRUE);          //TRUE 하면 연결을 시킴


  while (1);
}
```

제 3부.
라즈베리파이 실습

11. 라즈베리파이 사전 지식
12. 라즈베리 파이(Raspberry Pi) 범용목적 입출력(GPIO) 포트 출력
13. PWM
14. I^2C 통신
15. SPI 통신 예제
16. 라즈베리파이 아파치/워드프레스 설치
17. NFS 설치 및 사용
18. 삼바(SAMBA) 설치 및 사용
19. 라즈베리파이 디바이스 드라이버 실습
20. 각종 센서 사용 실습
21. 사물인터넷(IoT) 적용사례
22. 참고문헌

제 3부.
라즈베리파이 실습

11. 라즈베리파이 사전 지식

가) 리눅스 계열 운영체제 부팅방법

리눅스 커널은 /boot 디렉터리에 kernel.img 단일 파일. 전원이 들어오면 이 파일을 찾아서 로드한다. 비상용 커널은 /boot 디렉터리에 kernel_emergency.img 파일이며, 비상용 커널은 표준 커널과 동일. 표준 커널에 변경이 가해지더라도 비상용 커널은 원래의 상태를 유지. 표준 커널에 문제가 생겼을 때 비상용 커널을 로드 하도록 할 수 있다.

- 첫 번째 방법은 PC에서 원래의 kernel.img파일을 kernel.img.bak으로 이름을 변경하고, kernel_emergency.img 파일을 kernel.img로 변경하여 라즈베리파이를 부팅한다. 다시 표준 커널로 되돌아가 가려면 kernel.img를 kernel_emergency.img로 변경하고, kernel.img.bak을 kernel.img로 변경하면 된다.

- 두 번째 방법은 /boot 디렉터리의 cmdline.txt 파일의 맨 끝에 다음 커맨드를 추가한다. kernel=kernel_emergency.img 라즈베리파이가 로드할 커널 명칭을 지정해주는 것이다. 되돌아가는 방법은 추가된 행을 다시 지우면 된다.

라즈베리파이에서는 소프트웨어를 설치하고자 할 때는 강력한 패키지 매니저인 apt 도구를 사용할 수 있다. UI 기반의 시냅틱 패키지 매니저도 있지만 메모리 부족으로 실행이 어려울 수 있어 커맨드 기반의 apt 도구 사용을 권장한다. apt 패키지 매니저는 소프트웨어 설치뿐만 아니라, 제거, 업데이트 등 전반을 관리할 수 있다. 단, 새로운 소프트웨어를 설치하고나 업그레이드할 때는 apt의 캐시가 최신 상황을 반영하고 있는지를 확실히 하기 위해 sudo apt-get update를 해주는 것이좋다.

나) 소프트웨어 찾기

apt를 통해 설치 가능한 소프트웨어의 목록인 캐시를 가지고 있는 있는 인터넷상의 서버를 리포지토리(repository)라고 한다. 캐시 목록을 관리하기 위해서는 apt-cache를 이용할 수 있으며, 제목 또는 설명에 game이라는 단어를 가진 소프트웨어를 검색하려면 다음과 같이 하면 된다.

```
$ apt-cache search game
```

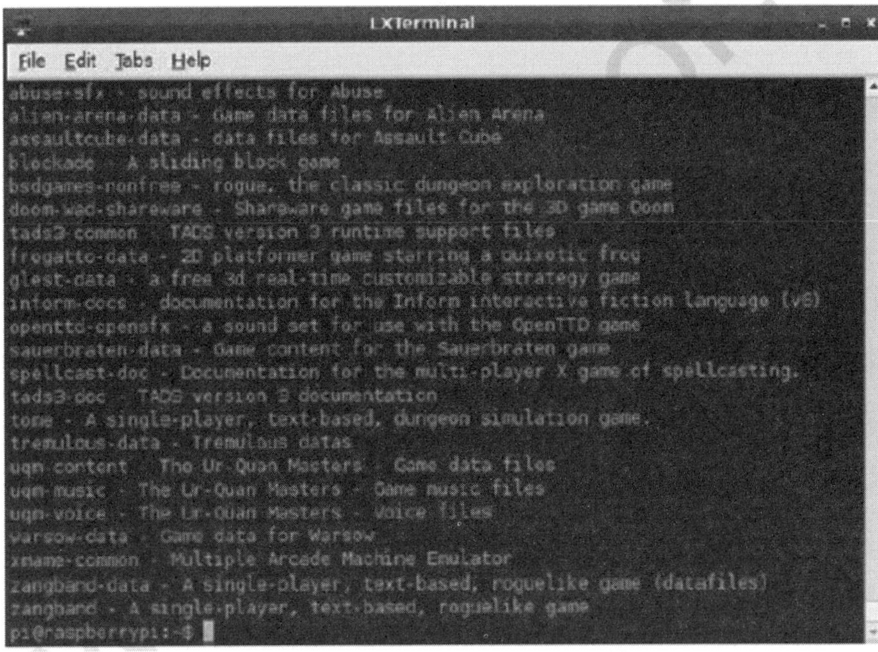

만약, 한 화면에 출력되는 결과가 너무 많을 때에는 less 도구를 써서 페이지 단위로 멈춰서 볼 수 있다.

```
$ apt-cache search game | less
```

다) 소프트웨어 설치

소프트웨어를 설치할 때는 sudo 명령어를 앞에 붙여야 하며 apt-get 명령을 통해서 thrust 게임을 설치하려면 다음과 같이 명령하면 된다.

```
$ sudo apt-get install thrust
```

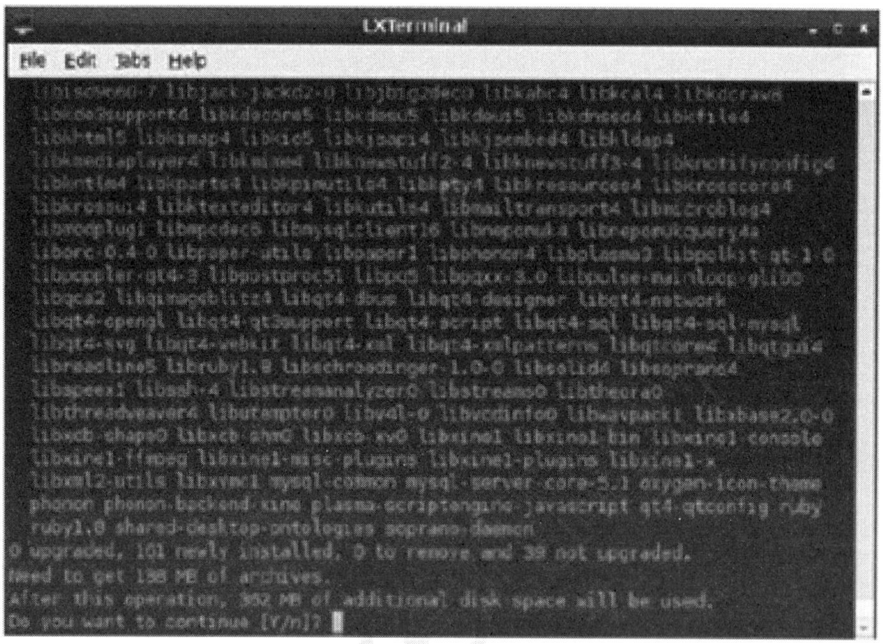

이 때, apt 패키지 매니저는 의존성을 자동으로 체크하여 필요한 패키지를 설치하므로, 라즈베리파이 사용자가 일일이 의존성 관계에 있는 프로그램을 찾아서 설치 해줄 필요가 없다.

라) 소프트웨어 설치 제거

apt-get remove 명령어를 사용하여 제거하면 더 이상 필요치 않은 의존관계 패키지까지 자동으로 제거한다. 실제로, thrust 패키지를 제거하려면 다음과 같이 한다

```
$ sudo apt-get remove thrust
```

remove 명령은 설정 파일은 남겨두는 반면 purge 명령어를 사용하면 완전히 제거한다.

```
$ sudo apt-get purge thrust
```

마) 소프트웨어 업그레이드

apt-get upgrade를 사용하면 설치된 소프트웨어들의 최신 버그 수정과 보안 패치를 적용할 수 있다. 업그레이드를 할 때는 캐시를 반드시 업데이트한 후 실행하는 것이 좋다.

```
$ sudo apt-get upgrade
```

개별 패키지만 업그레이드하고자 할 때는 해당 패키지를 다시 install 하면 된다. 이미 설치된 패키지에 대해 install이 실행되면 패키지 매니저는 업그레이드 의사로 판단한다.

```
$ sudo apt-get install thrust
```

바) 네트워크 설정

네트웍 문제를 진단하는데 있어 가장 유용한 도구는 ifconfig 명령이다.

ifconfig 명령을 사용하면 라즈베리파이의 모든 이더넷 포트를 볼 수 있는데 2개의 포트가 있다. 하나는 보드의 우측에 있는 물리적인 포트이고, 다른 하나는 라즈베리파이 내의 프로그램들간에 통신을 할 수 있도록 해주는 가상 루프백 인터페이스이다.

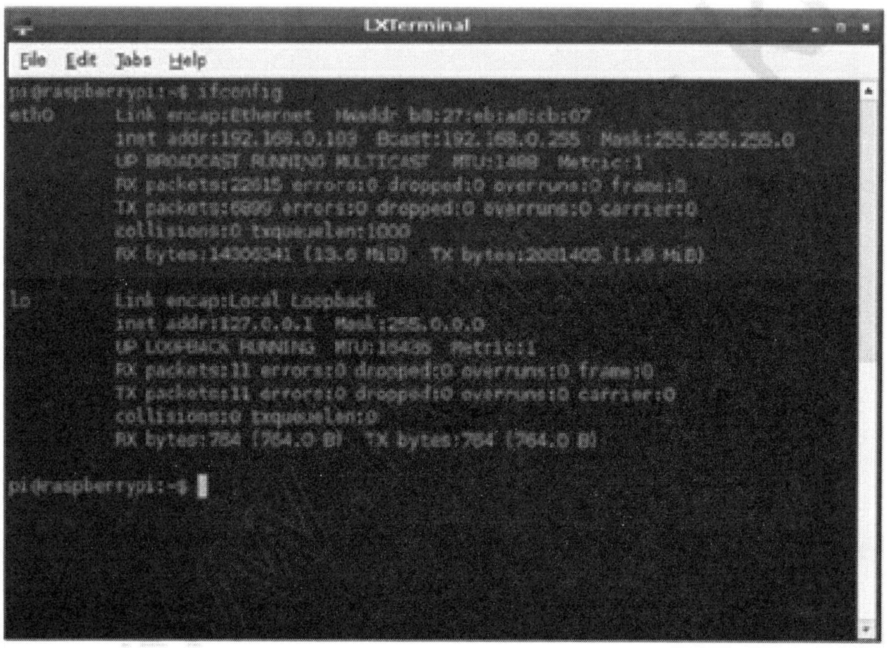

ifconfig 출력 결과의 각 부분

- Link encap – 네트웍에 의해 사용되는 캡슐화 타입, 물리적 네트웍 포트는 ethernet, 가상 루프백 어댑터는 Local Loopback 타입이다.
- Hwaddr – 네트웍 인터페이스의 미디어 접근 제어(MAC; Media Access Control) 주소. 16진수로 표시되며 네트웍상의 각 장치마다 고유한 번호를 갖는다. 각 라즈베리파이도 각각 고유의 MAC 주소를 가지며 공장에서 설정된다.
- inet addr – 네트웍 인터페이스의 인터넷 프로토콜(IP; Internet Protocol) 주

소. 이 주소를 이용하여 네트웍상에서 운용되는 웹 서버 또는 파일 서버 등의 위치를 찾을 수 있다.

- Bcast – 라즈베리파이가 연결되어 있는 네트웍을 위한 브로드캐스트 주소. 이 주소로 보내지는 트래픽은 같은 네트웍 상의 모든 장치가 수신한다.
- Mask – 라즈베리파이가 연결되어 있는 네트웍의 크기를 결정. 대부분의 가정에서는 255.255.255.0이다.
- MTU – 최대 전송 단위 크기(Maximum transmission unit size). 시스템이 전송을 위해 데이터를 여러 개의 패킷으로 자를 때 단일 패킷의 최대 크기를 지정
- RX – 수신된 네트웍 트래픽에 대한 보고. 오류 및 누락된 패킷 수를 포함. 오류 숫자가 표시되면 네트웍에 뭔가 문제가 있다는 뜻.
- TX – 송신된 네트웍 트래픽에 대한 보고. 네트웍에 문제가 발생하면 우선 네트웍 인터페이스를 비활성화시켰다가 다시 활성화 시킨다. 가장 쉬운 방법은 ifup과 ifdown을 사용

네트웍이 활성화되어 있고, ifconfig 명령을 내렸음에도 불구하고, inet addr 섹션에 아무것도 나타나지 않으면 다음 명령을 사용하여 ethernet 인터페이스를 부분적으로 셧다운하고 리부트 할 수 있다.

```
$ sudo ifdown eth0
```

그런 다음 잠시 후 다음 명령을 통해 ethernet 인터페이스를 활성화 시킨다.

```
$ sudo ifup eth0
```

이 후, 네트워크 ping 명령어를 사용하여 네트웍 상태를 점검할 수 있다. 다른 컴퓨터에 데이터를 보내고, 대부분의 가정이나 사무실에서는 DHCP 서버에 의해 자동으로

설정 값을 부여받도록 되어 있으므로, 수동으로 설정파일을 변경할 필요는 없다.

```
$ cd /etc/network
$ sudo cp interfaces interfaces.org
$ sudo nano interfaces
iface eth0 inet static ← dhcp를 static으로 수정
[Tab] address xxx.xxx.xxx.xxx ← 192.168.0.XY - 2 ~ 254
[Tab] netmask xxx.xxx.xxx.xxx ← 255.255.255.0
[Tab] gateway xxx.xxx.xxx.xxx ← 192.168.0.1
```

수동(고정 IP) 설정을 원하는 경우에는 vi 등의 에디터를 사용하여 /etc/network/interfaces 파일을 열어서 다음과 같이 address, netmask, gateway 등의 정보를 기재하여 주면 된다.

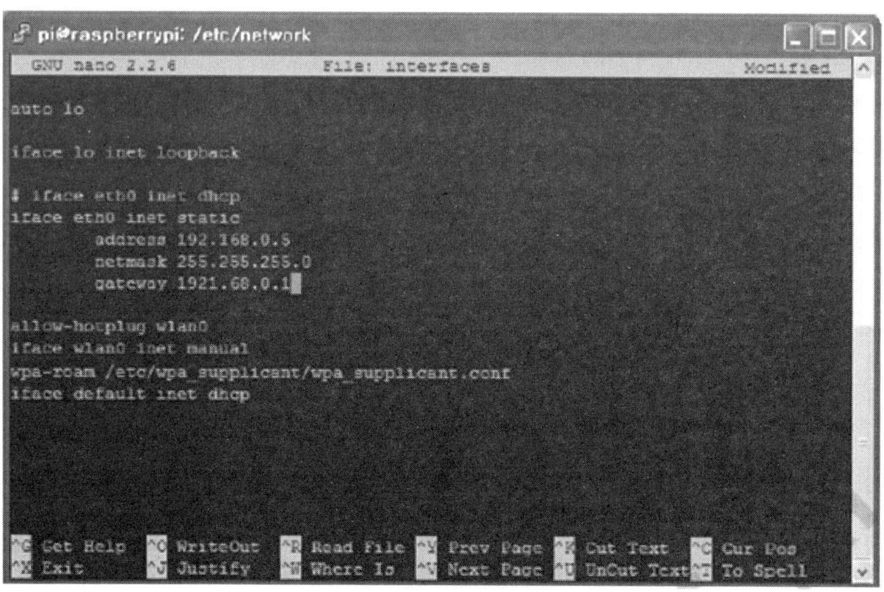

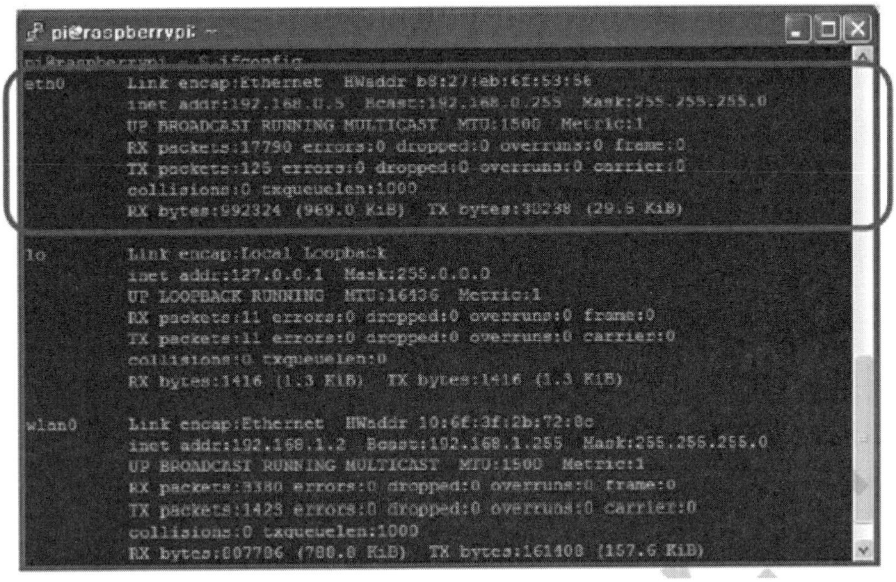

사) DNS 서버 등록

위에서 address, netmask, gateway 에 대한 설정은 하였으나, DNS 서버에 대한 설정은 없었다. 왜냐하면 라즈베리파이에서 DNS 서버에 대한 설정은 /etc/network/interfaces 파일에 하지 않고, /etc/resolv.conf 파일에 기재하기 때문이다. 여기서 DNS서버는 질의 받은 도메인명에 해당하는 호스트의 IP주소를 알려주는 서버이다. 물론, DHCP 서버에 의해서 IP 주소 등이 자동으로 세팅되는 환경의 클라이언트인 경우 /etc/resolv.conf파일에 DNS서버 목록이 자동으로 채워지므로 걱정할 것은 없다. 여기서는 수동으로 IP을 설정하는 경우를 가정하고 그 설정방법을 알아본다.

```
$ cd /etc
$ sudo cp resolv.conf resolv.conf.org
```

```
$ sudo nano resolv.conf
domain ketti.or.kr ← 내 네트웍의 도메인명
search ketti.or.kr ← 호스트명만으로 찾을 때 검색할 도메인명
nameserver 192.168.0.1 ← 게이트웨이(공유기)의 dns 서버를 지정
nameserver 8.8.8.8 ← 구글의 공개된 DNS 서버
nameserver 8.8.4.4
$ sudo service networking restart
$ ping www.google.com
```

이와 같이, 네트워크 설정을 변경한 후에는 이러한 설정값이 반영되도록 하기 위해서, 네트워크 서비스를 재시작할 필요가 있다.

네트웍 서비스를 재시작 한다.

```
$ sudo service networking restart
```

IP주소가 의도대로 설정되었는지 확인

```
$ ifconfig
```

잘 안될 경우 시스템을 재부팅해 본다.

```
$ sudo shutdown -r now
```

DNS 서버에 대한 설정이 잘 되었는지 확인하기 위해서는, IP 주소가 아닌 Domain

Name으로 외부 사이트를 접속해볼 필요가 있다. 따라서, www.google.com 사이트 등에 도메인명으로 연결이 가능함을 확인할 수 있다.

```
$ ping -c 3 www.google.com
```

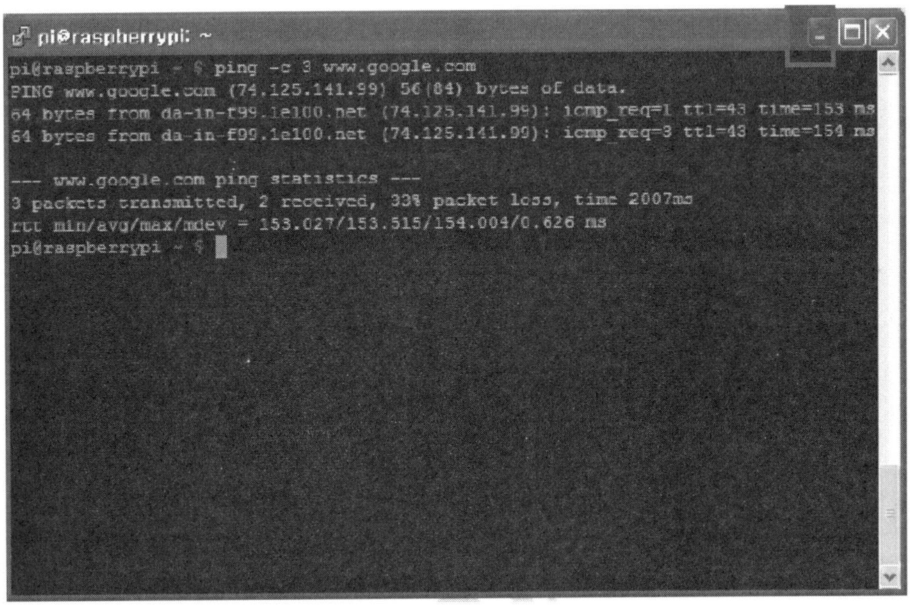

참고로, ping 서비스는 보안 관계로 대부분의 기관에서 막아놓았을 가능성이 있으므로, ping명령어 대신에 웹브라우저를 열어서 http://www.google.com 을 통해 구글 검색엔진 서버에 정상적으로 접속이 되는지 확인하는 방법이 더욱 확실하다.

라즈베리파이는 데이터 센터에서 볼 수 있는 대부분의 장비보다는 훨씬 덜 강력하지만 그렇다고 해서 가정이나 업무 환경에서 유용한 서버로 활용되지 말란 법은 없다. 비록 적은 메모리와 상대적으로 열악한 프로세스 파워를 가지고 있지만 적은 전력 소모와 저 소음은 트래픽이 적은 간단한 페이지들을 로컬 네트웍이나 인터넷에 서비스하기에는 아주 좋은 장점을 제공한다.

근래 상당수의 웹 서버들이 리눅스, 아파치, MySQL 및 PHP의 조합으로 운영되고 있으며 통상 LAMP 스택이라고 부른다. LAMP 기반의 서버에서 컨텐츠 관리 시스템인 워드프레스로부터 대화형 포럼인 phpBB에 이르는 상당히 복잡한 패키지들을 실행할 수 있다. 강력한 상업용 서버의 성능을 기대하지 않는 한 라즈베리파이로도 모두 가능한 것들이다.

아) 아두이노의 개략적인 특징 및 사용방법

라즈베리파이를 사용하기에 앞서 아두이노에 대해서도 개략적인 특성을 알아둘 필요가 있다. 아두이노(Arduino)는 오픈소스를 기반으로 한 단일 보드 마이크로컨트롤러이다. 아트멜 AVR을 기반으로 한 보드로 이루어져 있고 최근에는 Cortex-M3를 이용한 제품(Arduino Due)도 있다. 소프트웨어 개발을 위한 통합 환경(IDE)이 있다. 아두이노는 다수의 스위치나 센서로부터 값을 받아들여, LED나 모터와 같은 외부 전자 장치들을 통제함으로써 환경과 상호작용이 가능한 물건을 만들어낼 수 있다. 또한 어도비 플래시, 프로세싱, Max/MSP와 같은 소프트웨어를 연동할 수 있다.

아두이노의 가장 큰 장점은 마이크로컨트롤러를 쉽게 동작시킬 수 있다는 것이다. 일반적으로 AVR 프로그래밍이 WinAVR로 컴파일하여, ISP장치를 통해 업로드를 해야 하는 등 번거로운 과정을 거쳐야 하는데 비해, 아두이노는 컴파일된 펌웨어를 USB를 통해 업로드를 쉽게 할 수 있다. 또한 아두이노는 다른 모듈에 비해 비교적 저렴하고, 윈도를 비롯해 맥 OS X, 리눅스와 같은 여러 OS를 모두 지원한다. 아두이노 보드의 회로도가 CCL에 따라 공개되어 있으므로, 누구나 직접 보드를 직접 만들고 수정할 수 있다.

아두이노가 인기를 끌면서 이를 비즈니스에 활용하는 기업들도 늘어나고 있다. 장난감 회사 레고는 자사의 로봇 장난감과 아두이노를 활용한 로봇 교육 프로그램을 학생과 성인을 대상으로 북미 지역에서 운영하고 있다. 자동차회사 포드는 아두이노를 이용해 차량용 하드웨어와 소프트웨어를 만들어 차량과 상호작용을 할 수 있는 오픈XC라는 프로그램을 선보이기도 했다.

홈페이지 : http://arduino.cc/en/Guide/HomePage

Arduino 개발환경(IDE) 다운로드 및 설치

아두이노 보드와 컴퓨터(PC)를 USB 케이블로 연결

필요시 디바이스 드라이버 설치하기

Arduino 개발환경(IDE) 실행하기

Arduino 보드 선택하기

시리얼 포트 선택하기

Blink 예제 Open 하기

프로그램 업로드 하기

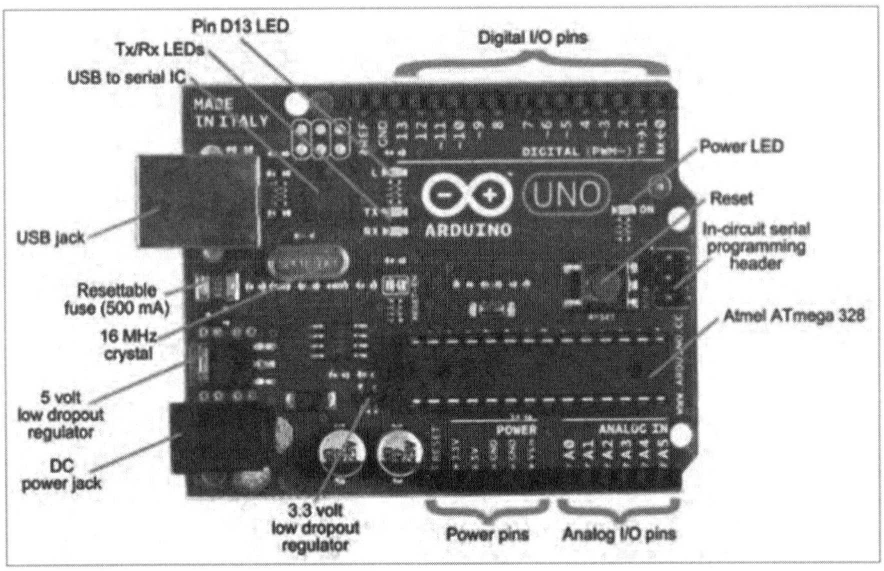

아두이노는 단일 보드 마이크로 컨트롤러로서, 일종의 작은 컴퓨터이다. 80년대 중후반에 나온 80286PC(16MHz) 정도의 속도로 동작하는 컴퓨터이다. 다만 메모리나 저장공간, 입출력 장치가 매우 제한적이거나 없는 대신 다른 LED, 모터, 입력장치, 출력장치 등등을 제어하는데 특화된 컴퓨터이다.

아두이노는 Open source hardware로서 HW설계도가 모든 공개되어 있는 시스템이다. 또한, 그리고 하드웨어 및 임베디드 시스템에 대한 고급 지식이 없더라도, 배우기 쉽게 개발환경이 갖추어져 있기 때문에, 아두이노는 현재 라즈베리파이와 함께 사용자들에게 많이 보급되어 있고 사용되고 있다.

아두이노는 크게 정식 아두이노 보드와 아두이노 호환 보드로 구분할 수 있습니다. 정식 아두이노 보드는 공식 사이트인 arduino.cc 에 기술된 보드이다. 공식 홈페이지에 들어가면 각 보드들의 특징과 스펙이 자세히 소개되어 있으며, 설계도(schematic)도 구할 수 있다. 아두이노의 개발환경(IDE, Integrated Development Environment, 통합개발환경)도 여기에 맞게 동작하도록 되어있다. 국내외에서 아두이노 공식 보드를 판매하는 판매처를 통해 구입할 수 있다. 아두이노 보드의 설계도를 참조해서 똑같이 만든 보드 혹은 변형을 가해 특별한 기능을 더한 보드들도 존재한다. 이런 보드들을 아두이노 호환(compatible) 보드라고 한다. 아두이노와 100% 호환이 되는 보드의 경우 아두이노 개발환경을 그대로 사용할 수 있고, 변형된 보드의 경우에는 몇 가지 우회적인 방법을 통해 사용 가능하다. 이미 온라인에는 아두이노 보드를 이용한 예제와 소스, 라이브러리가 풍부하게 있으므로 아두이노 개발환경을 그대로 사용할 수 있다는 것은 큰 장점이다. 정식 아두이노 보드에도 여러 종류가 있다. 여기서는 가장 대표적인 몇 개의 보드를 소개한다. 굳이 종류를 모두 기억할 필요는 없으며, 아두이노 UNO 보드가 가장 많이 사용되고 특별히 고급/고속/다양한 기능의 시스템 구축을 필요로 하지 않는다면 일반적으로 UNO 보드를 사용하면 된다고 생각해도 된다.

- 아두이노 UNO 보드 : 현재 아두이노의 표준 보드입니다. 온라인 상에 있는 대부분의 예제와 강좌, 소스, 라이브러리가 UNO 보드에 맞춰져있기 때문에 초보자라면 당연히 UNO 보드를 선택하면 된다. 현재 R3 버전까지 나와있다.
- 아두이노 Mega(Mega2560) 보드 : 아두이노 UNO 보드의 약 2배 크기에 제어할 수 있는 핀도 훨씬 많고, 더 빠르고, 저장용량도 더 많이 가진 보드이다. 아두이노 UNO 보드로 처리하기 벅찬 멀티미디어 관련 작업이나 복잡한 제어가 필요한 작업에 알맞은 보드이다. 단순히 스펙이 좋다고 Mega 보드를 선택해서는 안된다. Mega 보드는 핀 배치나 특수한 기능을 가진 핀들이 UNO 보드와는 다르

게 설정되어 있다. 따라서, UNO 보드에 맞춰진 예제들이 제대로 동작하지 않을 수 있으며, 초보자는 혼란이 있을 수 있다.

- 아두이노 Nano : 아두이노 UNO 보드의 소형화 버전이다. 아두이노 UNO 보드가 가진 대부분의 특징을 그대로 물려받고 있어서 호환성도 좋은데다 크기도 굉장히 작다. 다만 아두이노 UNO 보드는 각각의 핀에 female 소켓이 달려있어서 일반적인 케이블로 쉽게 사용이 가능한데 Nano 보드는 납땜해 줘야 하는 경우가 있다.
- 아두이노 Pro/Pro mini : 아두이노 보드 중 가장 작은 사이즈로 손가락 두 마디 정도에 아두이노의 기능이 탑재되어 있다. 하지만 3.3v/5v 용이 별도로 존재하기 때문에 외부 센서나 모듈의 동작전압과 맞춰야하고 USB를 바로 꽂아 소스를 업로드 할 수가 없어서 별도의 외부 USB 모듈을 납땜해서 사용해야 하는 등의 제약이 있다.
- Lily Pad : 웨어러블, 전자 바느질 등에 적당하도록 변형된 아두이노 보드이다. 패션쪽에 사용될 것을 감안하여 모양도 꽃 모양으로 생겨있고 여러가지 전용 악세사리 장치들도 함께 선보이고 있다. 잘 사용하지 않는 보드 중 하나이다.
- YUN 보드 : 라즈베리파이와 같이 운영체제가 탑재된 아두이노 보드로서, 라즈베리파이가 다양한 프로그램을 간편한 명령어(apt-get install)로 설치함으로써, 그 확장성이 무궁무진한데 반해, 아두이노가 그렇하지 못하자 라즈베리파이를 따라가기 위해서 아두이노 계열에서도 출시한 보드이다. 라즈베리파이와 유사한 확장성을 가진다.

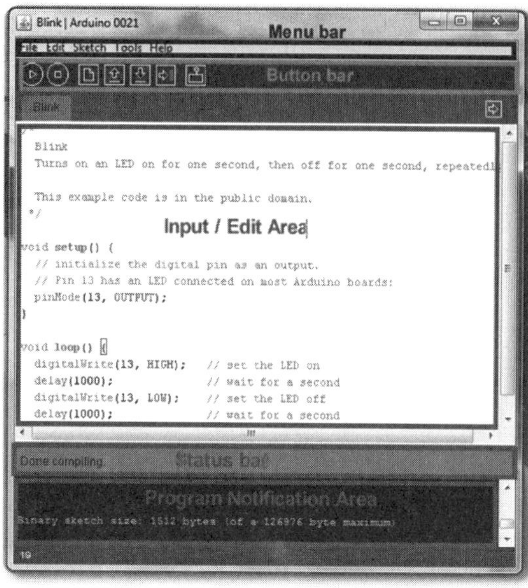

아두이노 프로그래밍 환경은 다음과 같다. input/edit area에서 프로그램을 코딩/편집하고, 컴파일 버튼을 누르면 status bar 및 program notification area에서 컴파일 결과 및 실행결과를 제공한다.

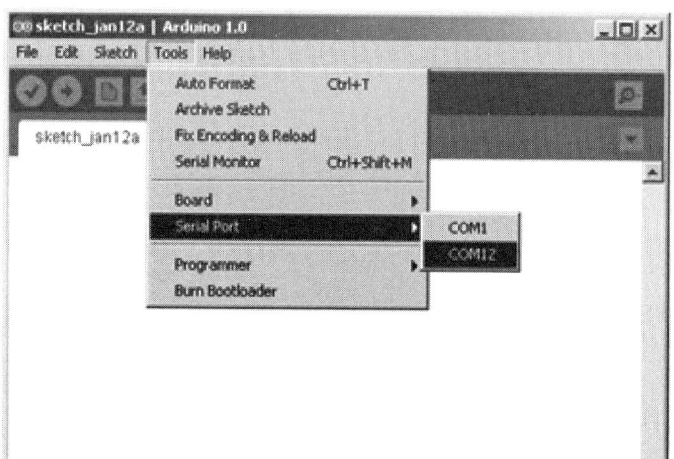

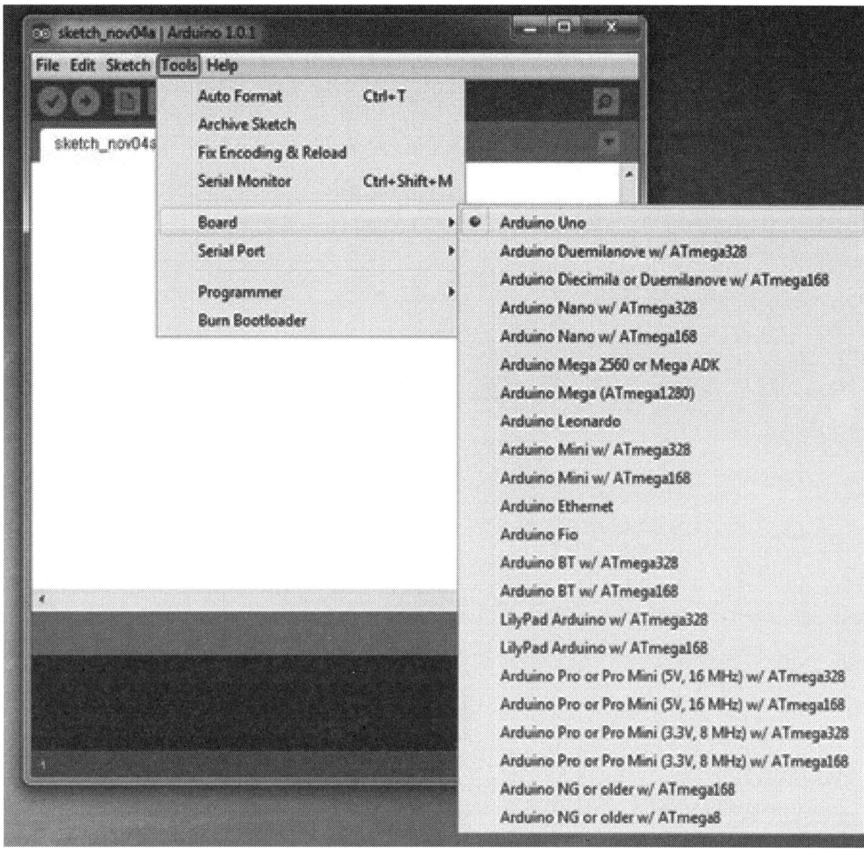

위에서 설명한 바와 같이 아두이노 보드는 매우 다양하기 때문에, 다음과 같이 아두이노 개발환경에서 Tools 의 Board 메뉴를 통해 자신이 현재 사용중인 보드를 선택해 주어야 한다. 여기서는 아두이노 우노(Uno) 보드를 사용하는 경우를 예를 들었다.

이후, 프로그램 작성하고, Compile 버튼 클릭하여 컴파일한 후, 에러 발생시 체크 및 수정하고, Upload 버튼 누르면 아두이노에서 프로그램이 탑재되어 실행된다.

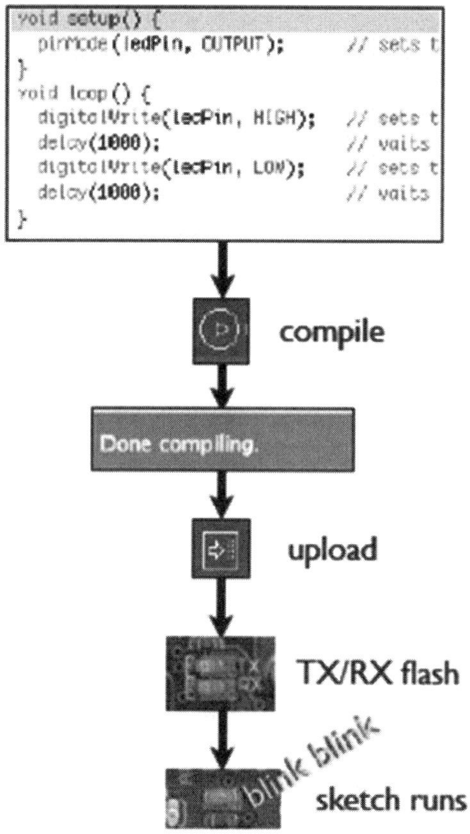
void setup() {
pinMode(ledPin, OUTPUT); // sets t
}
void loop() {
digitalWrite(ledPin, HIGH); // sets t
delay(1000); // waits
digitalWrite(ledPin, LOW); // sets t
delay(1000); // waits
}
compile
Done compiling.
upload
TX/RX flash
blink blink
sketch runs

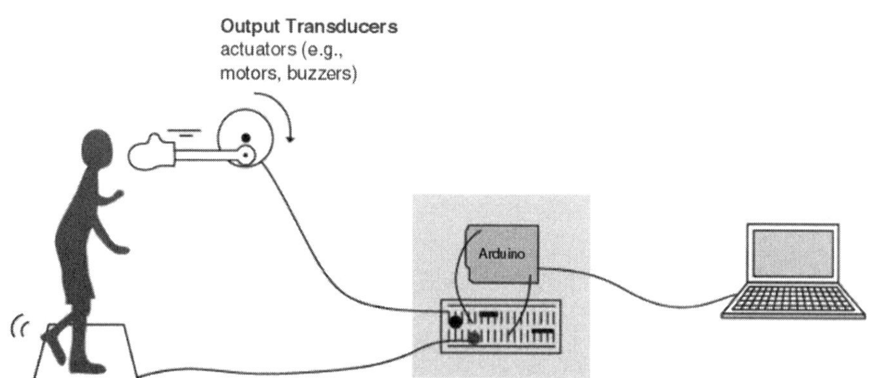
Output Transducers
actuators (e.g.,
motors, buzzers)
Arduino
Input Transducers
sensors (e.g., switches,
levers, sliders, etc.)

디지털 입출력 : 이진 값 (on or off, 1 or 0) 현대 마이크로프로세서는 디지털 방식으로 동작하므로, 특정 threshold 전압을 기준으로 1과 0을 구분한다.

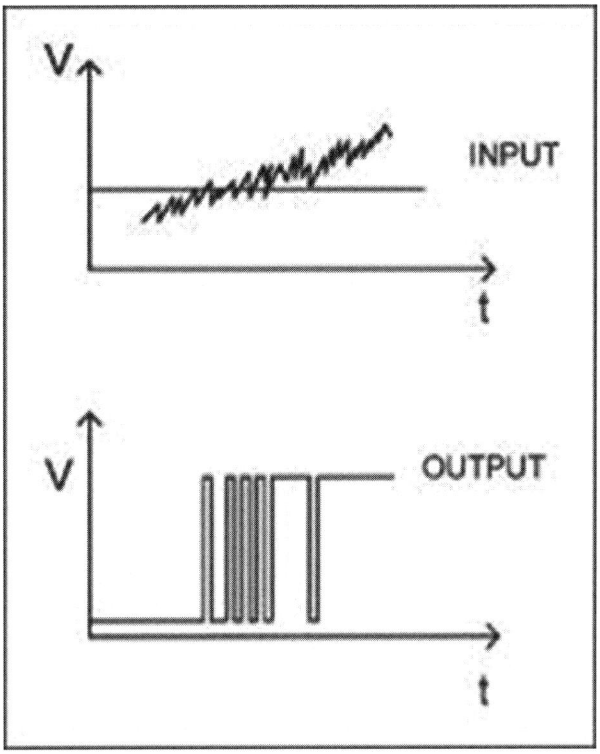

아두이노에서 GPIO 프로그래밍을 위하여 사용되는 가장 일반적인 3가지 API는 pinMode, digitalRead, digitalWrite이고, 이는 라즈베리파이에서 wiringPi를 사용하는 경우 동일하게 사용할 수 있다.

- pinMode(pin, mode) : 해당 pin을 입력(INPUT) 또는 출력 (OUTPUT)으로 설정
- digitalRead(pin) : 해당 pin으로부터 값을 읽어서 디지털 HIGH or LOW 값으로 반환한다
- digitalWrite(pin, value) : 해당 pin에 디지털 출력 HIGH or LOW 를

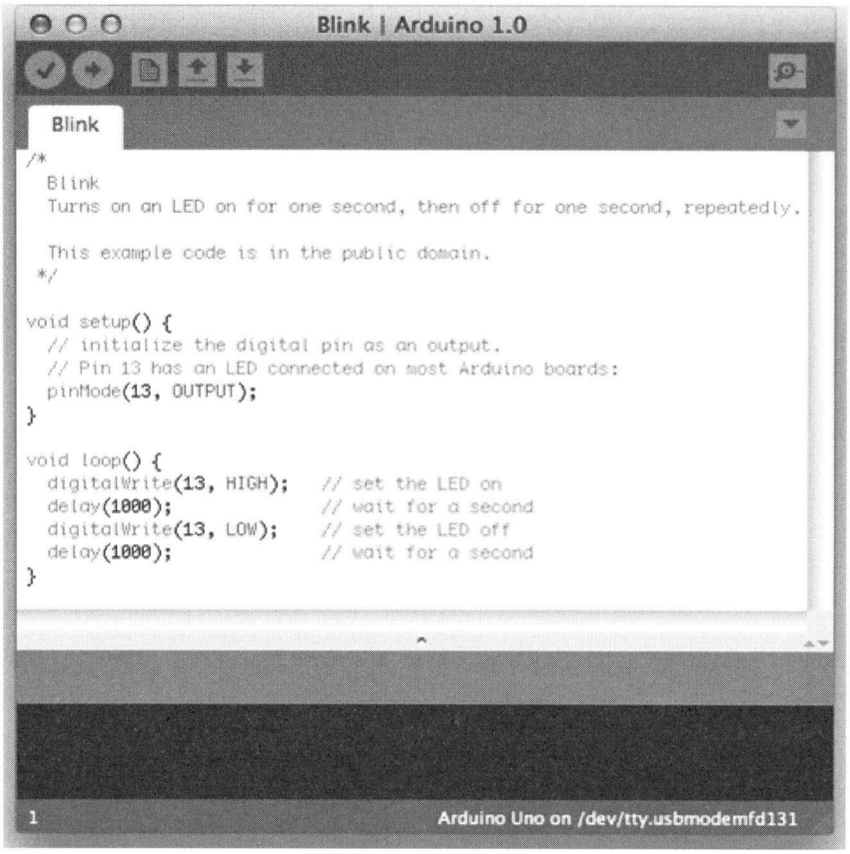
Blink | Arduino 1.0
Blink
/*
Blink
Turns on an LED on for one second, then off for one second, repeatedly.
This example code is in the public domain.
*/
void setup() {
// initialize the digital pin as an output.
// Pin 13 has an LED connected on most Arduino boards:
pinMode(13, OUTPUT);
}
void loop() {
digitalWrite(13, HIGH); // set the LED on
delay(1000); // wait for a second
digitalWrite(13, LOW); // set the LED off
delay(1000); // wait for a second
}
1
Arduino Uno on /dev/tty.usbmodemfd131

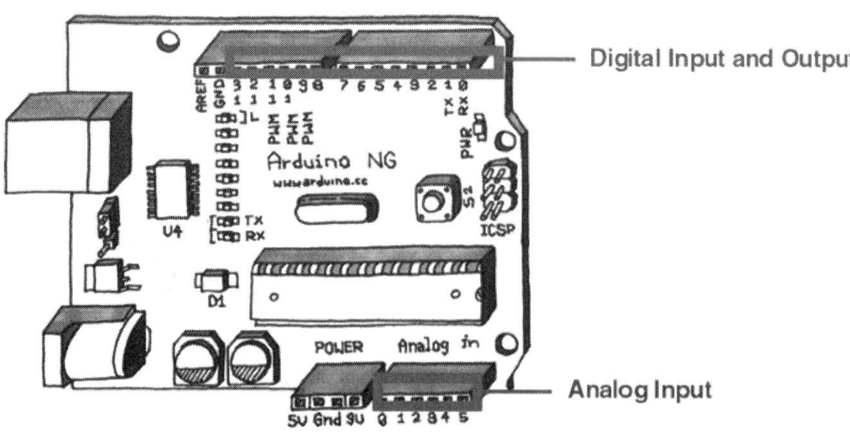
Digital Input and Output
Arduino NG
www.arduino.cc
ICSP
U4
D1
TX
RX
POWER
Analog in
5V Gnd 9V
Analog Input

자) 스위치 chattering 현상 방지

첫째로, chattering 현상을 방지하기 위한 HW적인 approach를 소개한다. 스위치 접점에서 발생하는 매우 짧은 시간의 전압변화를 chattering이라 하고, 이러한 스위치 chattering 방지를 위해서 RC적분회로를 적용한다. 다음 그림은 전/후 파형 변화를 보여준다.

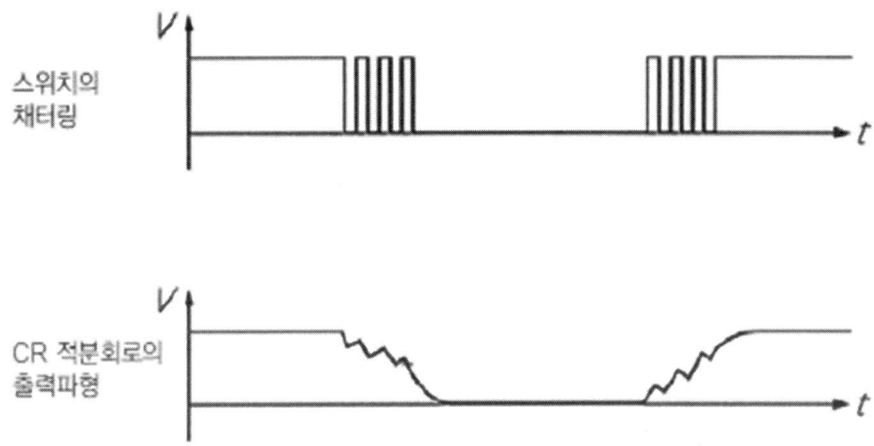

이와 같이, chattering 방지 회로를 적용하면 짧은시간동안 급격한 전압변화가 발생하지 않고 파형이 smooth하게 나타나므로, GPIO 값을 읽는 시점에 따라 사용자의 의도와 다르게 시스템이 동작할 우려가 없어진다.

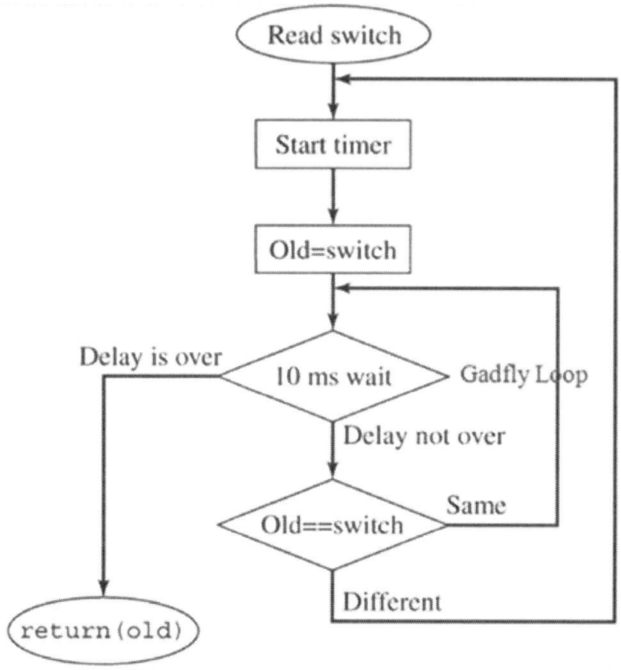

[그림 11-1] 스위치 바운스 현상 제거를 위한 SW 알고리즘

두 번째로, chattering 현상을 방지하기 위한 SW적인 approach를 소개한다. SW적인 approach는 다음 순서도와 같다. 원리는 GPIO 값을 읽을 때, 시간차를 두어 두 번 이상 읽음으로써, 두 번 읽은 값이 모두 일치할 경우에만 올바른 입력값으로 간주하는 것이다. 위 순서도에서 10ms wait 한 후 값을 한번 더 읽고 그 값을 비교하는 이유가 바로 이 때문이다.

차) vi 에디터 사용방법

vi 에디터는 새로운 문서 파일을 만들거나 기존 파일을 편집할 수 있습니다.

명령어 위치 : /usr/bin/vim, alias vi='vim'

vi 에디터 사용 방법

```
# vi [filename]
```

여러 개의 파일 편집

```
vi file1 file2 file3
```

편집 파일 복구

```
vi -r [파일명]
```

(1) VI 에디터 모드

vi 에디터는 다음의 세 가지 모드가 있습니다. 대기모드, 입력.편집 모드, 명령모드 등입니다.

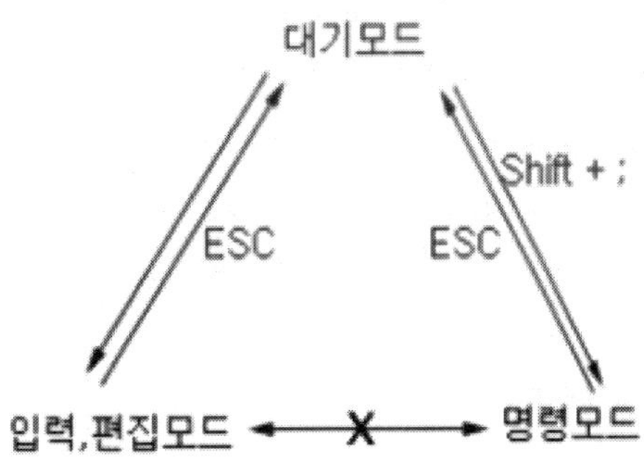

① 대기 모드 : 처음 vi를 실행시키면 대기모드 상태입니다. 커서의 이동과 같은 입력.편집 모드로 전환하거나 명령모드로 전환하기 위한 대기 상태입니다.

② 입력.편집 모드 : 문서에 원하는 글을 쓰거나 기존 글들을 편집할 수 있는 상태를 입력.편집 모드라 합니다.

③ 명령 모드 : 작성된 문서의 저장, 취소, 종료 등의 명령을 실행할 수 있으며, 명령모드로의 전환은 대기 모드에서 콜론(:)을 입력하면 됩니다.

(2) **대기모드 명령어**

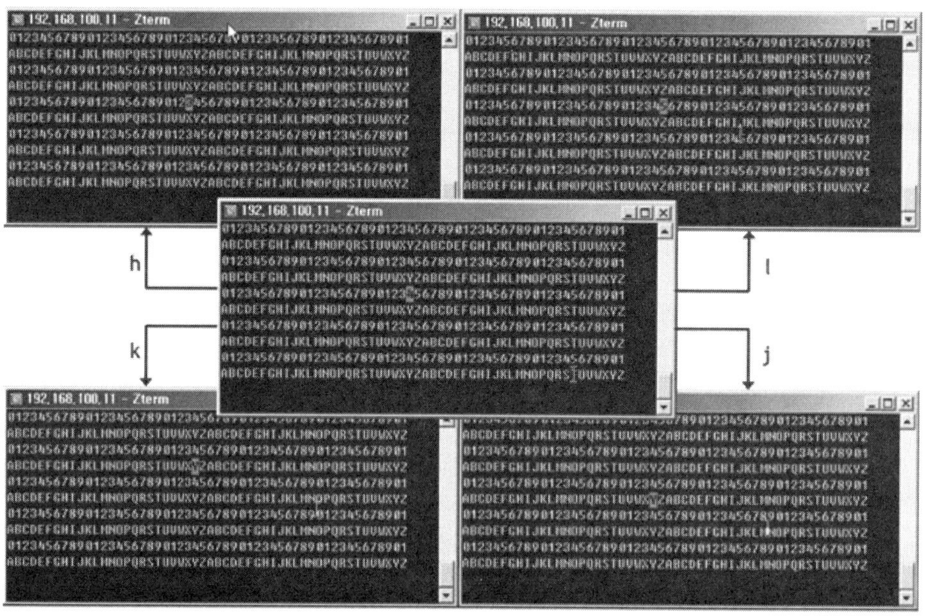

[그림 11-2] 대기모드에서의명령어(커서의이동)

키	의 미
Ctrl + f	한 화면 아래로 이동
Ctrl + d	한 화면의 반만큼 아래로 이동
Ctrl + b	한 화면 위로 이동
Ctrl + u	한 화면의 반만큼 위로 이동
G	파일의 제일 마지막으로 이동
[number]G	지정한 라인으로 이동
gg	파일의 가장 처음으로 이동
0	라인의 시작으로 이동
^	라인의 시작으로 이동
$	라인의 끝으로 이동

키	의 미
H	화면의 처음으로 이동
M	화면의 중간으로 이동
L	화면의 마지막으로 이동
[number] b	한 단어 뒤로 이동
[number] B	특수문자/기호 등은 단어로 치지 않고 한 단어 뒤로 이동
[number] w	한 단어 앞으로 이동
[number] W	특수문자/기호 등은 단어로 치지 않고 한 단어 앞으로 이동
[number] +	다음 라인의 처음으로 이동
[number] -	이전 라인의 처음으로 이동

[그림 11-3] 대기모드에서의 명령어

vi 에디터는 사용자가 찾고자 하는 문자열을 검색할 수 있는 기능을 제공한다./와 ?을 사용하면 되고 연이어 찾고자 하는 문자열을 입력하면 된다.

```
/search_pattern  : 커서 이후에 대한 검색을 수행함
?search_pattern : 커서 이전에 대한 검색을 수행함
```

이때 주의할 점은 반드시 대기모드에서 "/" 혹은 "?"를 사용하여야 한다는 점이다. 예를들어, 입력모드에 있을 때 (typing 중에) 문자열 검색을 희망한다면 우선 ESC를 툴러서 대기모드로 전환한 다음 "/" 혹은 "?"를 입력하여 문자열 찾기를 수행한다.

키	의 미
/패턴	패턴에 맞는 첫 번째 위치로 이동(아래쪽)
?패턴	패턴에 맞는 첫 번째 위치로 이동(위 쪽)
n	이전 검색을 재수행

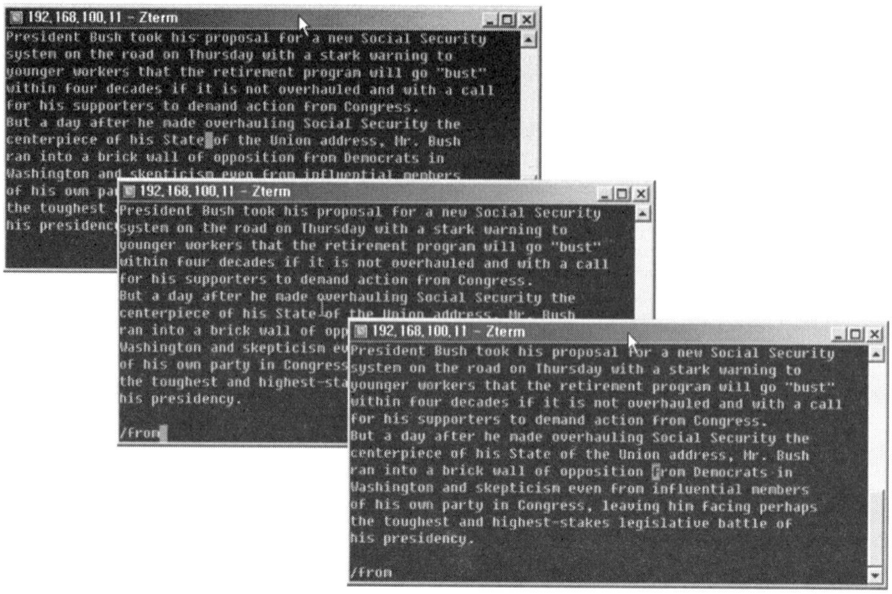

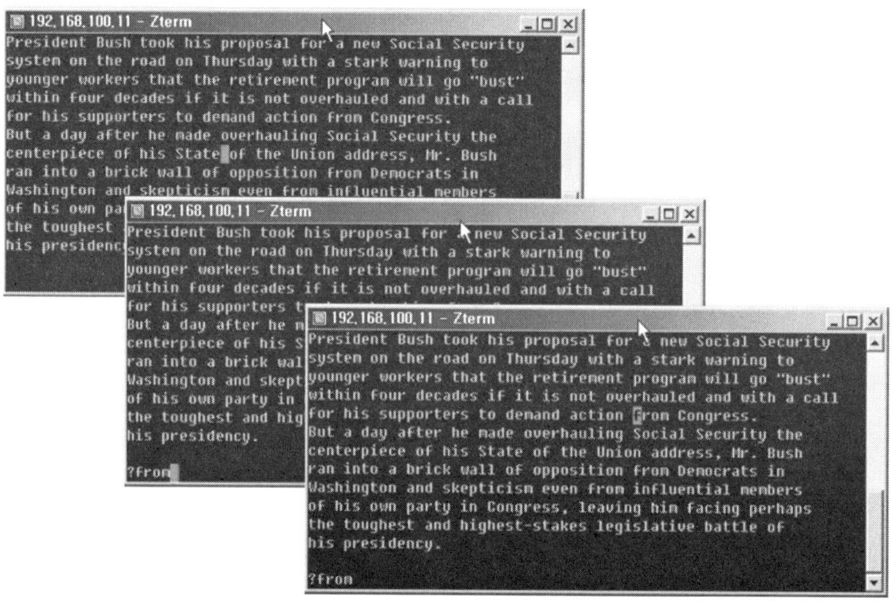

대기모드에서 문자열을 입력하기 위해 입력모드로 전환하는 방법은 여러 가지가 있다. 그 중에서 다음과 같은 방법을 사용하여 다양한 옵션으로 입력모드로 전환할 수 있다.

키	의 미
i	현재 문자의 앞에서부터 입력
I	현재 문장의 앞에서부터 입력
a	현재 문자의 뒤에서부터 입력
A	현재 문장의 뒤에서부터 입력
o	현재 행의 아래에 입력
O	현재 행의 위에 입력

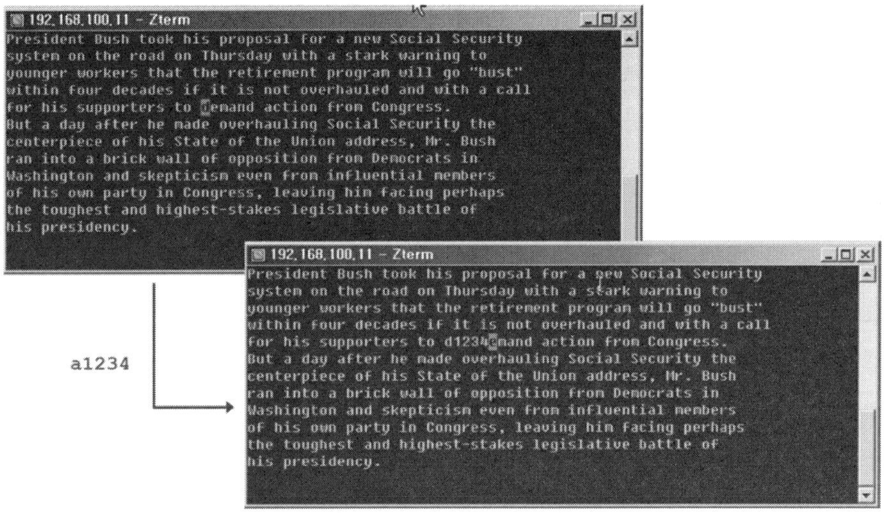

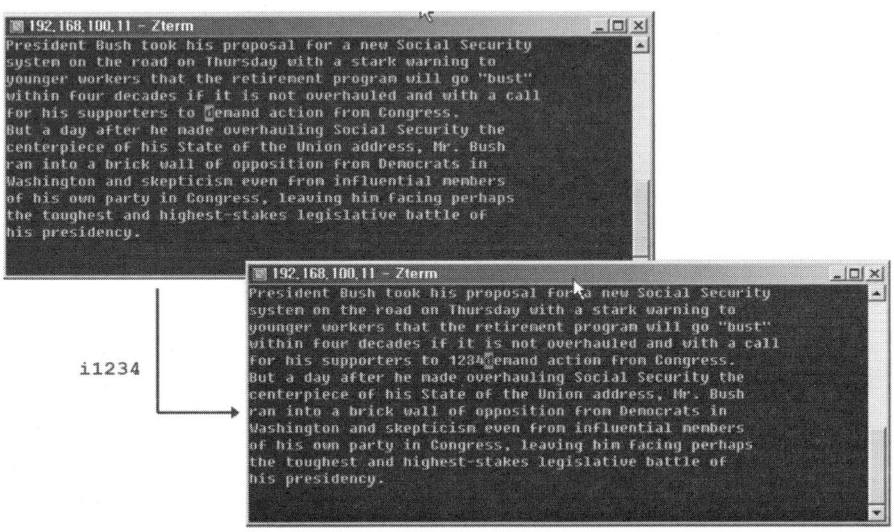

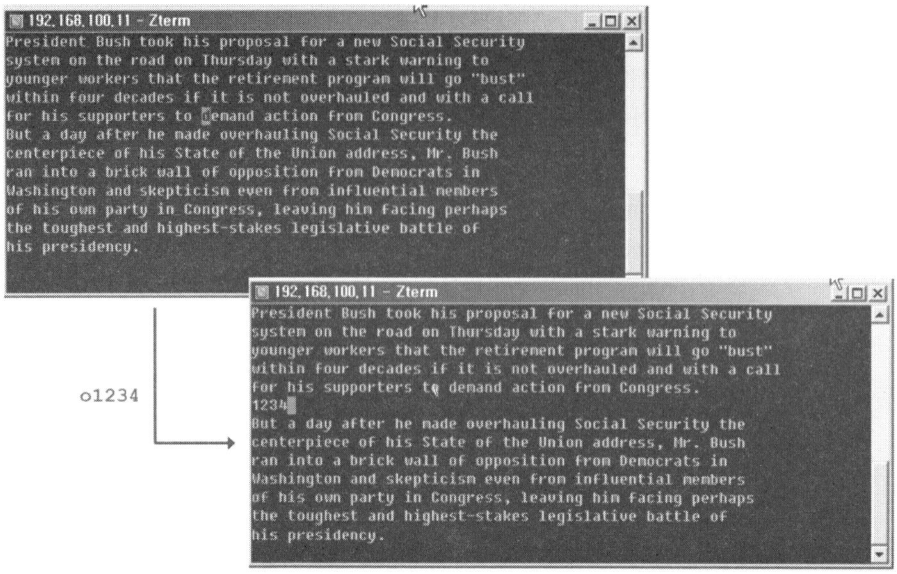

흔히 사용하는 기능으로서 잘 알아두어야 하는 것은 "한글자 지우기" 기능이다. 흔히, 키보드의 DELETE 버튼을 눌러 사용하는데, vi 에디터에서는 다음과 같이 x를 활용하여 한문자 삭제하기를 수행할 수 있다.

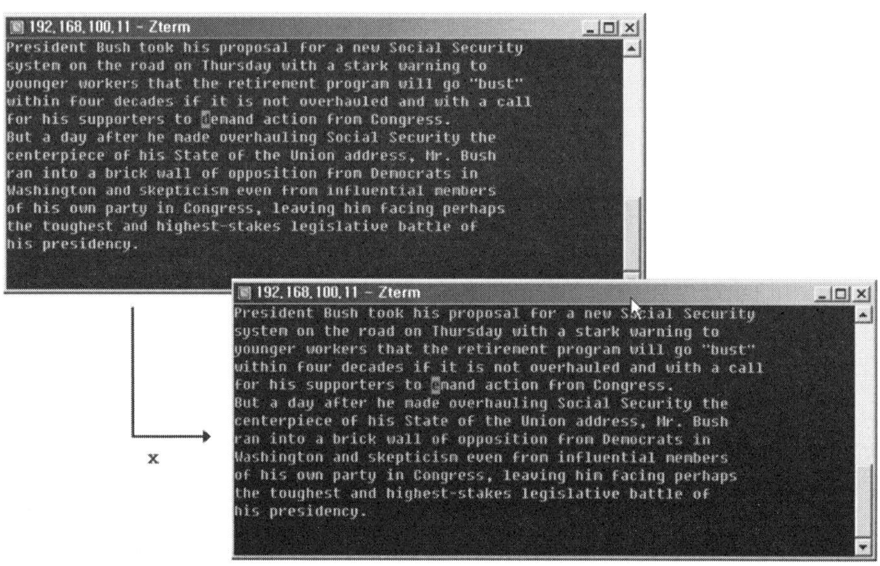

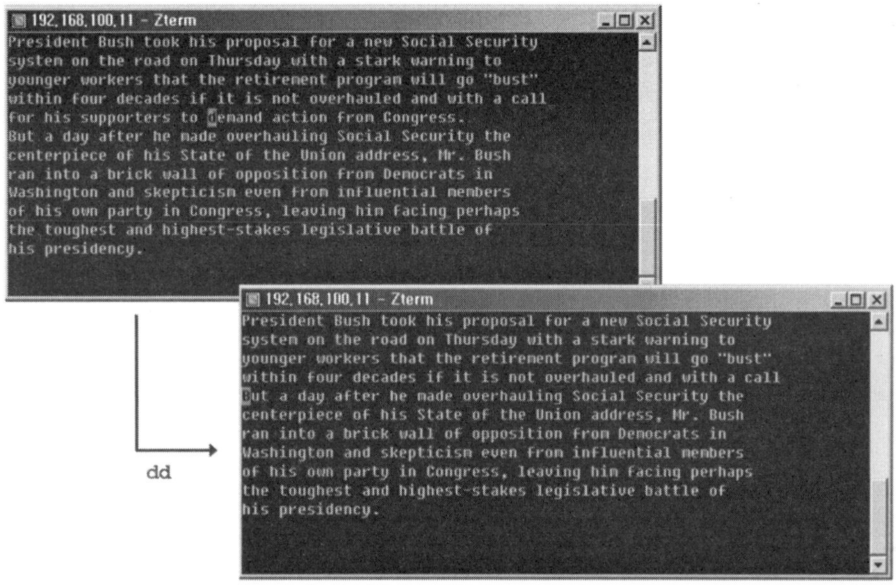

현재 커서가 위치한 해당 문장을 지우는 방법은 다음과 같다. 흔히 윈도우 에디터에서는 한 문장을 블록으로 잡아서 DELETE 버튼을 누르거나 하는 방법을 사용하는데, vi 에디터에서는 조금 더 편리하게 대기모드에서 "dd" 명령을 수행함으로써 실행 가능하다.

12. 라즈베리 파이(Raspberry Pi) 범용목적입출력(GPIO) 포트 출력

가) 기본 개념

라즈베리 파이 보드(board)에서 사용 가능한 GPIO 포트는 다음과 같다. 총 26개의 핀 중에서 GPIO 용도로 17개를 사용할 수 있으며, 각 pin은 대부분 대체기능(alternated function, second function)이 지정되어 있으므로 용도에 따라 선택할 필요가 있다.

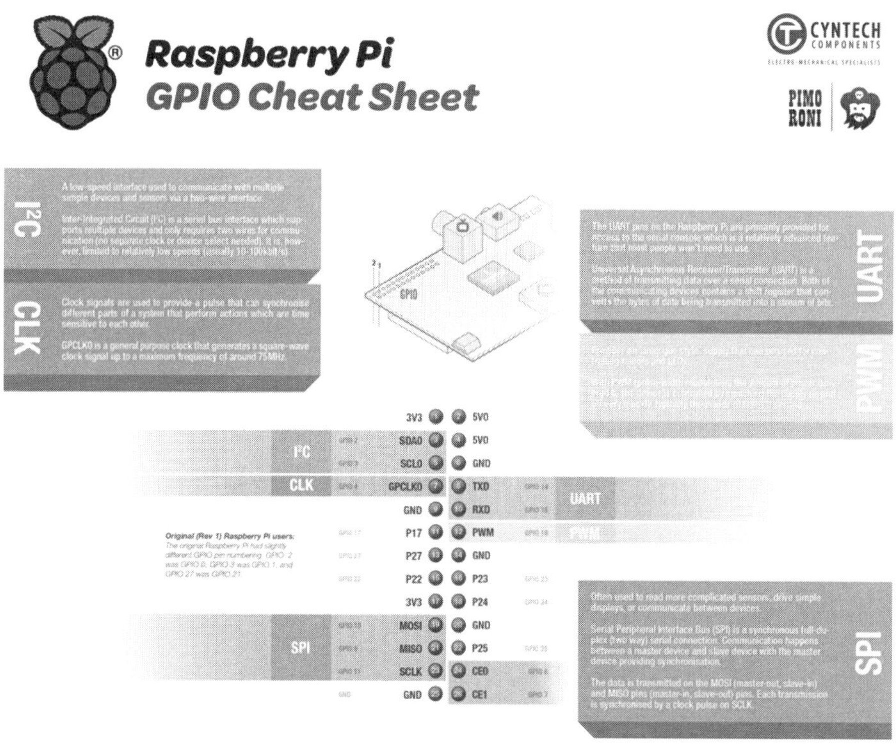

17개 GPIO 핀 중에서 위 그림과 같이, UART를 위한 2개 pin. I2C를 위한 2개 pin, SPI를 위한 6개 pin를 사전에 정의해 두었고, 17개의 각 GPIO 핀은 입력과 출력으로 모드(mode)를 설정하여 사용할 수 있다.

17개의 모든 GPIO 핀은 인터럽트(interrupt)를 지원하며, 각 pin에 대해서 Pull-up 내부저항 및 pull-down 내부저항을 지원하므로, 필요에 따라 설정(pullUpDnControl 함수 활용)하여야 한다. 라즈베리에서 각 GPIO Pin은 3.3V로 동작하는 반면, 아두이노에서는 각 GPIO Pin은 5V로 동작하므로 센서 구매 시 확인하여야 한다). 라즈베리 파이 GPIO 핀에서 최대 허용되는 전류량은 50mA 이다.

(1) 라즈베리 파이에서 소프트웨어에(SW)서 GPIO 액세스하는 2가지 방법

라즈베리 파이에서는 SW로 GPIO를 액세스(읽기/쓰기)하는 데 있어 다음과 같이 2가지 방법(파일시스템을 이용하는 방법, 포트번호를 사용하여 접근하는 방법)을 제공한다.

① 파일 시스템을 통한 file-type access (파일 열기, 파일로부터 읽기, 파일에 쓰기) 방식
② GPIO 포트 번호를 활용하여 Wiring Pi, BCM 등의 라이브러리를 활용하여 데이터를 읽고(read)/쓰는(write) 방식

방법 ①은 일반적인 유닉스/리눅스 계열 운영체제에서 널리 사용되는 방법으로서, 시스템에 장착된 디바이스를 마치 /dev 디렉토리 내 존재하는 파일인 것처럼 제공한다. 따라서, /dev 디렉토리 내에서 각 디바이스와 mapping된 파일을 읽거나 쓰는 행위에 의해서 디바이스를 제어할 수 있다.

예 : /dev/ttyUSB0, /sys/class/net/eth0/address, /dev/mmcblk0p2, …

이와 같은 방법은 시스템 레벨(kernel level)에서 다룰 수 있는 장치들에 대한 interface 방법으로 User-space 에서 수행가능한 코드 사용자들에게 제공할 수 있다. 사용자영역(user-space)에서 기존에 파일을 다루는 interface를 활용하여 디지털 GPIO

포트를 제어할 수 있다는 장점이 있는 반면, 커널에 대하여 모드 전환(mode switch)이 필요하며, 실제적으로 커널에서 장치에 입/출력 다루어야 하고, 다시 user mode로 모드 전환이 되어야 한다는 단점이 있다.

방법 ②는 아두이노/라즈베리파이 등에서 널리 활용되는 방법으로 GPIO HW pin을 SW에서 특정 포트(port)번호에 대응시키고, 이 포트에 대한 읽고/쓰기 동작을 수행하면 HW pin에 대한 입출력이 가능하도록 하는 방법이다.

라즈베리파이에서는 GPIO 포트를 액세스하기 위해서는 다양한 라이브러리를 사용할 수 있는데, Wiring Pi (http://wiringpi.com/)을 통하는 방법이 편리하며, 이는 아두이노에서 사용하는 방법과 매우 유사하다. BCM 라이브러리를 사용하는 방법도 가능하나 이는 memory layout과 레지스터 사용방법을 이해하고 프로그램 하여야 한다.

```
root@raspberrypi:/usr/local/lib# ls
libwiringPiDev.so       libwiringPi.so       python2.7  site_ruby
libwiringPiDev.so.2.0   libwiringPi.so.2.0   python3.2
root@raspberrypi:/usr/local/lib#
```

Wiring Pi 라이브러리를 설치하면 위와 같이 /usr/local/lib 디렉토리에 libwiringPi*로 시작하는 파일들이 설치된다. 이제 wiringPi를 통해 gpio 유틸리티를 사용할 수 있으며, 간단하게 라즈베리 파이의 GPIO를 제어할 수 있다. GPIO유틸리티를 사용하는 방법은 간단하다. 여러가지 GPIO 명령을 통해 GPIO를 제어하는데, 대표적인 예를 들어보면 아래와 같다.

```
$gpio [-g] mode <pin> in/out/pwm/up/down/tri
```

이명령은 해당 핀의 모드를 입력, 출력, PWM, 내부 pull-up pull-down 저항을 설정 할 수 있다.

```
$gpio [-g] write 〈pin〉 0/1
```

출력으로 설정된 핀에 0또는 1의 출력을 내보내도록 한다.

```
$gpio [-g] pwm 〈pin〉 〈value〉
```

이명령은 PWM으로 설정된 핀에 0~1023 사이의 PWM 값을 출력하도록 한다.

주의하여야 할 것은, Wiring Pi에서 사용하는 포트의 번호와 BCM 라이브러리 또는 file type access 방식에서 사용하는 포트의 번호가 다르다는 점이다. 예를 들어, file type acess에서 사용하는 17번 GPIO 포트는 Wiring Pi의 포트번호로는 0번이며, 라즈베리 파이 보드상의 physical한 pin layout에서는 7번에 해당한다. 이러한 정보는 다음 그림에 잘 나타나 있으므로, breadboard 상에서 소자 및 케이블을 연결할 때 항상 확인하기 바란다.

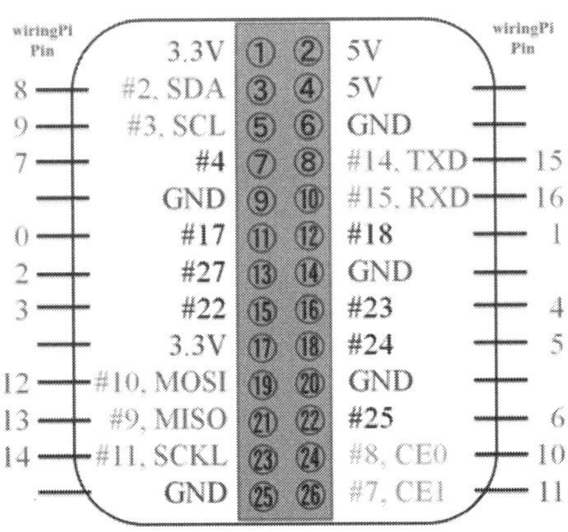

wiringPi Pin	BCM GPIO	Name	Header	Name	BCM GPIO	wiringPi Pin
–	–	3.3v	1 | 2	5v	–	–
8	R1:0/R2:2	SDA0	3 | 4	5v	–	–
9	R1:1/R2:3	SCL0	5 | 6	0v	–	–
7	4	GPIO7	7 | 8	TxD	14	15
–	–	0v	9 | 10	RxD	15	16
0	17	GPIO0	11 | 12	GPIO1	18	1
2	R1:21/R2:27	GPIO2	13 | 14	0v	–	–
3	22	GPIO3	15 | 16	GPIO4	23	4
–	–	3.3v	17 | 18	GPIO5	24	5
12	10	MOSI	19 | 20	0v	–	–
13	9	MISO	21 | 22	GPIO6	25	6
14	11	SCLK	23 | 24	CE0	8	10
–	–	0v	25 | 26	CE1	7	11
wiringPi Pin	BCM GPIO	Name	Header	Name	BCM GPIO	wiringPi Pin

(2) pull-up 저항과 pull-down 저항

pull-up 저항 : 논리적으로 High level 상태를 유지하기 위해 신호의 입력/출력 단자와 전원(Vcc) 단자 사이에 접속하는 저항

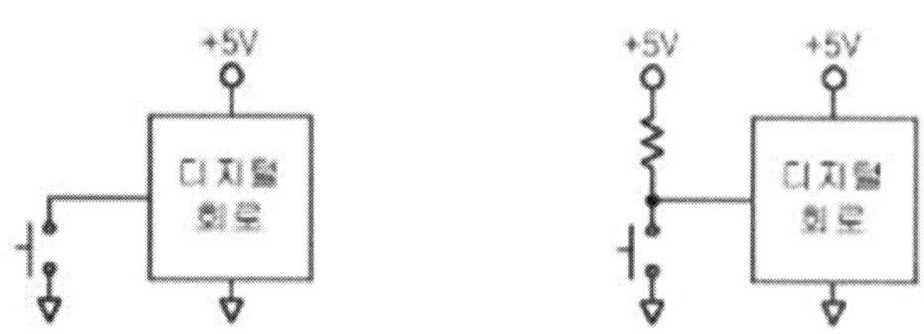

(a) 스위치 입력 (b) 풀업저항 사용

pull-down 저항 : 논리적으로 Low level 상태를 유지하기 위해서 신호의 입력/출력 단자와 접지 단자 사이에 접속하는 저항

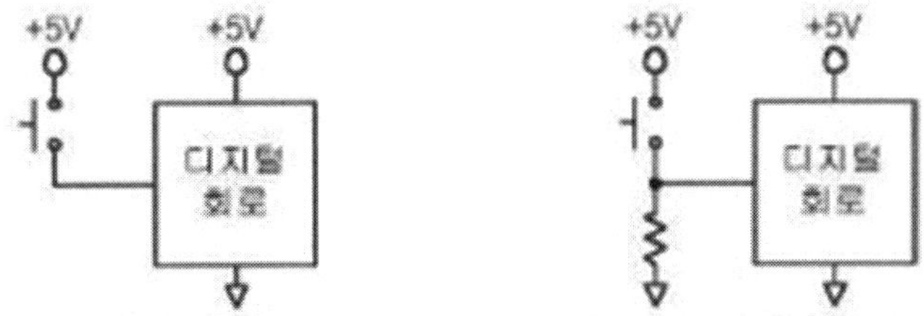

(a) 스위치 입력　　(b) 풀다운저항 사용

나) 실습

(1) 1라즈베리 파이 B+보드에서 1번핀의 위치는 26개의 GPIO 핀이 위치한 커넥터의 끝부분(Micro SD카드 삽입방향) 안쪽(왼쪽)이다.

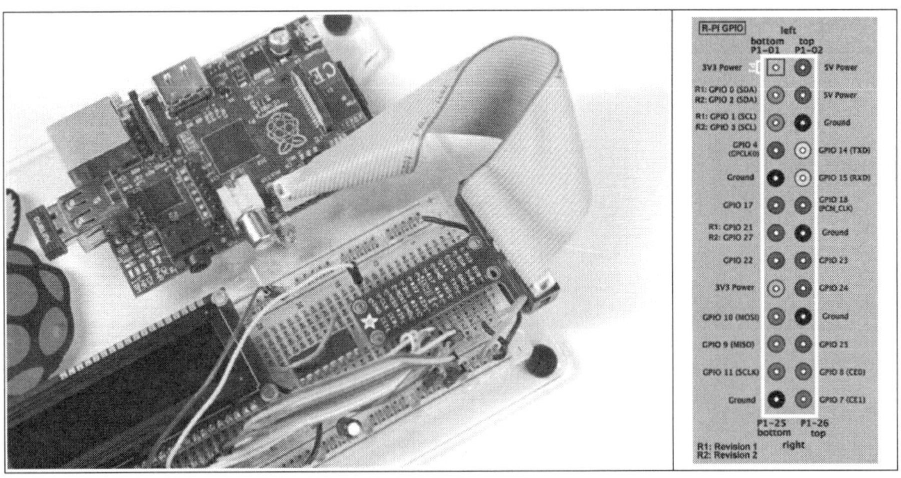

라즈베리파이 GPIO 포트에 케이블을 연결하는 데 있어, 핀 번호가 올바르게 접속되어야 하므로 주의하여야 한다. 즉, 위 그림에서 케이블 Pin1은 빨강색으로 표시되어 있

으므로, 라즈베리파이의 1번 pin에 과 breadboard 상의 연결 위치를 확인하여야 한다.

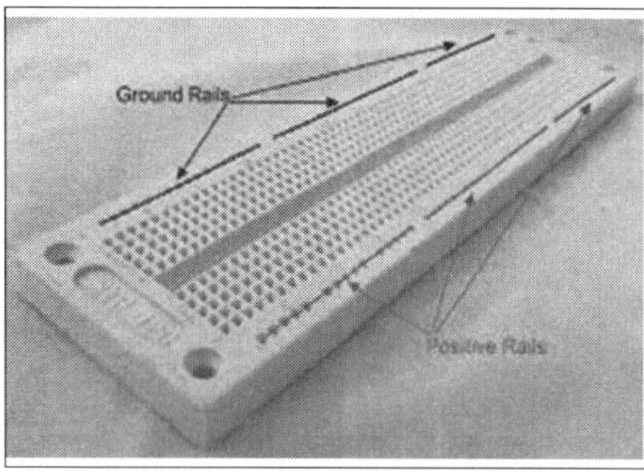

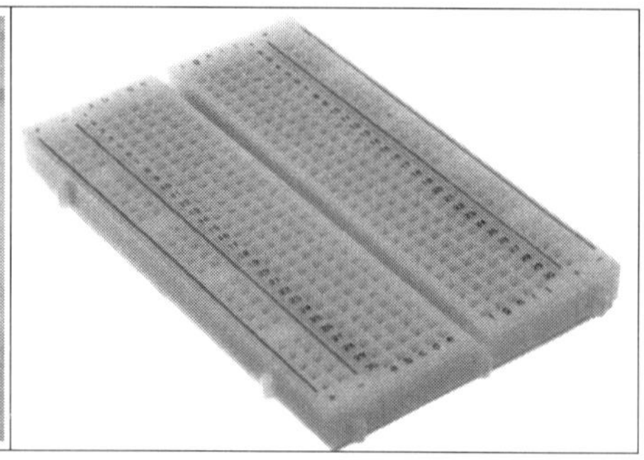

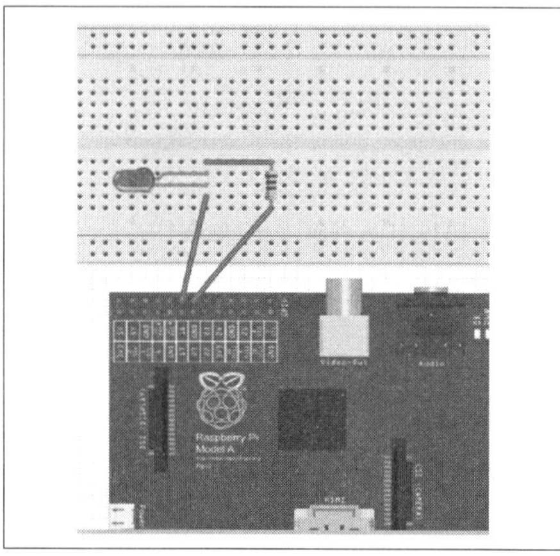

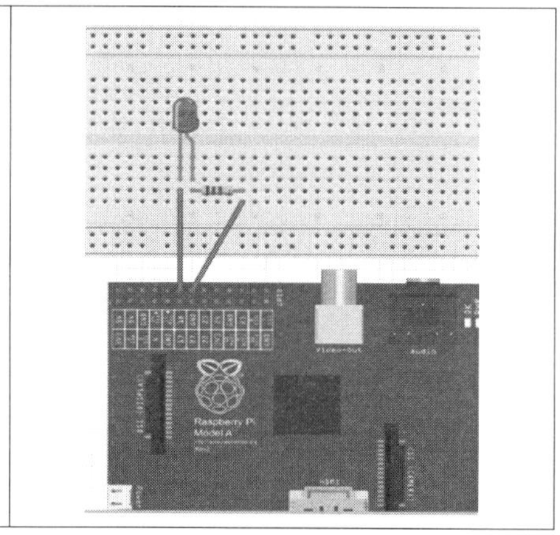

(2) 파일 시스템을 통한 file-type access 실습

다음 프로그램을 편집기(vi 에디터, nano 에디터 등)를 통해 입력하고, 파일 이름을 ledcontrol.sh 으로 저장하시오.

```
#!/bin/sh
echo 17 > /sys/class/gpio/export
echo out > /sys/class/gpio/gpio17/direction
while true
```

```
do
        echo 1 > /sys/class/gpio/gpio17/value
          sleep 1
        echo 0 > /sys/class/gpio/gpio17/value
          sleep 1
done
```

위 프로그램은 17번 GPIO Pin에 출력방향으로 모드를 설정하고 digital HIGH(1) 값을 출력한 다음 쉬었다가 digital LOW(0) 값을 출력하는 것을 반복하는 예제이다.

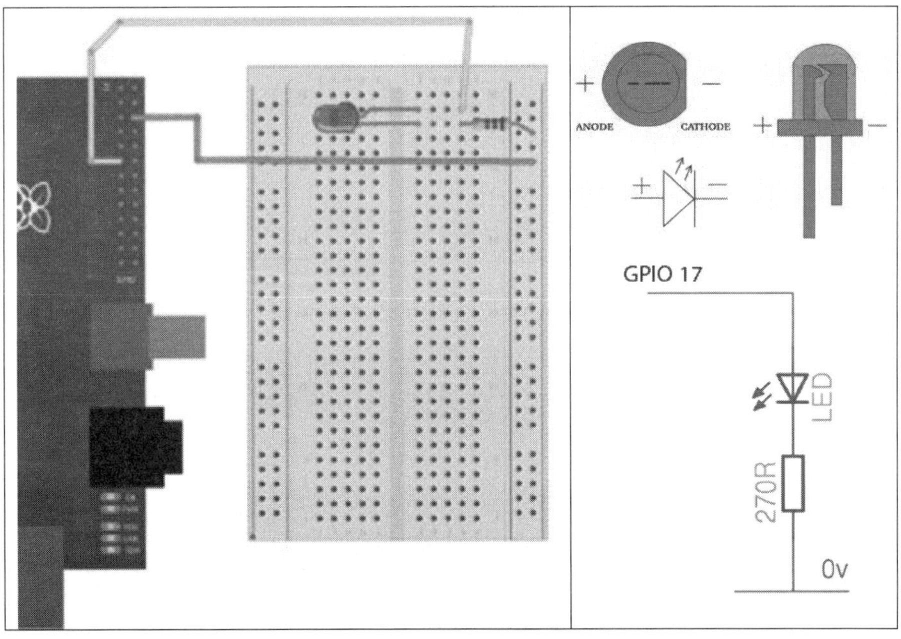

breadboard를 활용하여 위와 같이 회로를 구성(참고로 LED 극성에 주의한다)하고, 다음 명령어를 통해 실행한다.

```
chmod +x ledcontrol.sh
sudo ./ledcontrol.sh
```

chmod 명령어는 저장한 파일(ledcontrol.sh)을 실행 가능한 권한(permission)으로 설정하기 위한 것이고, ./ledcontrol.sh 명령이 위 프로그램을 실행하는 명령어이다. (이 때, root 사용자의 권한으로 실행하기 위해서 sudo 키워드를 앞에 추가하는 것을 명심하자) 스크립트가 무한히 수행됨으로써 LED가 무한히 깜박거리는 상황을 방지하기 위해서 Ctrl + C 키를 눌러서 프로그램을 중단할 수 있다.

(3) GPIO 포트 번호를 활용하여 Wiring Pi 라이브러리를 활용하는 실습

우선, Wiring Pi를 사용하기 위해서 다음과 같이 Wiring Pi를 설치한다.

```
sudo apt-get install git-core
sudo apt-get update
sudo apt-get upgrade
git clone git://git.drogon.net/wiringPi
cd wiringPi
git pull origin
cd wiringPi
./build
```

위 과정에서 Wiring Pi를 다운로드 하기에 앞서 git-core 라는 프로그램을 설치하는 절차가 선행되는데, Wiring Pi는 라이브러리(library)이기 때문에, github(깃허브, 지더브 등으로 발음)를 통해 관련 소스코드를 다운로드 하기 위해서 git-core 프로그램을 설치하는 것이다.

```
pi@raspberrypi ~ $ git clone git://git.drogon.net/wiringPi
```

최종적으로 다운로드 받은 소스코드를 컴파일 하기 위해서 수행하는 명령은 ./build 인데 이는 wiringPi 홈 디렉토리에서 수행하여야 한다. 즉, ls 명령을 수행하였을 때, 다음과 같은 build라는 실행파일이 나타나는 곳에서 수행한다.

```
pi@raspberrypi ~ $ ls
Desktop  ocr_pi.png  python_games  wiringPi
pi@raspberrypi ~ $ cd wiringPi/
pi@raspberrypi ~/wiringPi $ ls
build          devLib    gpio     People   README.TXT
COPYING.LESSER examples  INSTALL  pins     wiringPi
pi@raspberrypi ~/wiringPi $ ./build
```

설치가 완료된 후에는 gpio-v 또는 gpio readall 명령어를 통해 올바르게 설치되었는지 확인할 수 있다.

```
gpio -v
gpio readall
```

위에서 설치한 Wiring Pi를 활용하여 (2)에서 수행한 LED 제어 예제를 동일하게 구현해 보도록 하자. 소스코드는 다음과 같으며, 접근하고자 하는 포트 번호를 #define LED 0와 같이 정의하였다.

```
#include <stdio.h>
#include <wiringPi.h>
```

```
// LED Pin - wiringPi pin 0 is BCM_GPIO 17.
#define LED      0

int main (void) {
  printf ("Raspberry Pi blink₩n") ;
  wiringPiSetup () ;                    // ← note the setup method chosen
  pinMode (LED, OUTPUT) ;

  for (;;) {
    digitalWrite (LED, HIGH) ;  // On
    delay (500) ;                         // mS
    digitalWrite (LED, LOW) ;   // Off
    delay (500) ;
  }
  return 0 ;
}
```

이 때, Wiring Pi에서의 GPIO 번호는 BCM GPIO 번호와 다름을 상기하자.

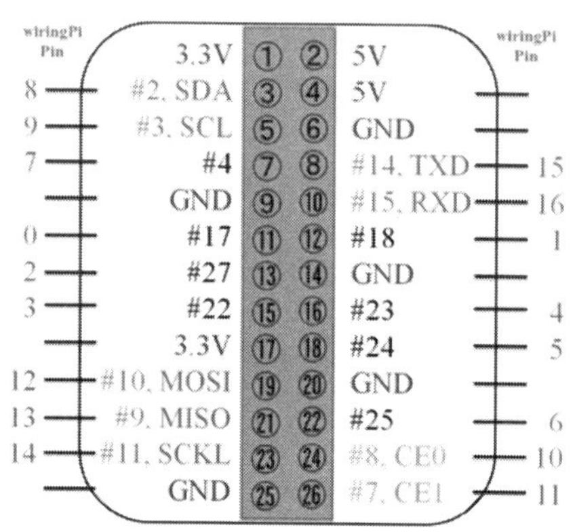

wiringPi Pin	BCM GPIO	Name	Header	Name	BCM GPIO	wiringPi Pin
–	–	3.3v	1 | 2	5v	–	–
8	R1:0/R2:2	SDA0	3 | 4	5v	–	–
9	R1:1/R2:3	SCL0	5 | 6	0v	–	–
7	4	GPIO7	7 | 8	TxD	14	15
–	–	0v	9 | 10	RxD	15	16
0	17	GPIO0	11 | 12	GPIO1	18	1
2	R1:21/R2:27	GPIO2	13 | 14	0v	–	–
3	22	GPIO3	15 | 16	GPIO4	23	4
–	–	3.3v	17 | 18	GPIO5	24	5
12	10	MOSI	19 | 20	0v	–	–
13	9	MISO	21 | 22	GPIO6	25	6
14	11	SCLK	23 | 24	CE0	8	10
–	–	0v	25 | 26	CE1	7	11
wiringPi Pin	BCM GPIO	Name	Header	Name	BCM GPIO	wiringPi Pin

또한, 라즈베리파이에서 pinMode()를 설정하지 않을 경우 기본적으로 INPUT으로 설정됨을 주의하자. 따라서, 특정 포트를 입력 목적으로 사용하고자 할 경우에는 굳이 pinMode()를 설정하지 않아도 될 것이나, 출력 목적으로 사용할 경우에는 반드시 위와 같이 pinMode(포트번호, OUTPUT)으로 설정하여야 한다.

wiringPi의 라이브러리sms 다음과 같은 순서로 사용한다. wiringPiSetup() 함수는 wiringPi 라이브러리를 초기화하기 위해 사용하며, 이후 pinMode() 함수를 이용하여 특정 포트에 대한 입출력 모드 설정을 수행한다.

```
wiringPiSetup()
pinMode()
```

digitalWrite() → write() 함수로서 mmap로 얻어온 레지스터 주소를 이용하여 gpio 를 설정한다.

digitalRead() → read() 함수로서, mmap로 얻어온 레지스터에서 gpio 값을 읽어온다

다) 실습예제

(1) Wiring Pi를 사용하여 LED 4개를 돌아가면서 점멸하는 예제를 작성하시오.

13. PWM

디지털 출력을 매우 빠른 속도로 ON-OFF 함으로써, 이러한 빠른 ON-OFF 펄스 변화는 사람눈에서 잔상효과가 발생한다.

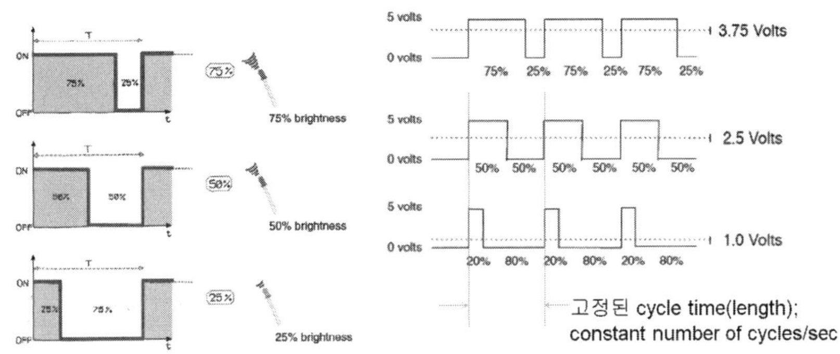

위 그림은 100%, 75%, 50%, 25%의 밝기를 표현하는 상황을 그림으로 표현한 것이다. 다음과 같이 평균 출력전압을 유발하는 효과가 발생한다.

출력 전압 = (on_time / cycle_time) * 5V

setRange() 함수를 통해 PWM range를 설정할 수 있다.

WiringPi pin 0(GPIO-10)에 연결된 LED를 통해 PWM sawtooth function 을 구현하고자 함

pinMode function 을 사용하여 pin 1 을 PWM 출력모드로 설정

pinMode (1, PWM_OUTPUT).

```
#include <wiringpi.h>


Int main (void) {
   int bright ;
   printf ("Raspberry Pi wiringPi PWM test program₩n") ;

   if (wiringPiSetup () == -1) exit (1) ;
   pinMode (1, PWM_OUTPUT) ;

   for (;;) {
           for (bright = 0 ; bright < 1024 ; ++bright) {
                    pwmWrite (1, bright) ; delay (1) ;
           }

           for (bright = 1023 ; bright >= 0 ; --bright) {
                    pwmWrite (1, bright) ; delay (1) ;
           }
   }
   return 0;
}
```

14. I^{2}C 통신

I^{2}C(Inter Integrated Circuit)는 마이크로프로세서와 저속 주변장치 사이의 통신을 목적으로 하며, Philips 에서 개발한 규격이다. 2개의 line만으로 통신하기 때문에 TWI(Two Wire Interface)라고도 한다. I^{2}C는 양방향 오픈 드레인 선인 SCL(Serial Clock)과 SDA(Serial Data)로 이루어져 있으며, Master-Slave 형태로 동작한다. 라즈베리파이에서는 다음과 같이 wiring Pi 핀 번호 8번과 9번이 I^{2}C 통신을 위해 할당되어 있다.

wiringPi Pin	BCM GPIO	Name	Header	Name	BCM GPIO	wiringPi Pin
–	–	3.3v	1 | 2	5v	–	–
8	R1:0/R2:2	SDA0	3 | 4	5v	–	–
9	R1:1/R2:3	SCL0	5 | 6	0v	–	–
7	4	GPIO7	7 | 8	TxD	14	15
–	–	0v	9 | 10	RxD	15	16
0	17	GPIO0	11 | 12	GPIO1	18	1
2	R1:21/R2:27	GPIO2	13 | 14	0v	–	–
3	22	GPIO3	15 | 16	GPIO4	23	4
–	–	3.3v	17 | 18	GPIO5	24	5
12	10	MOSI	19 | 20	0v	–	–
13	9	MISO	21 | 22	GPIO6	25	6
14	11	SCLK	23 | 24	CE0	8	10
–	–	0v	25 | 26	CE1	7	11
wiringPi Pin	BCM GPIO	Name	Header	Name	BCM GPIO	wiringPi Pin

I^{2}C는 하나의 버스에 많은 수의 Slave 노드를 연결할 수 있는 장점이 있다. 속도면에서는 다른 방식에 비하여 현저히 느리지만, 하드웨어 구성이 매우 간단하기

때문에 자주 활용된다. 참고로, SCL선과 SDA선은 모두 오픈 드레인이므로 두 선에는 그림에서와 같이 각각 풀업 저항을 연결해 주어야 한다.

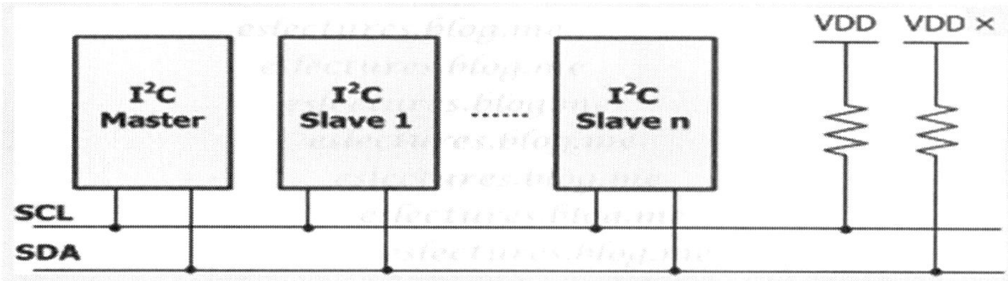

SCL : 통신의 동기(synchronization)를 위한 클럭용 line이다. Master 노드는 SCL을 통해 동기를 위한 클럭을 출력하며, Slave 노드는 SCL로 출력되는 클럭에 맞추어 SDA를 통해 데이터를 출력하거나 입력받는다.

SDA : SDA는 데이터 통신을 위한 line으로서, 한 선으로만 데이터를 주고 받기 때문에 I2C 버스는 반이중(half duplex) 통신만 가능하다.

모든 I^2C Master와 Slave 장치들의 SCL, SDA는 서로 연결되고, 모든 장치들이 SCL, SDA를 각각 공유하므로 Master가 Slave를 개별적으로 지정하기 위한 방법이 있어야 한다. Master는 주소로 원하는 Slave를 지정하는데, 주소의 길이는 7비트(bit)이므로 Master는 최대 127개의 Slave 장치들과 연결가능하다. 물론, 이때 각 Slave 장치들의 주소는 모두 달라야 한다.

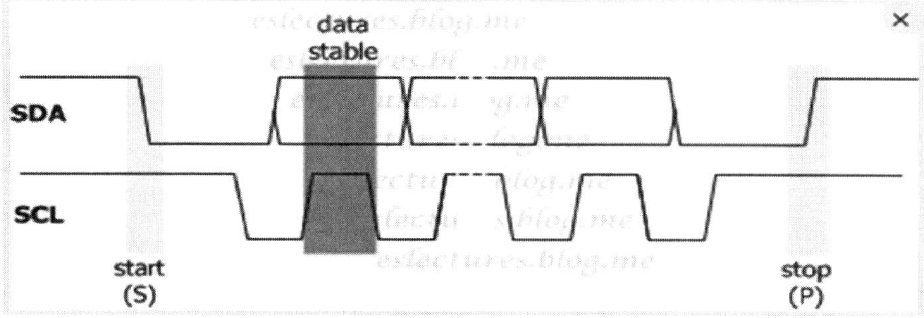

시작조건 (Start Condition) : SCL이 1인 동안에 SDA가 1에서 0으로 바뀌는 상태(통신의 시작을 다른 장치에 알리는 효과)

I^2C 통신에서는 한 순간에는 오직 하나의 Master와 하나의 Slave 만이 통신할 수 있다. 왜냐하면, 모든 장치들의 SCL과 SDA는 각각 wired AND로 연결되어 있기 때문에, 어느 한 장치라도 0을 출력하면 해당 신호의 상태는 논리 0이 되기 때문이다.(한 장치가 논리 0을 출력하면 다른 장치가 그 신호의 상태를 논리 1로 만들 방법이 없음) 따라서, I^2C 버스에 연결되어 있지만 현재 통신에 참여하지 않고 있는 장치들은 모두 자신의 출력을 floating 상태로 유지해야 한다.

이 때, I^2C 버스의 사용을 원하는 Master는 SCL과 SDA로 시작 조건을 출력하여 버스 소유권을 주장하고 통신을 시작할 수 있다. 두 신호의 상태가 모두 논리 1이 아니라면 현재 다른 Master가 버스 소유권을 가지고 통신을 진행 중에 있다는 것을 뜻하므로, 해당 Master가 버스 소유권을 반납할 때까지는 새로운 통신이 시작될 수 없다.

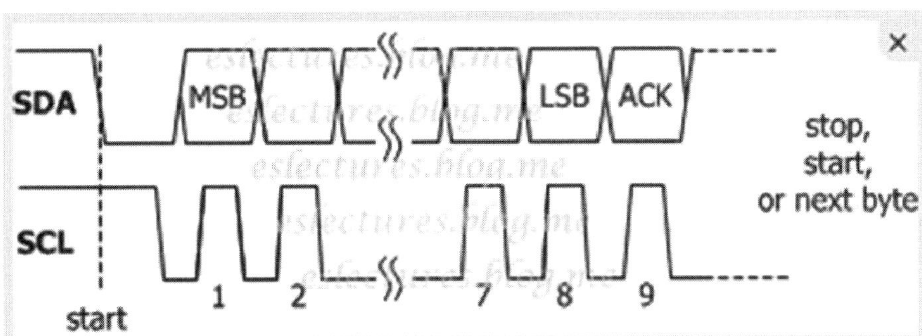

I^2C 통신 패킷 형식은 ACK를 포함한 9비트(bit)가 I^2C 규격에서 통신의 기본 단위이다. Master는 위와 같이 시작조건을 출력하면서 통신의 시작을 알리고, 시작 조건 이후부터는 SCL 상태가 0인 구간에서만 SDA의 논리 값이 바뀐다. 즉, Master가 SCL로 출력하는 클럭에 동기를 맞추어 SDA로는 데이터가 MSB부터 한 비트씩 출력된다.

8비트 데이터가 8 클럭 사이클 동안 SDA로 출력되면 그 데이터를 수신한 쪽에서

9번째 클럭에 맞추어 그 8비트 데이터의 수신여부를 확인해주는 ACK를 보낸다. 만약, 그 ACK 비트가 0이면 데이터를 정상적으로 수신한 것이고, ACK 비트가 1이면 비정상적으로 수신한 것이다(값이 0인 ACK와 구분하기 위해서 값이 1인 NACK라 함).

이와 같이, 8비트 정보와 이어지는 ACK 비트의 전송이 끝난 다음에는 Master가 정지 조건을 출력함으로써 데이터 통신을 중지할 수도 있고, 시작 조건을 다시 출력할 수도 있으며, 다음 바이트 전송을 곧 이어 진행할 수도 있다.

가) I²C 주소 지정 형식

모든 I²C Slave 장치는 7비트의 고유 주소를 가지며, Master는 이 주소를 사용하여 상대 Slave 장치를 지정한다. Master는 시작조건에 이어서 자신이 원하는 Slave의 7비트 주소를 출력한다.

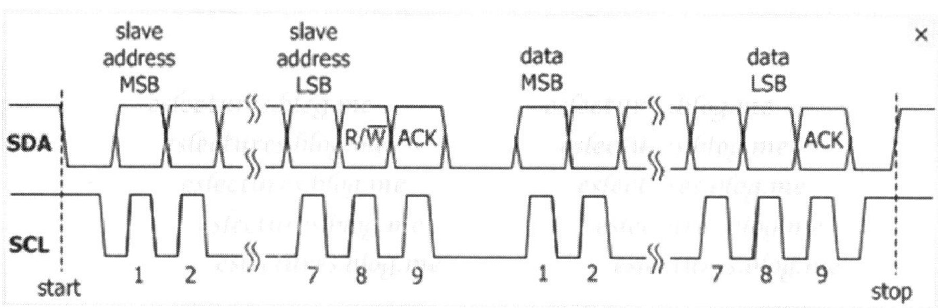

버스에 연결된 모든 Slave는 SDA를 계속 감시하면서 Master가 출력한 주소가 자신의 주소와 일치하는 지 검사하며, 만일 Master가 출력한 주소가 자신의 주소와 같으면 그 Slave는 ACK 비트에 0을 출력(ACK 상태)하여 Master에게 응답한다. 아무도 일치하지 않으면 아무도 ACK비트로 0을 출력하지 않으므로 1상태를 유지(NACK 상태)

Slave 주소 7비트 다음에 오는 8번째 비트는 다음 동작이 Master의 읽기인지 쓰기인지 가리킨다.

Slave 주소는 7비트이나 상위 7비트로 정렬되고 마지막에 R/W 비트가 추가됨.

DS1037이라는 RTC칩의 I2C 주소는 1101000b로 고정이라고 하자. 즉, DS1036의 I^2C 주소는 0x68(01101000b) 이다.

DS1037에 데이터를 기록해야 할 때, Master는 I^2C 버스로 시작 조건을 출력한 다음 1101000을 출력한다.

DS1037의 데이터를 읽고자 하면, Master는 I^2C 버스로 시작 조건을 출력한 다음 11010001b를 출력한다.

나) 실습예제

라즈베리 파이에서 I^2C 인터페이스를 활용하여 PCF8574AP 칩을 제어하기

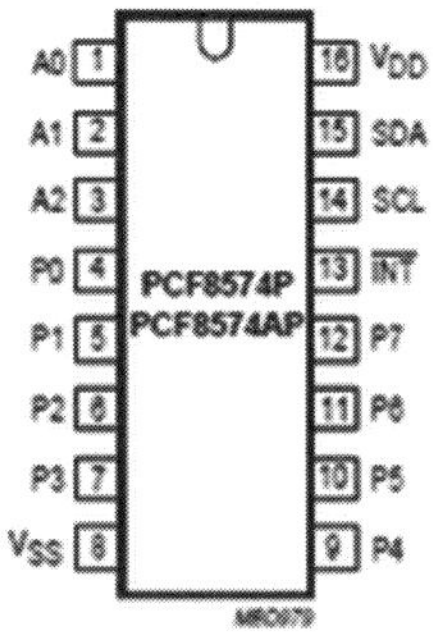

SYMBOL	PIN	DESCRIPTION
A0	1	address input 0
A1	2	address input 1
A2	3	address input 2
P0	4	quasi-bidirectional I/O 0
P1	5	quasi-bidirectional I/O 1
P2	6	quasi-bidirectional I/O 2
P3	7	quasi-bidirectional I/O 3
V_{SS}	8	supply ground
P4	9	quasi-bidirectional I/O 4
P5	10	quasi-bidirectional I/O 5
P6	11	quasi-bidirectional I/O 6
P7	12	quasi-bidirectional I/O 7
$\overline{INT}$	13	interrupt output (active LOW)
SCL	14	serial clock line
SDA	15	serial data line
V_{DD}	16	supply voltage

[그림 14-1] PCF8574 구조도

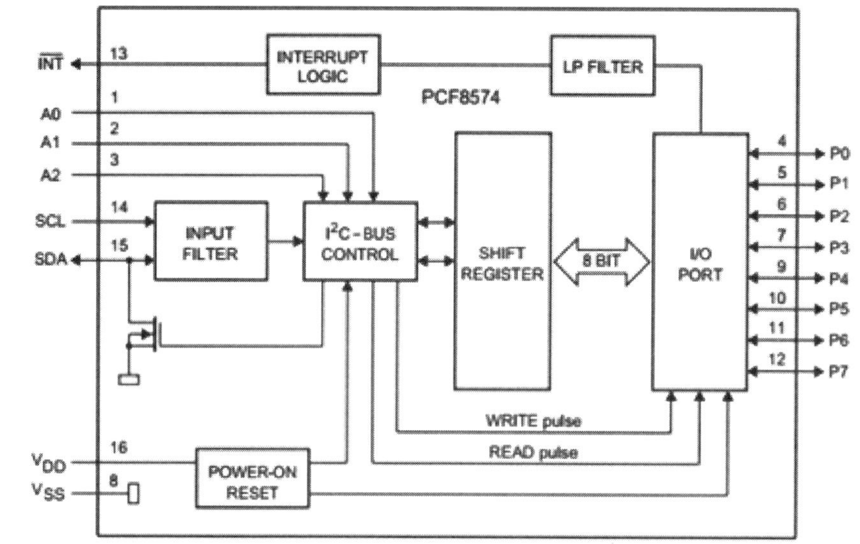

[그림 14-2] PCF8574 쓰기 모드에서 타이밍 다이어그램(timing diagram)

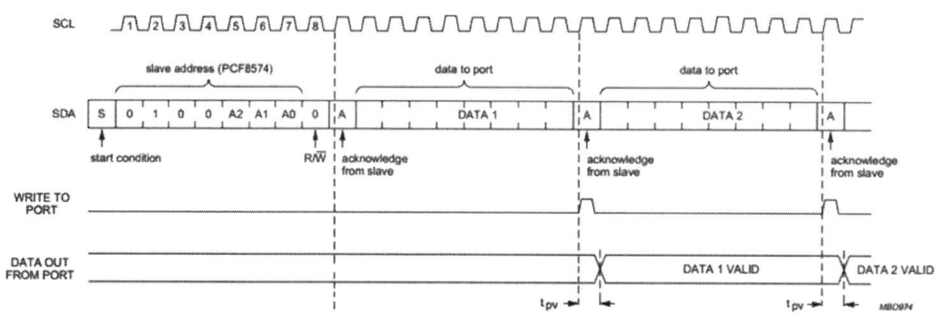

[그림 14-3] PCF8574 읽기 모드에서 타이밍 다이어그램(timing diagram)

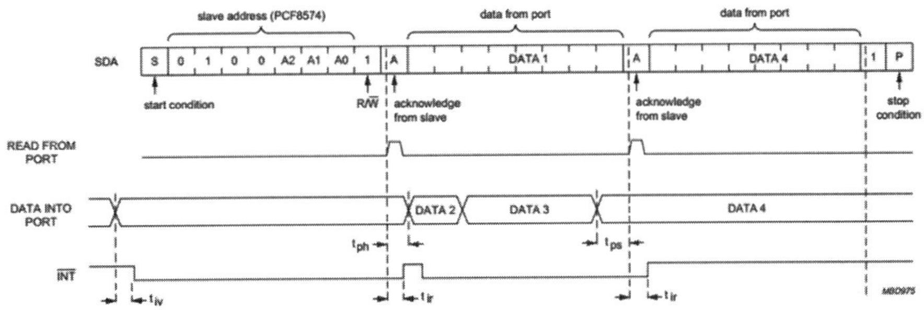

실행방법

```
# gcc -o wiringPi_i2c wiringPi_i2c.c -lwiringPi
# ./wiringPi_i2c
```

```
#include <stdio.h>
#include <unistd.h>
#include <wiringPi.h>
#include <pcf8574.h>

#define EXTEND_BASE 100

int main (void) {
  wiringPiSetup();
  pcf8574Setup( EXTEND_BASE, 0x38 );
  int i;

  for ( i = 0 ; i < 8 ; i++ ) {
        pinMode( EXTEND_BASE + i, OUTPUT );
  }

  for (;;) {
        for( i = 0 ; i < 8; i++) {
                digitalWrite ( EXTEND_BASE + i, HIGH);
                printf( "P%d on₩n" , i);
                sleep(1);
                digitalWrite ( EXTEND_BASE + i, LOW);
        }
  }
  return 0 ;
}
```

15. SPI 통신 예제

I^2C는 SDA 한 개 line으로 데이터 송수신 하므로 통신 속도가 SPI 방식보다 상대적으로 느리며, 데이터 송수신을 동시에 할 수 없는 단점이 있다. 이러한 단점을 해결하기 위해서 SPI가 활용된다. SPI는 다음 그림에서와 같이 하나의 Master와 여러개의 Slave 노드가 통신을 하는 데 있어 MOSI와 MISO를 통해 데이터 송수신을 동시에 할 수 있다.

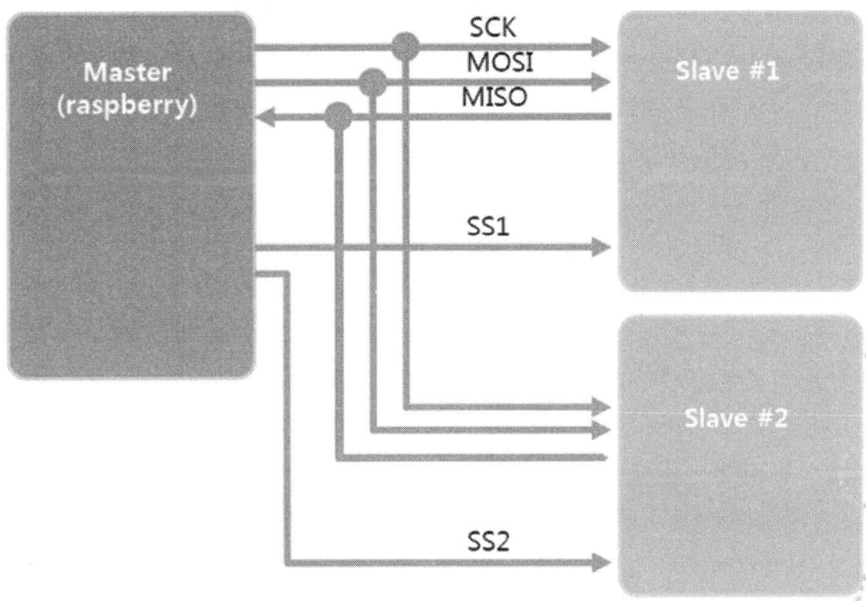

반면, SPI는 MOSI와 MISO 두개의 line으로 데이터 송수신을 서로 분리하므로, I2C보다 통신속도가 빠른 장점이 있다. 또한, 데이터 송수신을 동시에 할 수 있다.

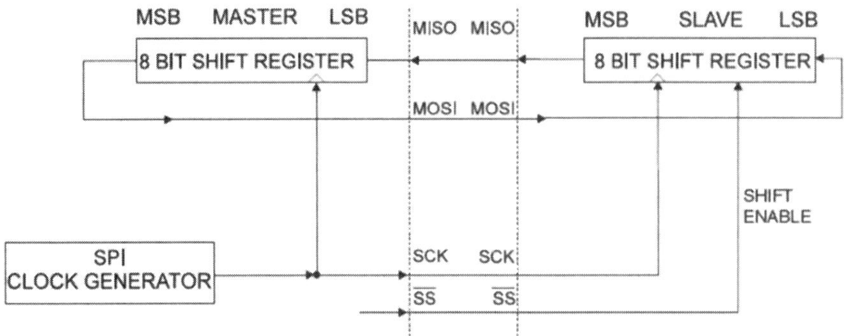

다음과 같이 MOSI와 MISO 회선을 통해 동시에 읽고/쓰기가 가능하므로 전이중(full duplex)방식으로 통신을 할 수 있다. 반면, 센서 하나 더 추가 연결할 때, I2C 보다는 조금 더 많은 연결이 필요한 단점이 존재한다.

① 슬레이브 모드 : SS 가 입력핀으로 동작하며 0레벨상태로 입력되는 경우에만 SPI가 활성화되고 MISO가 출력단자로 된다. 이때 외부에서 입력된 SCK 신호에 의하여 데이터 레지스터의 1바이트가 전송되고 나면 SPSR (SPi Status Register)의 비트7(SPIF)이 1로 되면서 SPI 전송완료 인터럽트가 요청된다.

② 마스터 모드 : SPCR(SPi Control Register)의 비트4(MSTR)가 1로 설정되면 마스터가 되며 사용자는 SS 핀의 방향을 DDRB0 비트를 사용하여 결정할 수 있다. 마스터 모드에서 SS 핀이 입력으로 설정되어 있고 0레벨이면 외부에서 다른 마스터가 슬레이브로 지정하고 데이터를 전송하기 시작하는 것으로 해석될 수 있으므로 SS 핀을 입력으로 설정하면 반드시 풀업저항과 같은 외부회로에 의해 1레벨로 유지되어야 한다.

라즈베리파이에서는 다음과 같은 포트를 통해서 SPI 통신을 지원한다.

wiringPi Pin	BCM GPIO	Name	Header	Name	BCM GPIO	wiringPi Pin
–	–	3.3v	1 | 2	5v	–	–
8	R1:0/R2:2	SDA0	3 | 4	5v	–	–
9	R1:1/R2:3	SCL0	5 | 6	0v	–	–
7	4	GPIO7	7 | 8	TxD	14	15
–	–	0v	9 | 10	RxD	15	16
0	17	GPIO0	11 | 12	GPIO1	18	1
2	R1:21/R2:27	GPIO2	13 | 14	0v	–	–
3	22	GPIO3	15 | 16	GPIO4	23	4
–	–	3.3v	17 | 18	GPIO5	24	5
12	10	MOSI	19 | 20	0v	–	–
13	9	MISO	21 | 22	GPIO6	25	6
14	11	SCLK	23 | 24	CE0	8	10
–	–	0v	25 | 26	CE1	7	11
wiringPi Pin	BCM GPIO	Name	Header	Name	BCM GPIO	wiringPi Pin

SPI에 대해 알아보았으니 라즈베리 파이에서 제어 ADC칩인 MCP3208을 SPI를 통해 제어하는 방법을 알아보자. MCP3208은 다음과 같은 입출력 인터페이스를 갖는다.

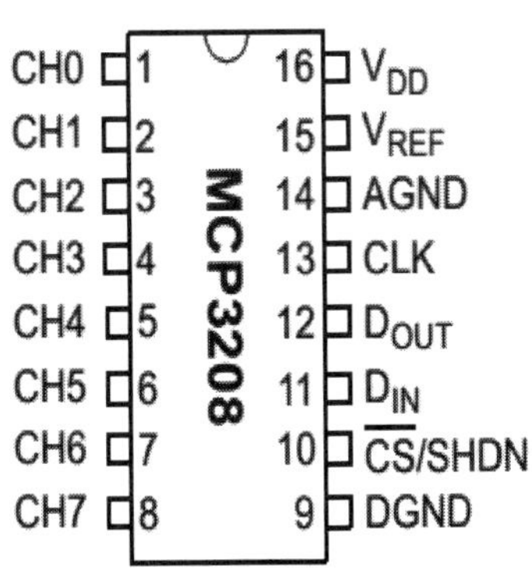

Name	Function
V_{DD}	+2.7V to 5.5V Power Supply
DGND	Digital Ground
AGND	Analog Ground
CH0-CH7	Analog Inputs
CLK	Serial Clock
D_{IN}	Serial Data In
D_{OUT}	Serial Data Out
$\overline{CS}$/SHDN	Chip Select/Shutdown Input
V_{REF}	Reference Voltage Input

MCP3208 - 아날로그 디지털 변환기 ADC 구조 및 라즈베리 파이와의 연결을 가능하도록 한다.

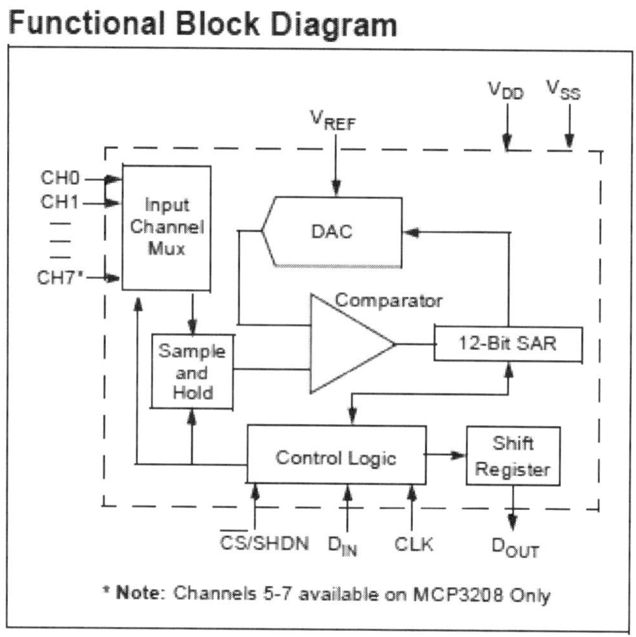

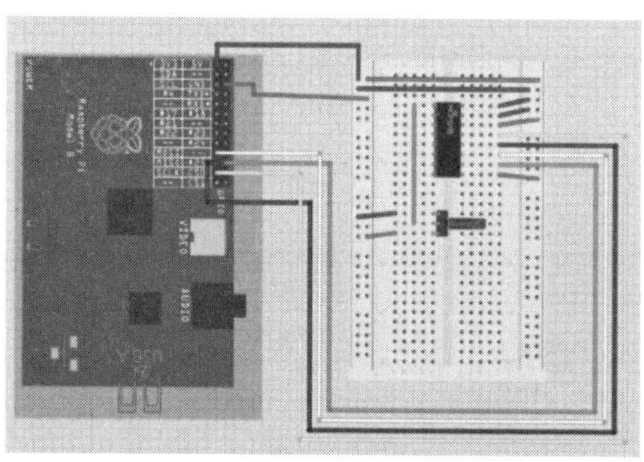

SPI 통신 프로그램은 마스터(master)와 슬레이브(slave)로 나뉜다. 여기서는 라즈베리파이가 마스터이고 MCP3208 이 슬레이브이다. 마스터인 라즈베리파이가 정해진 명령어를 슬레이브인 MCP3208 에게 정해진 명령을 날려주면 그에 해당되는 값을 전송해

주는 시스템이다. 특히, 라즈베리파이에서는 센서 값(여기서는 테스트 목적으로 가변저항을 사용함)을 얻기위한 것이 목적이고, 이 센서는 아날로그 센서이므로 ADC를 통하여 디지털 값으로 변환된 것을 받아야 하므로, 아래와 같은 규칙(MCP3208 데이타시트, 첨부파일 참조)으로 데이타를 전송한다.

라즈베리파이는 총 3개의 바이트를 날려주는데, 그 내용은 아래와 같다.

1첫째 바이트 0 0 0 0 0 Start SGL D2 2번째 바이트 D1 D0 x x x x x x 3번째 바이트 x x x x x x x x

D2,1,0은 ADC 채널을 의미하고, x 는 어떠한 값도 상관없는 Don`t Care 를 의미한다.

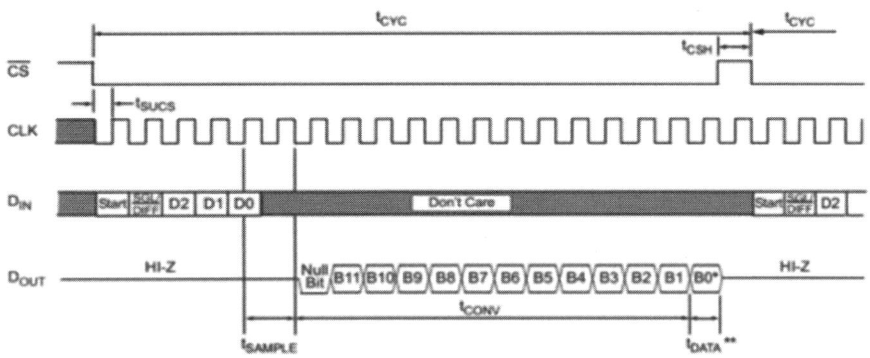

* After completing the data transfer, if further clocks are applied with $\overline{CS}$ low, the A/D converter will output LSB first data, followed by zeros indefinitely (see Figure 5-2 below).

** t_{DATA}: during this time, the bias current and the comparator power down while the reference input becomes a high impedance node, leaving the CLK running to clock out the LSB-first data or zeros.

라즈베리파이는 3바이트의 데이타를 보냄과 동시에 MCP3208로부터 3바이트의 데이타를 받는다. 그 데이터의 밑으로부터 12비트가 ADC 결과값이다. 이를 위의 소스와 같이 비트연산으로 하나의 데이타 값으로 변환하면 된다.

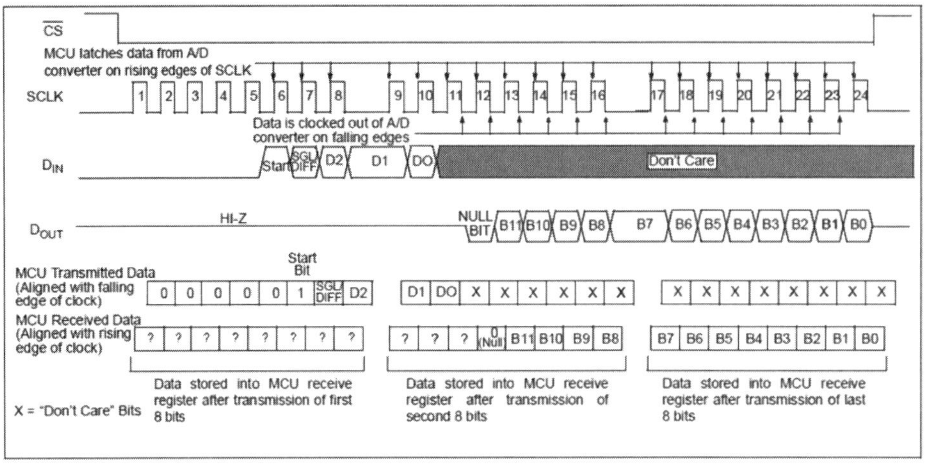

[그림 15-1] 8bit segment 를 활용한 SPI 통신

Control Bit Selections				Input Configuration	Channel Selection
Single /Diff	D2	D1	D0		
1	0	0	0	single-ended	CH0
1	0	0	1	single-ended	CH1
1	0	1	0	single-ended	CH2
1	0	1	1	single-ended	CH3
1	1	0	0	single-ended	CH4
1	1	0	1	single-ended	CH5
1	1	1	0	single-ended	CH6
1	1	1	1	single-ended	CH7
0	0	0	0	differential	CH0 = IN+ CH1 = IN-
0	0	0	1	differential	CH0 = IN- CH1 = IN+
0	0	1	0	differential	CH2 = IN+ CH3 = IN-
0	0	1	1	differential	CH2 = IN- CH3 = IN+
0	1	0	0	differential	CH4 = IN+ CH5 = IN-
0	1	0	1	differential	CH4 = IN- CH5 = IN+
0	1	1	0	differential	CH6 = IN+ CH7 = IN-
0	1	1	1	differential	CH6 = IN- CH7 = IN+

[그림 15-2] MCP3208을 활용한 SPI 활용 실습

가) 실습예제

컴파일

```
Gcc -o wiringPi_spi wiringPi_spi.c -lwiringPi
```

실행방법

```
./wiringPi_spi
```

실행결과

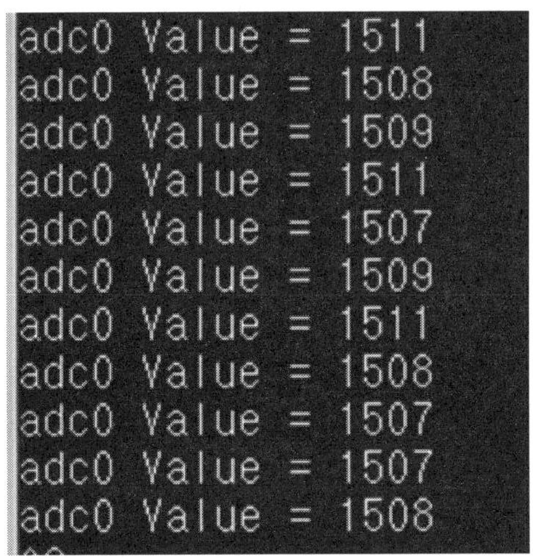

wiringPi 라이브러리를 사용한 방법 대신, BCM라이브러리 시스템 호출을 통해 spi 드라이버에 접근하는 방법

```
#include <stdio.h>
```

```
#include <stdlib.h>
#include <fcntl.h>
#include <sys/mman.h>
#include <unistd.h>
#include <stdint.h>
#include <linux/spi/spidev.h>
#include <sys/ioctl.h>
#include <linux/types.h>
#include <linux/kdev_t.h>
#define DEV_NEWDEV_MAJOR_NUMBER 220
#define DEV_NEWDEV_NAME "LED_DRIVER"
#define DEV_FILE_NAME "/dev/led_driver"
#define SPI_SPEED 1000000
#define SPI_CHANNEL 0

static uint32_t spi_speeds [2] ;
static int spi_fds [2] ;
const static uint8_t spi_mode = 0 ;
const static uint8_t spi_bpw = 8 ;
const static uint16_t spi_delay = 0 ;

int pi_spi_data_rw(int channel, unsigned char *data, int len) {
  struct spi_ioc_transfer spi ;
  channel &= 1 ;
  spi.tx_buf = (unsigned long)data ;
  spi.rx_buf = (unsigned long)data ;
```

```
    spi.len = len ;
    spi.delay_usecs = spi_delay ;
    spi.speed_hz = spi_speeds [channel] ;
    spi.bits_per_word = spi_bpw ;
    return ioctl (spi_fds [channel], SPI_IOC_MESSAGE(1), &spi) ;
}

int main(void) {
    int spi_fd; int cs_fd;
    int speed = 1000000;
    int adc_val = 0;
    int adc_ch = 0;
    char write_data;
    unsigned char buff[3];

    mknod(DEV_FILE_NAME, ( S_IRWXU|S_IRWXG|S_IFCHR) ,
    MKDEV(DEV_NEWDEV_MAJOR_NUMBER,0 ));
    cs_fd = open(DEV_FILE_NAME, O_RDWR|O_NONBLOCK);

    if( cs_fd 〈 0 ) {
    printf("open error₩n"); return 0;
    }

    spi_fd = open ("/dev/spidev0.0" , O_RDWR);
    if( spi_fd 〈 0 ) {
            printf("open error₩n");
```

```
        return 0;
}

spi_speeds[0] = SPI_SPEED;
spi_fds[0] = spi_fd;
ioctl (spi_fd , SPI_IOC_WR_MODE, &spi_mode);
ioctl (spi_fd , SPI_IOC_WR_BITS_PER_WORD , &spi_bpw);
ioctl (spi_fd , SPI_IOC_WR_MAX_SPEED_HZ, &speed);

while(1) {
        sleep(1);
        buff[0] = 0x06 | ((adc_channel &0x07)>>2);
        buff[1] = ((adc_channel &0x07)<<6);
        buff[2] = 0x00;
        write_data = 0;
        write(cs_fd , &write_data , 1);
        pi_spi_data_rw(SPI_CHANNEL , buff, 3);
        buff[1] = 0x0f & buff[1];
        adc_value = (buff[1] << 8) | buff[2];
        write_data = 1;
        write(cs_fd , &write_data , 1);
        printf( "adc0 Value = %u₩n", adc_value);
}
close(spi_fd);
close(cs_fd);
return 0;
```

```
}
```

실습예제

오실로스코프로 다음과 같이 MOSI, MISO, 그리고 SCK 핀의 동작을 살펴본다.

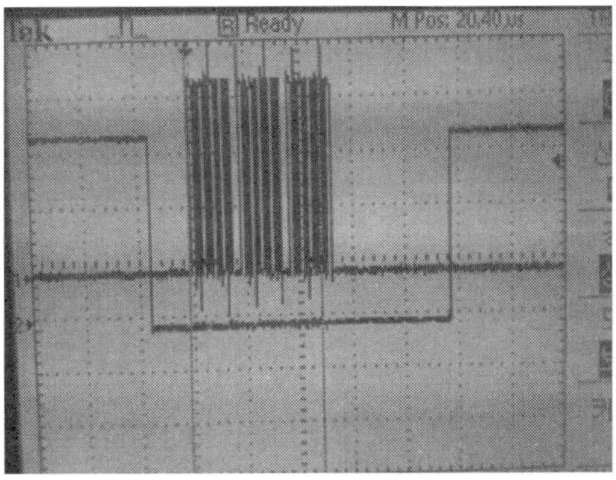

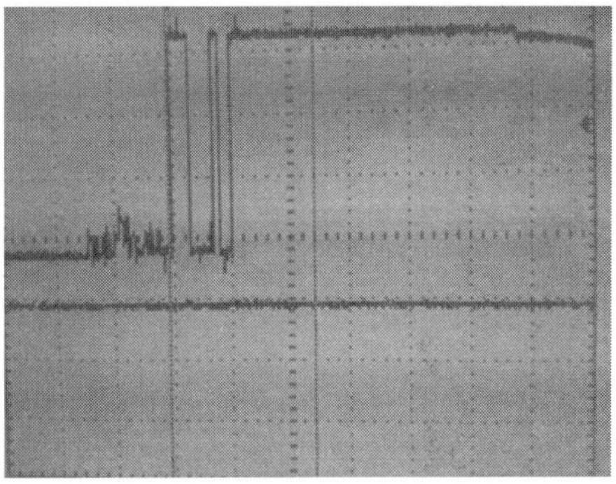

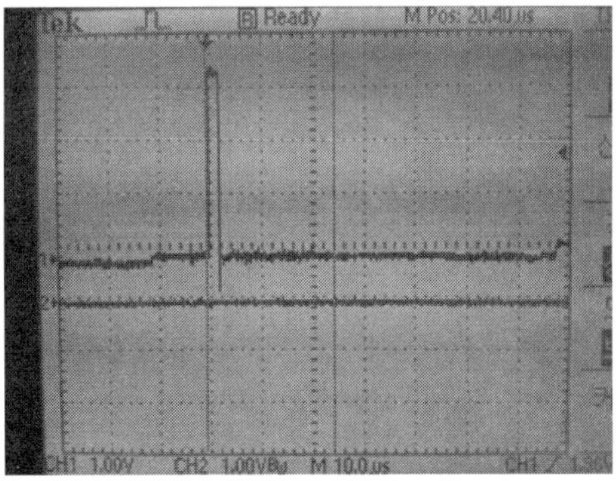

16. 라즈베리파이 아파치/워드프레스 설치

가) LAMP 스택 설치

```
$ sudo apt-get update -fix-missing
$ sudo apt-get install apache2 php5 php5-mysql mysql-server
```

MySQL 설치가 진행되는 도중 패스워드 입력을 요구하면 본인의 라즈베리파이에 설정한 패스워드를 입력해준다.

나) 아파치 웹서버 설치

위 LAMP 스택 설치 명령에서 가장 첫 번째로 설치할 프로그램은 apache2이다. apache2의 설치에 있어 다음과 같이 추가적인 디스크용량 사용에 관한 질의 메시지가 먼저 나타나고, 이에 동의(Y)하여야 설치가 진행된다.

After this operation, 4,990 kB of additional disk space will be used. Do you want to continue [Y/n]?

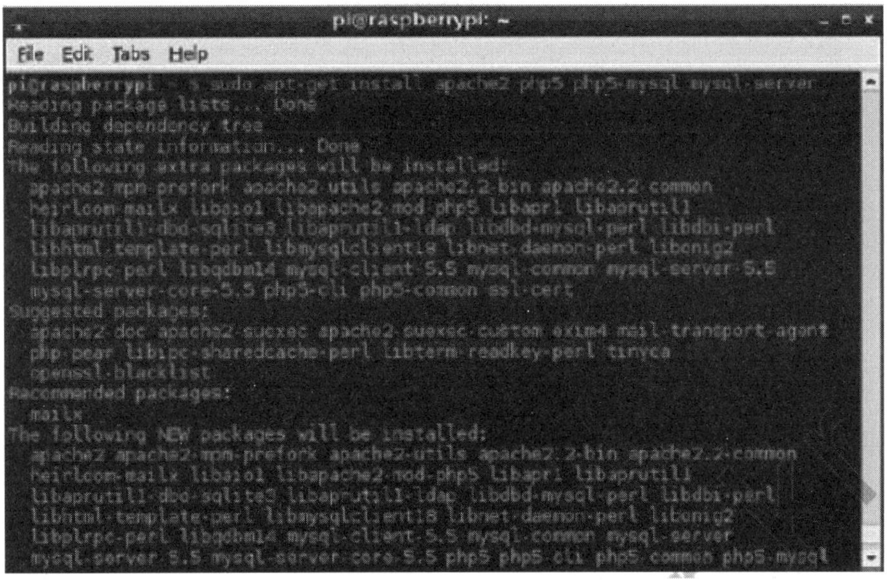

설치되는 동안에 다음과 같이 MySQL 루트(root) 사용자에 대한 비밀번호를 물어본다. 이는 추후 MySQL 데이터베이스를 관리하는데 있어 중요한 비밀번호에 해당하므로, 반드시 본인이 잘 기억해두어야 한다.

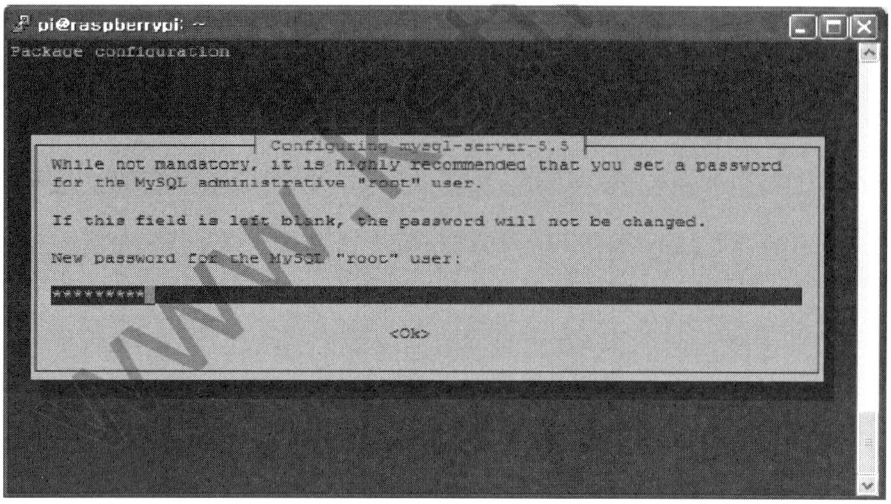

설치가 완료되고 나면 아파치 서버와 MySQL서버가 백그라운드에서 실행되는 중이다. 따라서, 이제 아파치 웹서버를 구동할 필요가 있다. 물론, 서버를 시작하는 작업은 자동으로 진행되는 것이 기본설정(default)로 되어 있다. 그러나, 필요에 따라 서버를 재시작 하거나 중지시켜야 할 경우가 있으므로, 다음 명령을 익혀두는 것이 편리하다.

apachectl start: 아파치 웹서버를 구동(시작)한다. 만약 서버가 이미 실행중이라면 에러메시지를 출력한다.

apachectl stop: 웹 서버를 중지시킨다.

apachectl restart: 기존에 실행중이던 웹서버를 중지했다가 다시 시작하는 일련의 과정을 수행한다.

apachectl graceful: 위의 apache restart 명령과 유사하나, 서버에서 현재 처리중인 connection에 대한 처리가 종료된 후에 재시작하는 점이 다르다.

apachectl graceful-stop: 위의 apache stop 명령과 유사하나, 서버에서 현재 처리중인 connection에 대한 처리가 종료된 후에 정지시키는 점이 다르다.

이상과 같이 아파치 서버를 구동하고 웹브라우저를 구동하여 다음과 같은 방법으로 서버에 접속한다.

http://192.168.xxx.xxx 과 같이 본인에게 할당된 IP address 또는 http://localhost/

테스트결과 다음과 같은 화면이 나타나면 정상적으로 아파치 웹서버가 동작하는 것으로 간주할 수 있다.

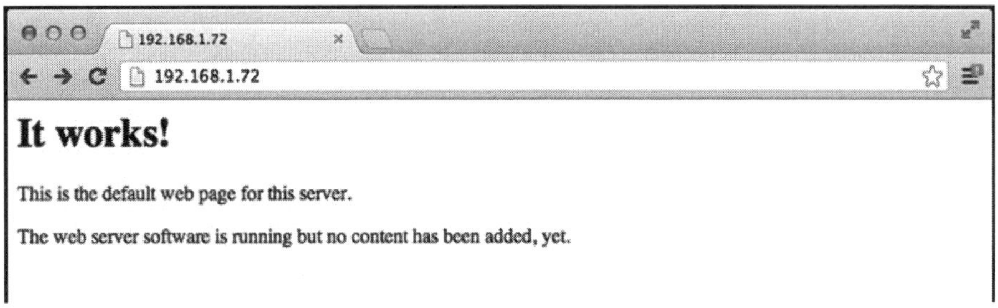

설치 후 나타나는 위와 같은 기본 페이지(index.html)는 라즈베리파이의 루트파일시스템에서 /var/www 디렉토리에 위치한다. 따라서, 이러한 단순한 페이지가 맘에 들지 않는 경우에는 /var/www 디렉토리에 위치하는 index.html 파일을 수정하면 된다.

다) PHP 실행 테스트

이번 단계는 PHP 스크립팅 모듈이 아파치에 제대로 로딩되어 있는지를 확인해보는 것이다. PHP 서버 측 스크립트(server-side script)는 동적인 컨텐츠를 생성하기 위한 것으로써 PHP 스크립팅 모듈은 아파치 웹 서버가 동적인 컨텐츠를 지원하기 위해서는 없어서는 안될 중요한 모듈이다. 만약 PHP 등의 유사한 동적 서비스(dynamic service)를 제공하는 서버측 스크립트가 없다면 아파치는 단순히 정적인 페이지들만을 서비스할 수 밖에 없다. 이러한 동적인 서비스를 제공하기 위한 노력은 과거에도 부단히 지속되어 왔다. 웹(Web)에서 동적 서비스를 제공하기 위한 가장 초창기 시도는 CGI라는 방법이다. 비록 지금은 사용되지 않고 있으나, 웹서버에서 동적인 서비스를 제공하기 위한 초기 개발자들의 노력을 짐작할 수 있다. CGI는 초기 웹 프로그래밍에 많이 활용된 기술로, 서버와 동적으로 통신할 수 있는 방법을 제공하는 훌륭한 방법이었다. 하지만, 프로세스 단위로 실행되기 때문에 사용자가 증가하면 성능이 급격히 저하되는 문제점이 있다.

웹 애플리케이션: 현대 동적(dynamic) 웹 사이트에서 제공되는 다양한 응용기술을 일컫는 말이다. 정적인(static) 과거 HTML 기반 홈페이지 기술은 서버에서 미리 준비해 둔 페이지를 단순히 읽어서 보여주는 서비스만 제공하였다. 하지만 현대 동적 홈페이지 제작 기술은 사용자 요청이 들어왔을 때, 다양한 서버측 데이터를 바탕으로 사용자가 원하는 새로운 결과를 동적으로 생성하여 제공할 수 있다. 따라서, 사용자가 원하는 다양한 응용을 웹으로 구현할 수 있기 때문에, 웹 애플리케이션(web application)이라 부른다.

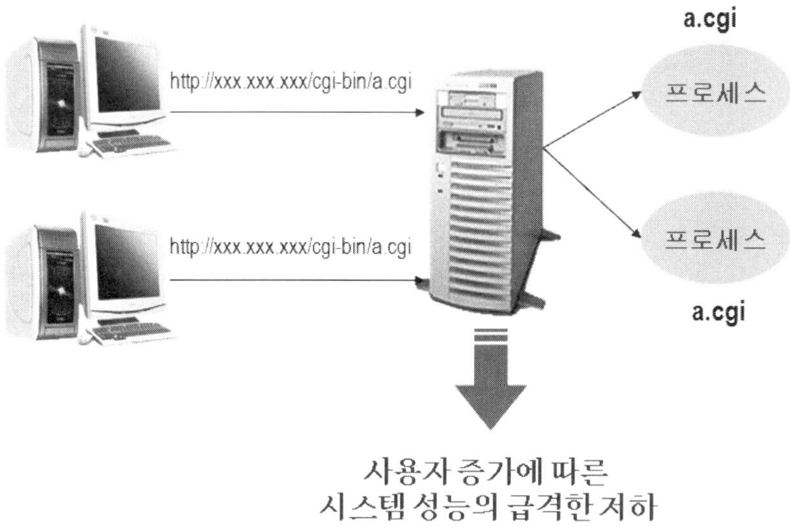

웹 어플리케이션의 구성요소	기능
웹 브라우저	웹에서 클라이언트이며, 사용자의 작업창이라 할 수 있다.
웹 서버	웹 브라우저의 요청을 받아들이는 곳으로 작업의 결과도 웹 브라우저에게 응답을 하는 곳이다. 요청된 페이지의 로직 및 데이터베이스와의 연동을 위해 어플리케이션 서버에 이들의 처리를 요청하는 작업을 수행한다.
웹 어플리케이션 서버(WAS)	요청된 페이지의 로직 및 데이터베이스와의 연동을 처리하는 부분이다.
데이터베이스	데이터의 저장소로 웹에서 발생한 데이터는 모두 이곳에 저장된다. 게시판의 글들, 회원의 정보 등등

서블릿 컨테이너(Servlet Container)를 만드는 그룹은 초기에 Apache JServ라는 오픈 소스 개발자들의 그룹과 썬 마이크로시스템즈(Sun Microsystems)의 두개 그룹이 있었다. 이들은 개발 방향이 서로 달라서 Jserv는 성능 향상에 초점을 두었고, 썬 마이크로시스템사는 서블릿의 스펙을 좀 더 충실하게 구현하는데 주안을 두었다. 그런데, 향후 성능 향상과 충실한 서블릿 스펙 지원의 두 마리 토끼를 모두 잡기에는 이들 각각은 부족한 부분이 많았다. 따라서, 썬 마이크로시스템즈는 이러한 사실로 인하여, 자신들의 코드를 Jserv의 아파치 공개소스 관리 그룹(apache software foundation)에 넘겨주었고, 두가지 둘이 통합되어 톰캣이라는 서블릿 컨테이너를 개발하기 위한 자카르타(Jakarta) 그룹이 형성되어, 결국 tomcat의 탄생으로 이어졌다. 예전에는 아파치 웹서버와 자바 애플리케이션 서버를 별도로 사용하여 개발환경을 구축하기도 했으나, 톰캣 서버 하나로 충분하다. 물론, 실제 대규모 사이트 운용환경에서는 IBM, BEA 등의 상용제품을 사용하는 경우가 많지만, 일반적으로 무료로 사용할 수 있고 강력한 웹서버 환경을 제공하는 apache 및 apache 톰캣을 많이 사용한다. 인터넷 브라우저를 통해 http://tomcat.apache.org 로 접속하여 설치파일을 다운로드할 수 있다.

클라이언트 요청에 대해서 컨테이너가 이에 해당하는 요청을 처리하기 위한 서버 쓰레드를 생성한다. 객체의 해당 요청을 처리한 결과를 다시 HTML 형태로 변환하여 사용자에게 결과를 반환할 수 있도록 한다. 필요하다면 데이터베이스에 접근하여 사용자가 필요로 하는 데이터를 구성할 수 있다. 클라이언트가 웹 서버에게 요청을 전송하고, 다시 웹 서버가 생성된 html은 서블릿 컨테이너가 클라이언트측 웹 브라우저로 전송한다. 이렇게 전송된 클라이언트 요청에 적합한 웹 애플리케이션 파일을 찾아 이를 실행하는 역할은 동적 서비스 처리 엔진이 담당한다. 따라서, 웹 애플리케이션 코드가 실행되고 그 결과를 돌려 받아 웹 서버가 클라이언트측에 다시 전송하는 형태로 웹 서버가 동작한다.

여기서는 아파치 PHP모듈을 시험해보기 위해서 다음 내용을 입력하여 PHP스크립트 파일을 작성한다.

```
$ cd /var/www
$ sudo nano phptest.php'    // 이 부분은 VI 에디터를 사용하여도 무방함
<?php phpinfo(); ?>
```

저장 후 빠져 나온다. 다른 컴퓨터에서 웹 브라우저를 실행한 후 주소 창에 다음 주소를 입력한다.

```
http://192.168.xxx.xxx/phptest.php ← IP주소는 자신의 라즈베리파이 주소 또는 다음 주소를 입력한다
http://localhost/phptest.php
```

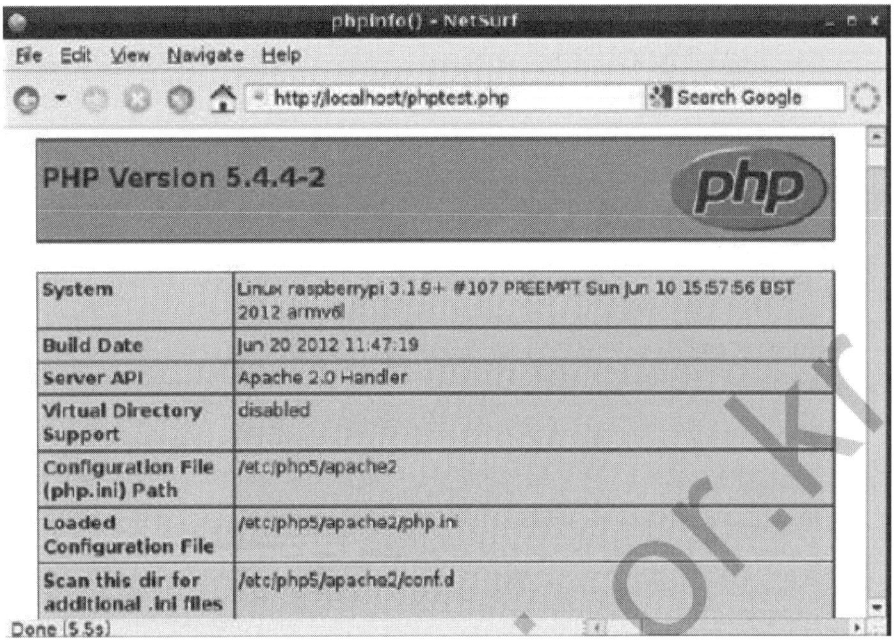

시험이 완료된 후에는 phptest.php파일을 삭제한다.

```
$ sudo rm /var/www/phptest.php
```

팁: 아파치가 가장 보편적인 웹 서버이기는 하지만 너무 느리게 느껴진다면 다른 웹 서버를 시험해 보는 것도 좋다. lighthttpd는 아파치 보다는 훨씬 적은 메모리를 사용하도록 설계된 웹 서버다.

```
sudo apt-get install lighttpd      // 명령으로 설치할 수 있다.
```

기본적으로 웹 페이지들은 /var/www 폴더에 저장된다. 이 폴더는 슈퍼유저만 쓰기 가능하다. 아파치가 파일을 찾는 위치를 변경하거나 웹사이트를 여유 공간이 넉넉한 외부 저장장치로 옮기려면 /etc/apache2/sites-enabled 폴더에 있는 000-dedfault 파일을 수정한다.

아파치, PHP, MySQL에대한 더 자세한 정보가 필요하면 터미널 창이나 콘솔에서 다음 명령을 쳐서 참조한다.

```
$ man apache2
$ man php55
$ man mysql
```

라) 워드프레스 설치 및 구동 테스트

PHP까지 설치가 마무리 되었다면 워드프레스 컨텐츠 관리 시스템을 설치 및 구동해 볼 차례이다. 기본적인 PHP 환경이 구축되었다면, 이제 워드프레스(wordpress)를 통해 본격적인 웹 플랫폼을 구축 해볼 차례이다.

현재 가장 인기 있는 컨텐츠 관리 시스템 중의 하나인 워드프레스는 사용자들에게 매력적인 대화형 웹사이트를 만들 수 있도록 돕기 위한, 전에 없이 간단하고 강력한 플랫폼을 목표로 하는 오픈 소스 프로젝트이다. 워드프레스는 PHP와 Javascript를 기반으로 한다. 예를 들어 가장 있기 있는 몇몇 뉴스 사이트들도 워드프레스 플랫폼을 커스터마이징하여 구축되었다. 워드프레스를 설치하기 위해서는 SD카드에 37MB 가량의 여유 공간이 있는지 확인한다. 다음 명령으로 워드프레스를 설치할 수 있다.

```
$ sudo apt-get install wordpress
```

위 명령어 실행 직후 설치에 관한 확인 물음에 Y를 입력하면 설치가 계속되며, 기본 설치 디렉토리는 /usr/share/wordpress이다. 아파치가 인식할 수 있도록 /var/www 디렉터리로 링크를 걸어 주어야 한다.

```
$ sudo ln -s /usr/share/wordpress /var/www/wordpress
```

위 명령을 생략하면 워드프레스가 정상적으로 동작하지 않으므로, 반드시 주의하여야 한다. 위 명령은 /usr/share/ 디렉토리에 설치된 워드프레스 관련 파일들이 웹(web) 서버에서 바라보는 workspace 디렉토리인 /var/www/ 디렉토리에서도 보이도록 가상의 링크(윈도우 운영체제에서는 바로가기 아이콘에 대응)를 생성하는 작업이다.

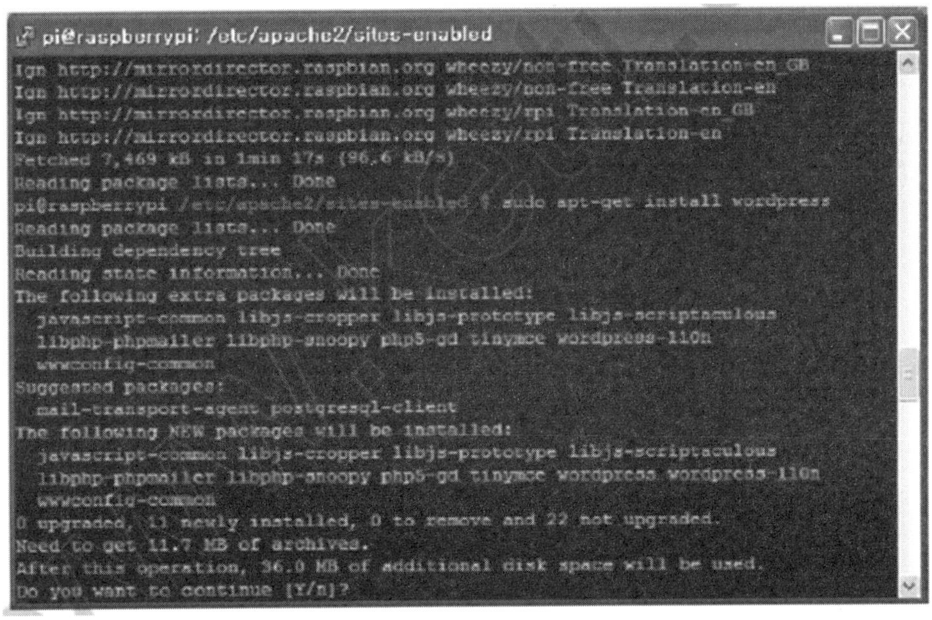

워드프레스 MySQL 설정 스크립트를 실행하여 LAMP 스택의 일원으로 새로운 데이터베이스를 생성한다.

```
$ sudo gunzip /usr/share/doc/wordpress/examples/setup-mysql.gz
$ sudo bash /usr/share/doc/wordpress/examples/setup-mysql -n wordpress
localhost
```

생성된 데이터베이스는 사용자 계정, 게시물, 코멘트 및 기타 사항들을 저장하는데 사용된다. 다른 컴퓨터에서 워드프레스에 접근하기 위해서는 추가적인 설정 파일을 작성해야 된다. 로컬 액세스를 위한 설정 파일을 다음과 같이 링크로 걸어 주면 된다.

```
$ sudo ln -s /etc/wordpress/config-localhost.php /etc/wordpress/config
-ipaddress.php
```

ipaddress 부분에 라즈베리파이의 ip 주소 또는 호스트명을 써준다. 외부로부터의 접근을 위한 설정을 마치기 위해서는 워드프레스 대시보드의 왼편에 있는 설정 메뉴에서 General Settings를 선택한 후 라즈베리파이의 ip 주소 또는 호스트명에 맞도록 URL을 수정해 주어야 한다. 워드프레스는 보안 취약성 보완을 위해 자주 업데이트해주는 것이 좋다. APT를 사용하여 업데이트하는데 필요한 권한이 결여되어 있다. 이를 수정하려면 다음과 같이 한다.

```
$ sudo chown -R www-data /usr/share/wordpress
```

이 명령은 아파치 웹 서버에 의해 사용되는 www-data 사용자에게 /usr/share/wordpress 아래에 있는 파일들을 수정할 수 있는 권한을 부여한다.

스크립트의 수행이 완료되면 http://localhost에 접속하라는 안내를 받게 되는데 올바른 접속 주소는 다소 차이가 있으므로 웹브라우저를 열어 아래 URL에 접속하여야 한다.

```
http://localhost/wordpress
```

화면에 다음과 같이 나오거나, 워드프레스 설정(setup) 화면이 나타나면 정상이다. 초기에 워드프레스 환경설정 화면이 나오는 경우 환경 설정 정보를 웹브라우저 상에서

17. NFS 설치 및 사용

가) NFS(Network File System) 패키지 설치하기

Network File System 이란 네트워크로 연결된 서로 다른 컴퓨터의 디스크 공간을 하나로 묶어 하나의 디렉토리 구조로 파일을 공유하 는 방식이다. NFS는 동일한 네트워크로 연결된 컴퓨터를 사용하는 여러 사용자들 사이에서 파일 디렉토리를 공유하는데 유용하게 사용 가능하다. NFS서버 구축하는 방법은 다음과 같다. 우선, 필요한 패키지를 다운로드 및 설치한다.

```
$sudo apt-get install nfs-kernel-server nfs-common portmap
```

NFS에서 사용할 디렉토리를 생성한다. 생성이후 권한을 변경한다.(운영체제로 ubuntu 사용하는 경우를 가정)

```
root@ubuntu-VirtualBox:/home# ls
samba  ubuntu
root@ubuntu-VirtualBox:/home# mkdir nfs
root@ubuntu-VirtualBox:/home# ls
nfs  samba  ubuntu
root@ubuntu-VirtualBox:/home# chmod -R 777 nfs/
root@ubuntu-VirtualBox:/home# ls
nfs  samba  ubuntu
root@ubuntu-VirtualBox:/home# 
```

NFS 환경설정 파일을 수정한다. 수정파일은 /etc/exports

(#vi /etc/exports) 맨아래 주석 이후 부분에 아래와 같이 내용을 추가한다.

(자신이 정한 디렉토리에 대한 접근을 허용하는 옵션) vi 편집기 수정후에 NFS서버

를 재시작을 한다.

```
# /etc/init.d/nfs-kernel-server restart
```

라즈베리파이 설정준비를 패키지를 업데이트, 라즈비안에는 기본적으로 NFS가 포함되어 있으므로 업데이트만 해준다

```
$sudo apt-get update
```

NFS서버와 마운트할 디렉토리를 생성한다.

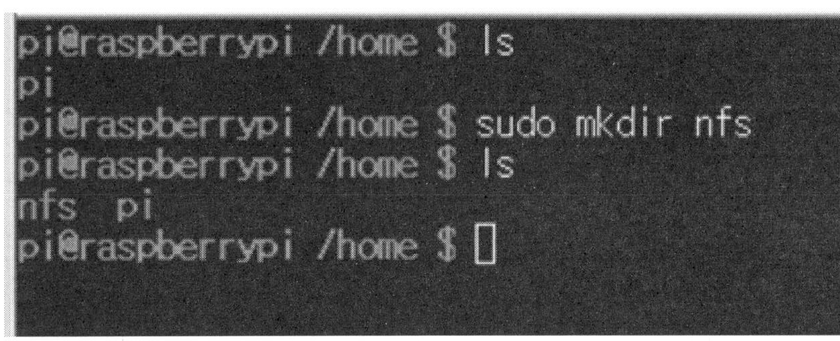

나) NFS 서버 접속 실험

NFS서버와 명령어를 입력한다.

```
$sudo mount -t nfs 192.168.10.5:/home/nfs /home/nfs
```

mount 명령어의 인자(argument)는 다음과 같은 순서로 나열한다. ①마운트 명령어 ②마운트 타입 ③서버아이피 ④서버디렉토리 ⑤클라이언트 디렉토리

```
pi@raspberrypi /home $ sudo mount -t nfs 192.168.10.5:/home/nfs /home/nfs/
pi@raspberrypi /home $
```

연결 확인을 위해 우분투에서 nfs디렉토리에 응용프로그램 저장한다.

```
root@ubuntu-VirtualBox:/home/nfs# ls
hello  hello.c
root@ubuntu-VirtualBox:/home/nfs#
```

클라이언트인 라즈베리파이 시스템에서 NFS가 잘 연결되었는지 확인한다.

```
pi@raspberrypi /home/nfs $ ls
hello  hello.c
pi@raspberrypi /home/nfs $
```

라즈베리 파이에서도 서버에서 만든 디렉토리가 보이면 구축 성공이다.

18. 삼바(SAMBA) 설치 및 사용

삼바는 리눅스와 윈도우간에 파일 및 프린터를 공유 할 수 있게 해주는 프로그램이다. 삼바를 통해 리눅스 서버를 타 운영체제와 파일을 공유할 수 있는 파일서버로도 사용할 수 있다. 삼바의 이러한 동작은 SMB(Server Message Block)/CIFS(Common Internet File System)라는 프로토콜을 사용하기 때문이다. SMB(Server Message Block)는 마이크로소프트사와 인텔이 윈도우 시스템이 다른 시스템의 디스크나 프린터와 같은 자원을 공유할 있도록하기 위해 개발된 프로토콜이다. TCP/IP 기반하의 NetBIOS 프로토콜을 이용하기 때문에 이 프로토콜은 NFS, NIS, lpd 와 같은 유닉스의 분산인증 구조와 유사하다. 따라서 윈도우 중심의 네트워크 환경에서는 리눅스를 이용한 공유시스템에서는 SMB가 필수적이다. samba 설치전 해야할 준비작업은 다음과 같다.

가) 삼바 설치방법

$ sudo apt-get update

samba를 설치한다.

apt-get install samba samba-common-bin

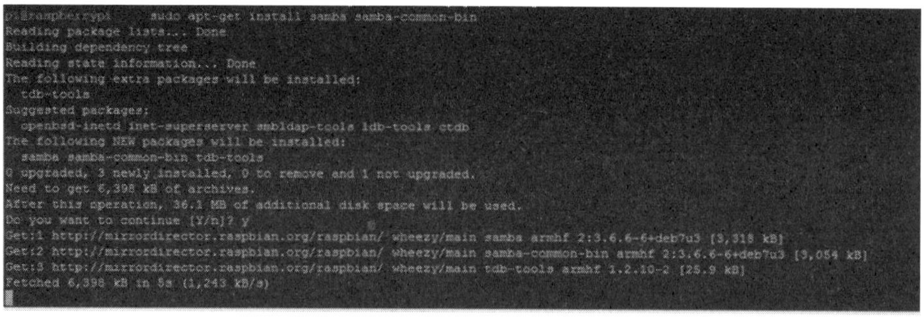

$ sudo su # 이렇게 해도 되고 sudo명령어를 계속 사용하여도 상관없다.

smbpasswd -a pi # a 옵션을 사용하여 사용자를 추가

vi /etc/samba/smb.conf

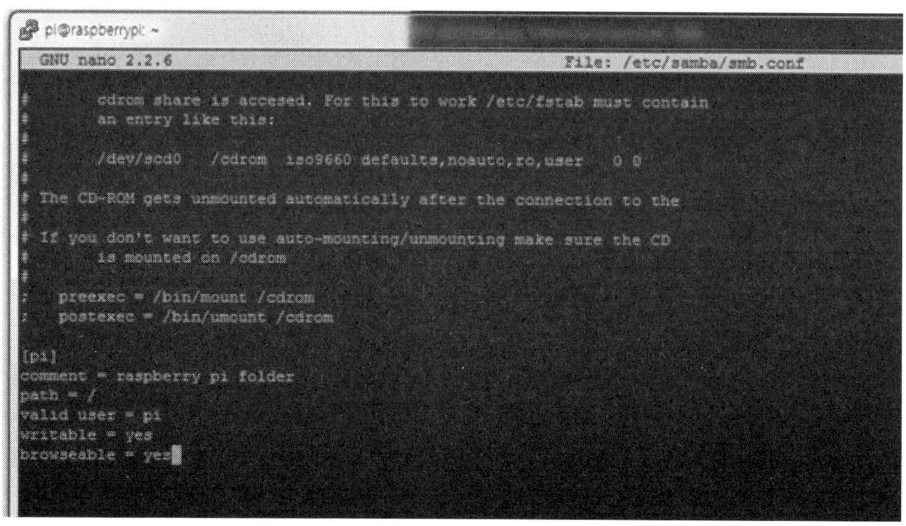

삼바 설정파일의 이름은 /etc/samba 디렉토리 하위에 위치한 smb.conf 파일인데 이 파일에 다음과 같은 내용을 적어두어야 정상적으로 삼바(SAMBA)가 동작한다.

```
# vi /etc/samba/smb.conf
[global]
workgroup = WORKGROUP //네트워크 공유 그룹 설정
encrypt password = true // 암호 설정
unix charset = utf-8
charset = utf-8
#dos charset = cp949
[pi] # 추가한 계정
comment = Raspberry pi
path = /home   #공유할 폴더 경로
valid user = pi  #smbpasswd 에서 설정한 유저
browseable = yes
comment=max/samba
read only = no #읽기 전용 여부
writable = yes #쓰기 권한 여부
printable = no
public = yes
browsable = yes
guest ok = no #게스트 계정 접근 허용 여부
```

나) 삼바 실행 방법

삼바데몬 재시작 시키기

service samba restart   or # /etc/init.d/samba restart

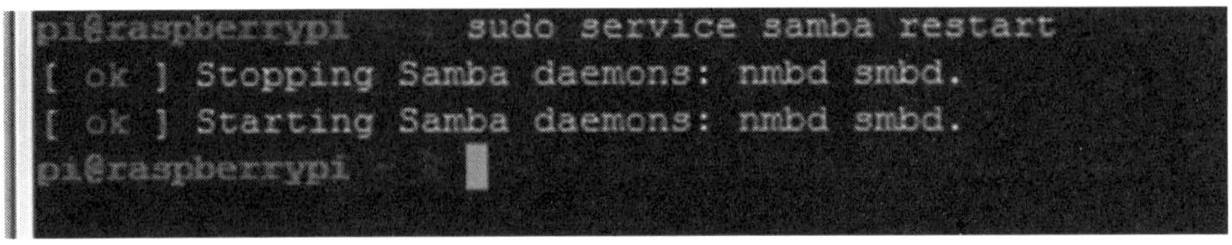

ifconfig 로 라즈베리파이 ip 확인

윈도우에 접속 하여 확인

윈도우즈 내컴퓨터의 왼쪽 메뉴에 "네트워크" 부분을 클릭하면 라즈베리파이에 설정된 hostname으로 컴퓨터가 있음을 확인

혹은 실행 창에서 \\라즈베리파이 ip 입력으로 접속할

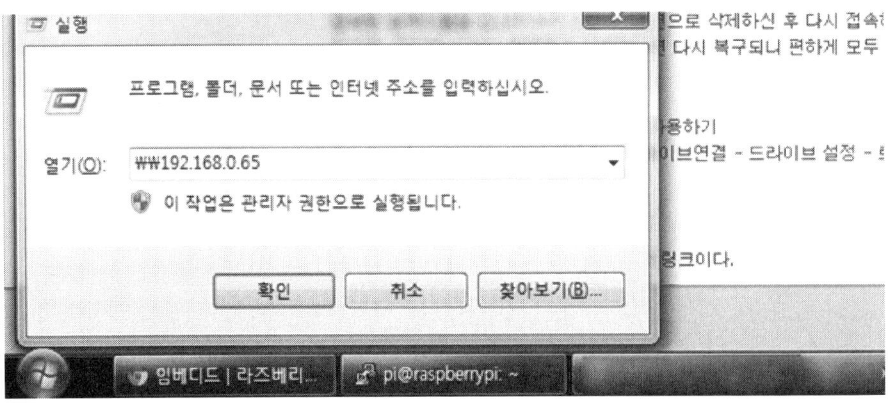

이름
수정한 날
bin 2014-01-
boot
boot.bak 2014-05-
dev 2014-05-
etc 2014-05-
home 2014-01-
lib 2014-05-
lost+found 2014-01-
media 2014-01-
mnt 2013-10-
opt 2014-01-
proc
root 2014-05-
run 2014-05-
sbin 2014-05-
selinux 2012-06-
srv 2014-01-
sys
tmp 2014-05-
usr 2014-01-
var 2014-01-
미리 볼 파일을 선택하십시오.

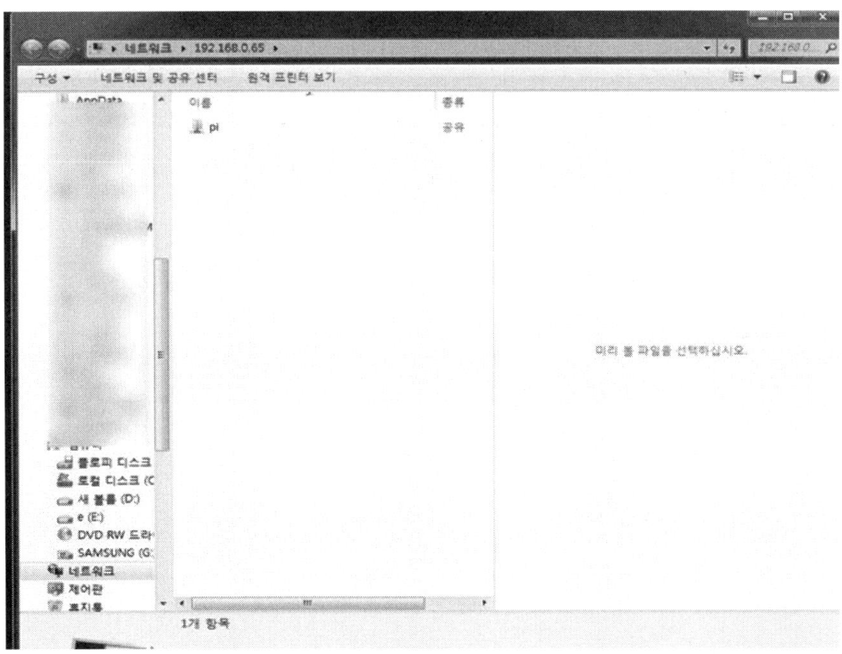
네트워크 ▸ 192.168.0.65 ▸
구성 ▾
네트워크 및 공유 센터
원격 프린터 보기
이름
종류
pi
공유
미리 볼 파일을 선택하십시오.
플로피 디스크
로컬 디스크 (C
새 볼륨 (D:)
e (E:)
DVD RW 드라
SAMSUNG (G:
네트워크
제어판
1개 항목

참고로, 일단 한번 삼바 설정이 완료되었다면, 다음과 같이 네트워크 드라이브 설정을 통해 PC가 부팅될 때 마다 연결되도록 하면 편리하다.

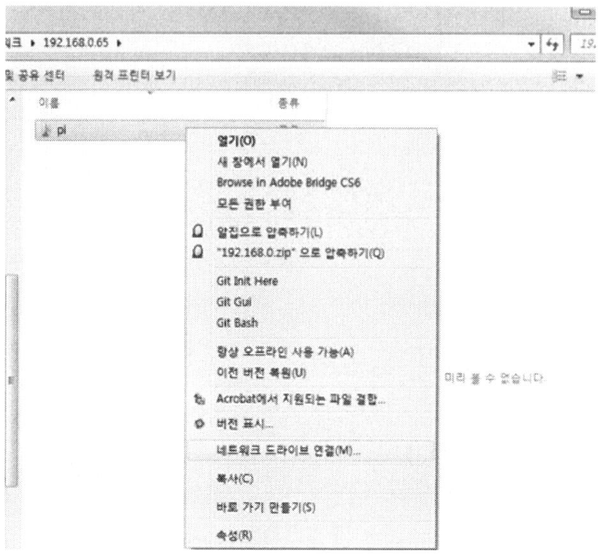

만약, 라즈베리파이 시스템에 USB 하드디스크를 USB 포트에 장착한 뒤 root file system에 마운트 시켜놓고 삼바 접근 디렉토리에 포함시켜 두면, 윈도우 시스템의 스토리지 서버를 10만원 내외에서 매우 저렴하게 구축한 것과 동일하다.

19. 라즈베리파이 디바이스 드라이버 실습

디바이스 드라이버를 보기전에 리눅스는 디바이스를 어떻게 제어할 것인가? 먼저 사용자 영역과 커널 영역에 대해 한번 알아보자. 리눅스(Linux)를 비롯한 대부분의 현대 운영 체제는 사용자 영역(user space)과 커널영역(kernel space)을 나누고, 사용자 영역에서 커널(kernel)영역으로 접근을 차단하여 시스템 오류를 막고 시스템을 보호한다.

현대 운영체제에서 하드웨어(hardware)를 제어하기 위해서는 커널 영역에 접근하여 하드웨어를 접근해야 하는데, 사용자 영역에 위치 하는 응용 프로그램은 직접적으로 커널 영역에 접근 할 수 없다. 따라서 하드웨어를 제어하기 위해서는 사용자 영역에서 커널 영역에 디바이스 드라이버에 접근하고 디바이스 드라이버를 통해 하드웨어를 제어한다. 디바이스 드라이버는 하드웨어를 제어하기 위한 커널의 일부분으로 동작하는 프로그램을 말한다.

디바이스 드라이버 종류에는 다음과 같이 3가지가 있다.

① 문자 디바이스(character device) 드라이버 : 구조가 간단하며, 응용프로그램과 1:1 대응된다. 대부분의 하드웨어가 문자 디바이스드라이버에 해당한다.

② 블록 디바이스(block device) 드라이버 : 파일시스템을 지원하는 구조이므로 응용프로그램은 파일시스템을 통해 접근한다. 파일 시스템을 구현하는 하드웨어가 블록 단위로 처리를 하기 때문에 블록 디바이스 라고 부른다.

③ 네트워크 디바이스(network device) 드라이버 : 커널 내부에 있는 네트워크 프로토콜 스택과 연동하도록 설계되어 있으며, 시스템호출(system cal)을 이용하여 네트워크 디바이스 드라이버의 함수를 부분적으로 호출하도록 되어있다.

디바이스 드라이버 적재 방식은 다음과 같이 2가지 방법이 있다.

① 모놀리식 커널(monolithic kernel) : 디바이스를 제어하는 코드를 커널 소스코드에 포함시켜 작성하는 것으로서 약간이라도 수정을 가하는 경우에는 커널을 매번 다시 컴파일하여 사용하여야 하는 단점이 있다.

② 모듈(module) 방식

커널이 동작중인 상태라 할지라도 디바이스 드라이버를 동적으로(dynamically) 적재(loading)하거나 해제(unloading)할 수 있는 개념으로서, 개발시간을 효과적으로 단축할 수 있고, 사용자 입장에서 사용이 매우 편리하다.

디바이스 드라이버 개발환경은 다음과 같은 순서로 진행된다.

① 1단계 - 라즈베리파이 전체 커널 소스 다운로드 (디바이스 드라이버를 모듈형식으로 개발하는 경우라 하더라도 라즈베리파이 전체 커널 소스의 다운로드가 필요하다. 자세한 이유는 뒤에서 설명한다.)

② 2단계 - 커널 컴파일 (arm용 gcc컴파일러)

③ 3단계 – 커널 업데이트(kernel update)

④ 4단계 - 디바이스 드라이버 제작

가) 라즈베리파이 커널(kernel) 소스 다운로드 및 라즈베리파이 커널 컴파일

우선, 커널 소스를 다운로드한다. 라즈베리파이 커널 관련 작업이나 디바이스 드라이버를 컴파일할 때, 라즈베리파이의 커널 소스에 위치한 각종 헤더파일들을 참조하여 컴파일을 하기 때문에 라즈베리 파이 커널 소스가 필요하다.(또한, 커널의 버전별로 컴파일 후 심볼(symbol) 리스트 및 그에 해당하는 주소값이 다르기 때문에, 커널의 버전이 다르면 디바이스 드라이버를 재컴파일 해주거나 이에 상응하는 대응이 필요하다)

① Github에서 라즈베리 파이 커널 소스 다운

라즈베리 파이 커널 소스를 다운로드 받기 위해서는 Github 패키지가 필요하다. github 패키지는 git라는 프로그램을 설치(apt-get install 명령을 활용하여) 함으로써 실행가능하다.

```
#apt-get install git
#git clone http://github.com/raspberrypi/linux.git
```

위 명령어를 사용하여 다운로드 받으면 아래와 같은 linux 디렉토리가 생성된다.

```
root@ubuntu-VirtualBox:/home/chap0# ls
linux
root@ubuntu-VirtualBox:/home/chap0# cd linux/
root@ubuntu-VirtualBox:/home/chap0/linux# ls
COPYING         MAINTAINERS      block     include  mm        sound
CREDITS         Makefile         crypto    init     net       tools
Documentation   README           drivers   ipc      samples   usr
Kbuild          REPORTING-BUGS   firmware  kernel   scripts   virt
Kconfig         arch             fs        lib      security
root@ubuntu-VirtualBox:/home/chap0/linux#
```

라즈베리파이 커널 소스를 컴파일 하기 위해서는 라즈베리파이의 ARM프로세서에 맞게 크로스 컴파일(cross compile) 해주어야 한다. 대부분의 사용자들은 PC라는 동일한 환경에서 프로그램을 작성 및 컴파일하고 동일한 환경에서 실행한다. 이때 사용자 PC에서 실행할 프로그램을 PC에서 컴파일하는 경우를 네이티브 컴파일(native compile)이라고 하고, 라즈베리파이에서 실행할 프로그램을 PC환경에서 작성 및 컴파일하고 이 컴파일된 바이너리(binary)를 라즈베리 환경에서 실행하는 것을 크로스 컴파일이라 한다. 즉 컴파일은 PC에서 수행한 반면, 실행은 라즈베리파이에서 함으로써, 프로그램의 동작 환경과 개발 환경이 다를 때 이 컴파일을 크로스 컴파일(cross compile) 이라고 한다.

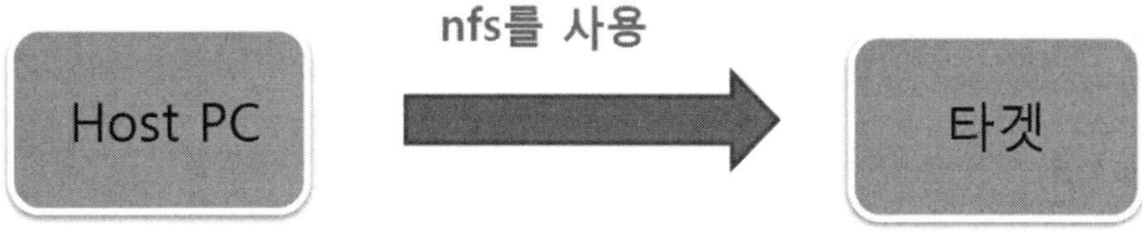

이 때, 개발환경과 타켓(실행)환경 간에 컴파일된 바이너리(binary)를 이동시키는 데

있어 편리함을 위해서, 일반적으로 네트워크가 지원되는 환경이라면 NFC(network file system)를 많이 사용한다.

나) 이미지 빌드 도구 다운로드

라즈베리파이 소스 들을 컴파일 하기 위해서는 ARM용 크로스 컴파일러가 필요하다. 아래 명령어로 패키지를 설치한다. 이 패키지에는 컴파일러와 이미지 빌드 도구가 포함된다. 아래 명령어로 다운받자.

#git clone http://github.com/raspberrypi/tools

```
root@ubuntu-VirtualBox:/home/chap0# ls
linux  tools
root@ubuntu-VirtualBox:/home/chap0# 
```

tools 디렉토리에 들어가보면 아래와 같은 도구가 있다.

```
root@ubuntu-VirtualBox:/home/chap0/tools# ls
arm-bcm2708  configs  mkimage  pkg  sysidk
root@ubuntu-VirtualBox:/home/chap0/tools#
```

도구 중에서 컴파일러를 사용하기 위해 컴파일러 위치를 확실하게 알아두어야 한다. 꼭 꼭~ 알아두자

```
root@ubuntu-VirtualBox:/home/chap0/tools/arm-bcm2708/gcc-linaro-arm-linux-gnueab
ihf-raspbian/bin# ls
arm-linux-gnueabihf-addr2line     arm-linux-gnueabihf-gfortran
arm-linux-gnueabihf-ar            arm-linux-gnueabihf-gprof
arm-linux-gnueabihf-as            arm-linux-gnueabihf-ld
arm-linux-gnueabihf-c++           arm-linux-gnueabihf-ld.bfd
arm-linux-gnueabihf-c++filt       arm-linux-gnueabihf-ld.gold
arm-linux-gnueabihf-cpp           arm-linux-gnueabihf-ldd
arm-linux-gnueabihf-ct-ng.config  arm-linux-gnueabihf-nm
arm-linux-gnueabihf-elfedit       arm-linux-gnueabihf-objcopy
arm-linux-gnueabihf-g++           arm-linux-gnueabihf-objdump
arm-linux-gnueabihf-gcc           arm-linux-gnueabihf-pkg-config
arm-linux-gnueabihf-gcc-4.7.2     arm-linux-gnueabihf-pkg-config-real
arm-linux-gnueabihf-gcc-ar        arm-linux-gnueabihf-ranlib
arm-linux-gnueabihf-gcc-nm        arm-linux-gnueabihf-readelf
arm-linux-gnueabihf-gcc-ranlib    arm-linux-gnueabihf-size
arm-linux-gnueabihf-gcov          arm-linux-gnueabihf-strings
arm-linux-gnueabihf-gdb           arm-linux-gnueabihf-strip
root@ubuntu-VirtualBox:/home/chap0/tools/arm-bcm2708/gcc-linaro-arm-linux-gnueabihf-raspbian/bin#
```

Ex) /home/chap0/tools/arm-bcm2708/gcc-linaro-arm-linux-gnueabihf-raspbian/bin 에 arm용 gcc컴파일러가 있다. 쉽게 사용하기 위해 ./bashrc 파일을 수정하여 사용하도록 하자.

이후 환경 설정 정보들이 저장되어 있는 .bashrc 를 vi 편집기로 편집한다. 최상의 디렉토리에서 다음과 같은 명령어 입력 (#vi .bashrc)

```
root@ubuntu-VirtualBox:~# vi .bashrc
```

vi 편집기로 .bashrc 파일을 열고 맨 마지막에 아래와 같이 추가한다.

```
export CROSS_COMPILE=arm-linux-gnueabihf-
export PATH=/home/chap0/tools/arm-bcm2708/gcc-linaro-arm-linux-gnueabihf-raspbian/bin:$PATH
~
```

이제 크로스 컴파일러가 준비 완료되었다. 이 과정에서, 환경설정을 변경한 경우 재부팅하거나 또는 source 명령어로 .bashrc 파일 reload함.(source 명령을 다음과 같이 사용하면 재부팅 하지 않더라도 변경된 환경설정을 현재 shell에 반영할 수 있다)

```
source .bashrc
```

1) 커널 컴파일 설정 -커널 컴파일을 수행하기 전에 아래 명령으로 컴파일 설정을 해 준다.

라즈베리 커널 소스 디렉토리 안에서 명령어 입력
ex) /home/chap0/linux

```
#make mrproper
#export ARCH=arm
#export CROSS_COMPILE=arm-linux-gnueabihf-
#make bcmrpi_cutdown_defconfig
```

여기서 make mrproper 명령은 과거에 커널 컴파일을 수행한 적이 있는 경우, 그 잔재들을 청소하기 위한 명령어로서, 커널컴파일을 최초로 수행하는 경우에는 무의미하나, 앞으로 개발 과정에서 커널 컴파일을 한번 이상 수행하여야 할 것이므로, 습관적으로 커널 컴파일시에는 make mrproper 명령을 내리는 것으로 익혀두는 것이 좋다.

export ARCH=arm 명령은 환경변수를 설정하기 위한 것이다. Linux 쉘에서 export 명령은 환경변수를 설정하기 위한 것이고 ARCH 라는 환경변수에 대해서 변수값을 arm으로 대응시켰다. 즉, 현재 여러분이 사용하고 있는 컴파일 타겟 시스템 환경이 ARM 기반 라즈베리파이 이기 때문에 이와 같이 설정하는 것이다. 또한, CROSS_COMPILE 환경변수는 컴파일을 수행할 크로스 컴파일러를 선택하는 것으로서 arm-linux-gnueabihf 라는 리눅스에서 실행되는 arm 컴파일러로서 gnu 기반의 open source compiler를 사용하겠다는 뜻이다.

```
root@ubuntu-VirtualBox:/home/chap0/linux# make mrproper
root@ubuntu-VirtualBox:/home/chap0/linux# export ARCH=arm
root@ubuntu-VirtualBox:/home/chap0/linux# export CROSS_COMPILE=arm-linux-gnueabi-
root@ubuntu-VirtualBox:/home/chap0/linux# make bcmrpi_cutdown_defconfig
  HOSTCC  scripts/basic/fixdep
  HOSTCC  scripts/kconfig/conf.o
  SHIPPED scripts/kconfig/zconf.tab.c
  SHIPPED scripts/kconfig/zconf.lex.c
  SHIPPED scripts/kconfig/zconf.hash.c
  HOSTCC  scripts/kconfig/zconf.tab.o
  HOSTLD  scripts/kconfig/conf
#
# configuration written to .config
#
root@ubuntu-VirtualBox:/home/chap0/linux# 
```

커널 컴파일 수행 : 현재까지 커널 컴파일 설정을 통해 컴파일 준비가 되었다면, make 명령으로 컴파일을 수행한다.

#make 컴파일 과정은 시간이 걸릴 것이므로, 충분히 여유를 갖고 기다리자.

```
root@ubuntu-VirtualBox:/home/chap0/linux# make
scripts/kconfig/conf --silentoldconfig Kconfig
  WRAP    arch/arm/include/generated/asm/auxvec.h
  WRAP    arch/arm/include/generated/asm/bitsperlong.h
  WRAP    arch/arm/include/generated/asm/cputime.h
  WRAP    arch/arm/include/generated/asm/current.h
  WRAP    arch/arm/include/generated/asm/emergency-restart.h
  WRAP    arch/arm/include/generated/asm/errno.h
  WRAP    arch/arm/include/generated/asm/exec.h
  WRAP    arch/arm/include/generated/asm/ioctl.h
  WRAP    arch/arm/include/generated/asm/ipcbuf.h
  WRAP    arch/arm/include/generated/asm/irq_regs.h
  WRAP    arch/arm/include/generated/asm/kdebug.h
  WRAP    arch/arm/include/generated/asm/local.h
  WRAP    arch/arm/include/generated/asm/local64.h
  WRAP    arch/arm/include/generated/asm/msgbuf.h
  WRAP    arch/arm/include/generated/asm/param.h
  WRAP    arch/arm/include/generated/asm/parport.h
  WRAP    arch/arm/include/generated/asm/poll.h
```

커널 컴파일 중에는 위와 같이 화면이 지속적으로 스크롤 되면서, 각각의 파일들을 하나씩 컴파일한다. 최종적으로 커널 컴파일이 정상적으로 완료되면 아래와 같이 linux/arch/arm/boot 디렉토리를 확인해 보면 zImage 라는 파일이 생성되는데, 이 파일이 바로 최종적으로 커널컴파일로 인해 생성된 결과물이다.

```
root@ubuntu-VirtualBox:/home/chap0/linux/arch/arm/boot# ls
Image  Makefile  bootp  compressed  dts  install.sh  zImage
root@ubuntu-VirtualBox:/home/chap0/linux/arch/arm/boot#
```

이상과 같이 커널 컴파일이 완료되면, 이제 컴파일된 이미지(Image)를 실제 시스템에 탑재(업데이트)해야 한다. 그런데, 컴파일된 커널 이미지 파일(Image)은 그대로 사용할 수 없다. Raspberrypi github에서 받은 이미지 빌드 도구를 사용하여 컴파일한 이미지를 통해 라즈베리 파이에서 사용할 수 있는 커널 이미지(kernel.img)로 변환해 주어야 한다. 이를 위해서, 우선 받은 tools 디렉토리로 가자.

```
root@ubuntu-VirtualBox:/home/chap0# ls
linux  tools
root@ubuntu-VirtualBox:/home/chap0#
```

커널 이미지 생성 및 SD카드에 다운로드 하기 위해서, 우선 다운로드 받은 이미지 빌드 도구(tools) 디렉토리를 살펴보면, mkimage 라는 디렉토리가 있는 것을 확인할 수 있다. 여기서tool/mkimage 디렉토리 이하에 있는 imagetool-uncompressed.py 라는 이름의 스크립트를 이용하여 컴파일한 커널 이미지를 라즈베리 파이용 커널 이미지로 변환할 수 있다.

- 컴파일된 커널 이미지 위치:/home/chap0/linux/arch/arm/boot/Image
- 이미지 빌드 도구 디렉토리 :
  /home/chap0/tools/mkimage/imagetool-uncompressed.py

```
./imagetool-uncompressed.py (생성된 Image 파일의 경로를 포함한 Image파일)
```

```
root@ubuntu-VirtualBox:/home/chap0/tools/mkimage# ls
args-uncompressed.txt  boot-uncompressed.txt  first32k.bin  imagetool-uncompressed.py
root@ubuntu-VirtualBox:/home/chap0/tools/mkimage# ./imagetool-uncompressed.py /home/chap0/l
inux/arch/arm/boot/Image
root@ubuntu-VirtualBox:/home/chap0/tools/mkimage# ls
args-uncompressed.txt  first32k.bin               kernel.img
boot-uncompressed.txt  imagetool-uncompressed.py
root@ubuntu-VirtualBox:/home/chap0/tools/mkimage# 
```

커널 이미지를 생성하고 SD카드에 다운로드한다.

- SD카드에 이미지 복사 -imagetool-uncompressed.py 스크립트를 실행시키면 kernel.img 라는 파일이 생성 됩니다. 이 파일을 복사하여 라즈베리 파이 부팅 SD카드에 복사한다.
- 생성된 kernel.img파일을 samba 디렉토리에 복사한다. (리눅스운영체제)

```
root@ubuntu-VirtualBox:/home/chap0/tools/mkimage# cp -r kernel.img /home/samba/
root@ubuntu-VirtualBox:/home/chap0/tools/mkimage# cd /home/samba/
root@ubuntu-VirtualBox:/home/samba# ls
kernel.img
root@ubuntu-VirtualBox:/home/samba# 
```

커널 이미지 생성 및 SD카드에 다운로드

2) SD카드에 이미지 복사를 위해서, 라즈베리파이 부팅 SD카드를 PC의 MicroSD 슬롯에 꽂는다. 마운트 후 SD카드를 보면 아래와 같은 파일들이 있다

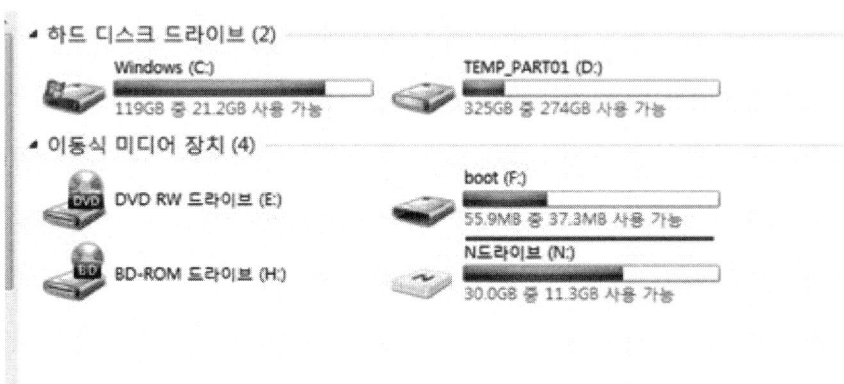

Image 파일을 SD카드에 복사하는 과정에서는 우리가 앞서 라즈베리파이 Micro SD카드 이미지를 생성할 때와 같이 WinDiskImager 프로그램을 사용할 필요는 없다. (왜냐하면, 이미 부트로더 등의 프로그램은 Micro SD 카드의 boot sector 등에 이미 설치되어 있고, 우리는 단지 부팅에 필요한 커널컴파일 된 Image 파일만 대체할 것이기 때문이다)

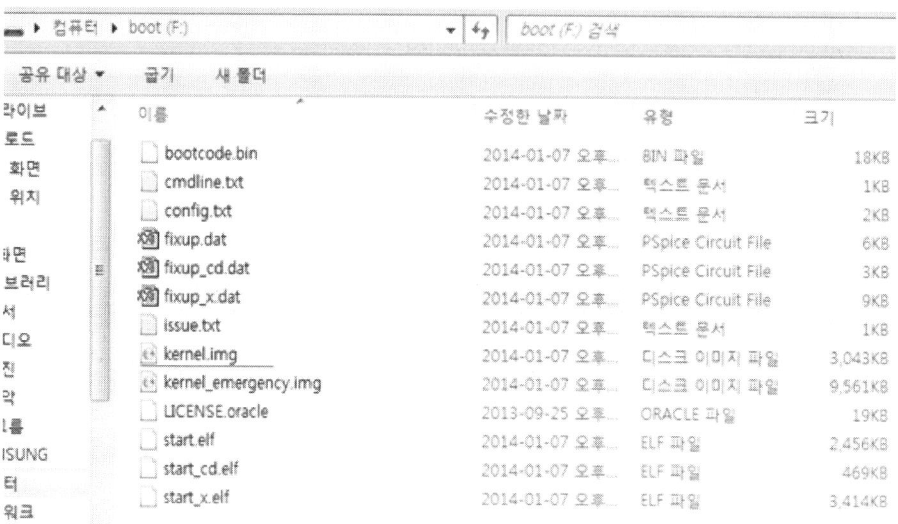

따라서, 다음과 같이 Micro SD카드에서 탐색기를 통해 kernel.img 라고 되어 있는 파일만 삭제하고 우리가 위에서 imagetool-uncompressed.py 툴을 사용하여 변환한 파일로 대체하면 된다. SD카드에 이미지 복사하는 방법은 다음과 같다. imagetool-uncompressed.py 파일을 통해 생성된 kernel.img 파일(만약, 이름이 kernel.img 와 다르게 되어 있다면, mv 명령을 통하여 이름을 변경하면 된다)을 MicroSD 카드의 kernel.img 파일이 위치하는 디렉토리에 덮어쓰기/복사 한다)

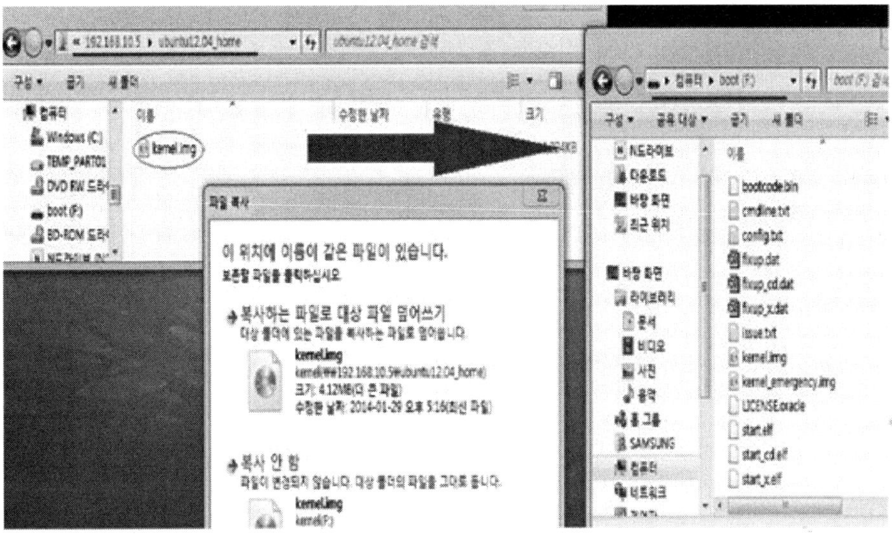

SD카드에 이미지 복사 kernel.img 파일을 SD카드에 복사하고 나서 다시 라즈베리 파이 시스템을 부팅 해보자. 별다른 절차 없이 변경한 커널 이미지로 부팅이 진행될 것이다.

실제로 운영체제 커널이 새로운 것으로 잘 적용되었는지 확인하고자 할 때에는 uname 명령을 사용하면 된다.

```
# uname -r  // 커널 바뀌었는지 확인
```

만약 kernel.img를 교체하고 나서 제대로 부팅이 되지 않는다면, 커널 소스 디렉토리에서 make명령을 통해 커널 컴파일을 수행할때 또는 kernel image 변환, kernel image 업데이트 등의 과정에서 오류가 발생하였을 가능성이 있다. 따라서, 이전 단계로 돌아가서 다시 차근차근 실행해보아야 할 것이다.

다) 라즈베리파이 디바이스 드라이버 제작 실습

이제 개발 환경 구축이 완료되었다. 리눅스 환경에서 응용프로그램과 디바이스 드라이버를 크로스 컴파일 하여 nfs를 이용 라즈베리 파이에서 실행하기로 하자. 여기서는 간단한 'Hello raspberry~' 라는 메시지를 출력하는 프로그램을 만들기로 하고, 먼저 vi 편집기를 이용하여 다음과 같은 소스코드를 작성한다.

```
$vi hello.c
```

```
#include <stdio.h>

void main()
{
        printf("hello raspberry~\n");
}
```

만든 소스코드를 arm용 gcc 컴파일러를 사용하여 hello.c를 컴파일 한다. #arm-linux-gnueabihf-gcc –o hello hello.c

```
root@ubuntu-VirtualBox:/home/nfs# ls
hello.c
root@ubuntu-VirtualBox:/home/nfs# arm-linux-gnueabihf-gcc -o hello hello.c
root@ubuntu-VirtualBox:/home/nfs# ls
hello  hello.c
root@ubuntu-VirtualBox:/home/nfs# 
```

컴파일이 완료되고 응용 프로그램이 만들어 졌다면 라즈베리파이에서 NFS 디렉토리로 가보자 만약 리눅스 운영체제(ubuntu)에서 만든 파일들이 보이지 않는다면 nfs를 다시 마운트 해주자 ($sudo mount –t nfs 192.168.10.5:/home/nfs /home/nfs ,

NFS 서버에 대한 설정방법은 이전 chapter를 참고하자)

이제 모든 실행 준비가 끝났으니 실행하여 보자.

$ ./hello

이번에는 실제로 기본적인 디바이스 드라이버(device driver) 프로그램을 만들어 크로스 컴파일(cross compile)하여 라즈베리 파이에서 실행해 보자. 기본적으로 커널에 적재될 때 hello – I'm in kernel을 출력하고 해제 될때 goodbye 라는 문자열을 출력하도록 하는 디바이스 드라이버이다. 소스코드의 이름은 hello_dev.c 이므로, 다음과 같은 방법으로 vi 에디터를 통해 다음 소스코드를 입력하자.

```
vi hello_dev.c
```

```
#include 〈linux/init.h〉
#include 〈linux/module.h〉
#include 〈linux/kernel.h〉
static int hello_init(void) {
```

```
        printk( "[hello] Hello - I' m in kernel₩n);
        return 0;
}
static void hello_exit(void) {
        printk( "[hello] Goodbye ₩n" );
}
module_init(hello_init);
module_exit(hello_exit);
MODULE_LICENSE( "GPL" );
```

Makefile 작성 : make 명령은 Makefile 이라는 파일을 참조하여 컴파일 수행하므로, Makefile을 만들어 두어야 한다. 물론, Makefile 없이 매번 gcc 명령에 각종 옵션을 기재하여 컴파일 할 수도 있으나, Makefile을 만들어 두고 make 명령만 내리는 것이 훨씬 편리하다.

```
AR = $ar
#CC = $gcc
CC = /project/gcc-linaro-arm-linux-gnueabihf-raspbian/bin/arm-linux-gnueabihf-gcc

obj-m := hello_dev.o

KDIR  := /home/chap2/linux-rpi-3.2.27

PWD   := $(shell pwd)


default:

        $(MAKE) -C $(KDIR) M=$(PWD) modules ARCH=arm

clean:
        rm -rf *.ko
        rm -rf *.o
        rm -rf *.mod.*
        rm -rf modules.order
        rm -rf Module.symvers
```

이제 make 명령으로 컴파일을 한 후에 생성되는 hello_dev.ko 바이너리(binary) 파일을 nfs디렉토리에 hello_dev.ko를 복사한다. (NFS 디렉토리에 복사한다는 뜻은 파

일을 개발환경에서 타겟 시스템 환경으로 복사한다는 뜻이다)

```
root@raspberrypi:/home/nfs# ls
chap4  hello.c  hello_dev.ko
root@raspberrypi:/home/nfs# 
```

(만약 NFS 디렉토리가 보이지 않는다면 다음과 같은 NFS 마운트 명령을 새로 수행하여 NFS가 연결되도록 하여야 한다 $sudo mount ⁻t nfs 192.168.10.5:/home/nfs /home/nfs)

이제, 복사한 모듈 파일을 라즈베리파이에서 insmod 명령어를 사용하여 커널에 적재하고 dmesg명령을 사용 커널에서 printk 함수가 출력한 내용이 잘 출력되었는지 확인하자.

```
[hello] Hello-I'm in kernel
sys_init_module: 'hello_dev'->init suspiciously returned
-E convention
sys_init_module: loading module anyway...
Backtrace:
Function entered at [<c0011bf8>] from [<c03418a8>]
 r6:bf00609c r5:bf006190 r4:0000001f r3:00000000
Function entered at [<c0341890>] from [<c0052448>]
Function entered at [<c0051104>] from [<c000e440>]
root@raspberrypi:/home/nfs# 
```

메모리에 적재된 디바이스 드라이버를 메모리에서 해제하는 명령인 rmmod를 사용하여 해제 할 때 출력하기로 한 "Goodbye" 문장이 잘 출력되는지도 역시 dmesg 명령을 사용하여 확인해 보자.

```
[hello] Goodbye
root@raspberrypi:/home/nfs#
```

20. 각종 센서 사용 실습

가) 초음파 센서

초음파(超音波)는 인간이 들을 수 있는 가청 최대 한계 범위를 넘어서는 주파수를 갖는 주기적인 음압(音壓, Sound Pressure)을 의미한다. 비록, 이러한 한계값이 사람마다 다르지만, 건강한 젊은 사람의 경우 이 값은 약 20kilohertz(20,000 hertz)이고 따라서 20kHz는 초음파를 설명하는 데 있어 유용한 하한(下限)이 된다. 초음파 센서의 원리는 초음파가 물체에 충돌한 후 반사하는 성질을 이용하여 round trip 소요시간을 계산함으로써 거리를 측정한다.

HC-SR04 초음파 센서 연결방법

- 사양 (Specification) :
- 동작 전압 3.3V ~ 5V

- 동작 전류 15mA
- 동작 주파수 40Hz
- 발생 주파수 40kHz
- 측정 거리 2~400cm
- 45 x 20 x 15 mm

핀배치 : VCC, Triger, Echo, GND

- VCC - 전원공급 (5V)
- TRIG - 초음파 발신
- ECHO - 초음파 수신
- GND - 그라운드 (접지)

VCC 와 GND 는 5v 라인에 연결하고, Triger 핀과 Echo 핀은 라즈베리파이의 GPIO 핀에 연결하면 된다.

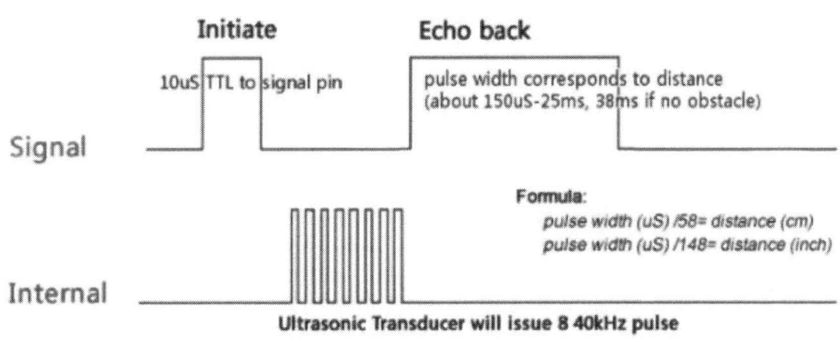

HC-SR04 초음파 센서의 사용방법은 다음과 같다. 먼저, triger 핀에 10us 정도의 High 신호를 주면 초음파센서는 40khz 펄스를 자동적으로 8회 발생한다. 펄스를 발생시킨 직후에 echo 핀은 high 되며, 추후 반사된 초음파가 감지 되었을때에 다시 echo 핀이 low로 바뀐다. 따라서, 이 echo 핀이 high 였다가 low가 되는데 걸리는 시간을 측정하면 되고, 그 시간을 초음파의 속도/2(즉 58)로 나누면 거리가 산출된다.

```
#include <stdio.h>
#include <wiringPi.h>

#define trigPin 5
#define echoPin 4

int main(void)
{
        int distance=0;
        int pulse = 0;

        if(wiringPiSetup () == -1)
        return 1;

        pinMode (trigPin, OUTPUT);
        pinMode (echoPin, INPUT);

        for(;;)
        {
                digitalWrite (trigPin, LOW);
                usleep(2);
                digitalWrite (trigPin, HIGH);
                usleep(20);
                digitalWrite (trigPin, LOW);
                while(digitalRead(echoPin) == LOW);
                long startTime = micros();

                while(digitalRead(echoPin) == HIGH);
                long travelTime = micros() - startTime;
                int distance = travelTime / 58;
                printf( "Distance: %dcm₩n" , distance);
                delay(100);
```

```
        }
}
```

위 소스코드에서 wiringPi 포트번호로 4번과 5번에 각각 trigger와 echo 핀을 연결하겠다고 하였는데, 이는 아래와 같이 BCM GPIO 23, 24에 해당하므로, 주의하여 연결하여야 한다.

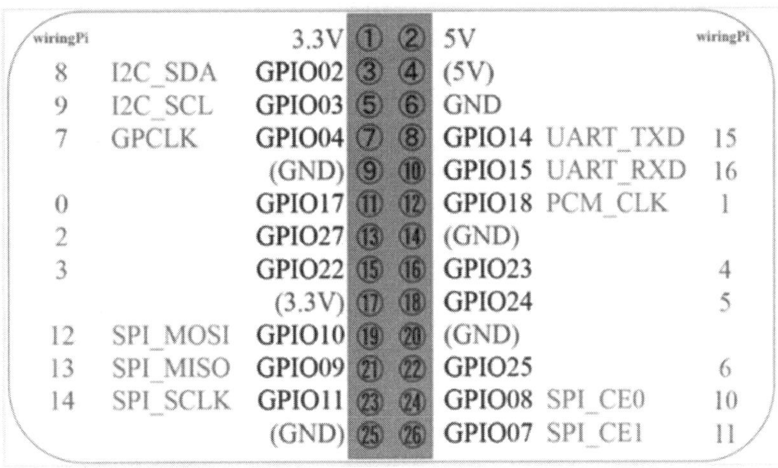

컴파일 방법은 다음과 같다.

```
gcc -o ultrasonic ultrasonic.c -lwiringPi
```

실행방법은 다음과 같다.

```
sudo ./ultrasonic
```

실행 후 초음파 센서 모듈 부근에 손을 흔들면, 화면에 출력되는 거리측정값이 달라지는 것을 확인할 수 있다.

나) 적외선 인체 감지(PIR) 센서

화장실 및 자동 소등 등에 많이 사용되는 인체 감지 센서로서 PIR 센서는 적외선의 변화를 감지하며, 센서 반응 가능한 범위 내에서의 움직임을 체크가능하다. 그래서, 휴먼 모션센서 라고도한다. 일반적으로 판매되는 모듈의 경우, 움직임이 있을경우 1, 움직임이 없을 경우 0 등의 단순한 출력이 제공되므로 사용하기 쉽다. 여기서는 굳이 ADC 를 사용하지 않더라도 Digital 입출력을 제공하는 C43 DC 인체감지센서를 사용한다. 따라서, 일반적인 GPIO를 입력으로 설정하여 센서와 연결하고 입력받을 수 있다.

동작전압 : DC 3.3V ~ 5V
대기전류 : 〈50uA
출력전압 : H 3.3V / L 0V
출력모드 : H 단말성 펄드 모드 (default) / L 지속 펄스 모드
지속시간 : 5 ~ 200 초
보드크기 : 32mm X 24 mm
센싱각도 : 〈100도
동작온도 : -15도 ~ 70도 (섭시)

모드가 H인 경우 물체가 움직이고 있는 동안 출력이 계속 ON으로 나타난다.
모드가 L인 경우 물체가 움직이고 있는 경우 출력이 ON/OFF를 반복한다.
모드 H를 사용하는 것이 조금더 안정적인 출력을 얻을 수 있다.

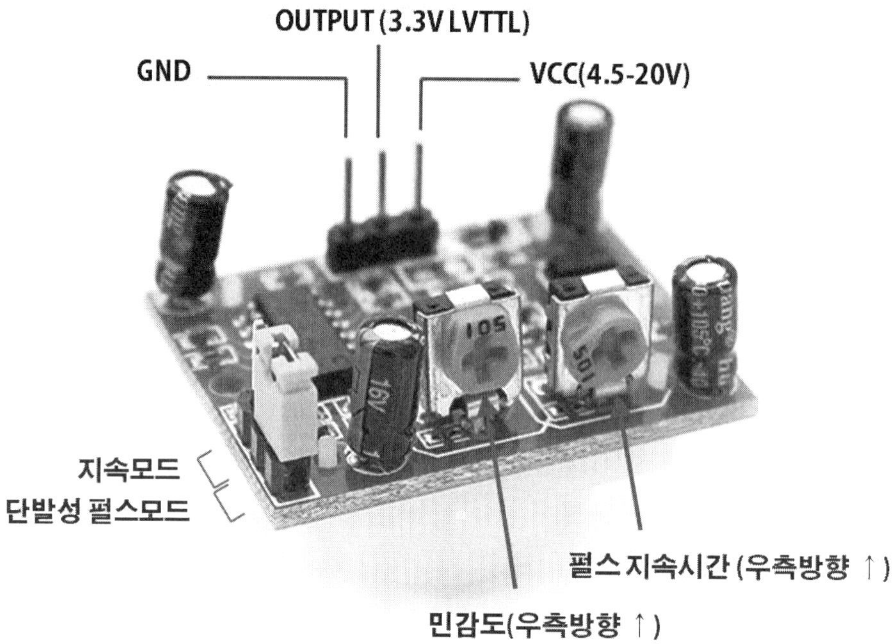
OUTPUT (3.3V LVTTL)
GND
VCC(4.5-20V)
지속모드
단발성 펄스모드
펄스 지속시간 (우측방향 ↑)
민감도(우측방향 ↑)

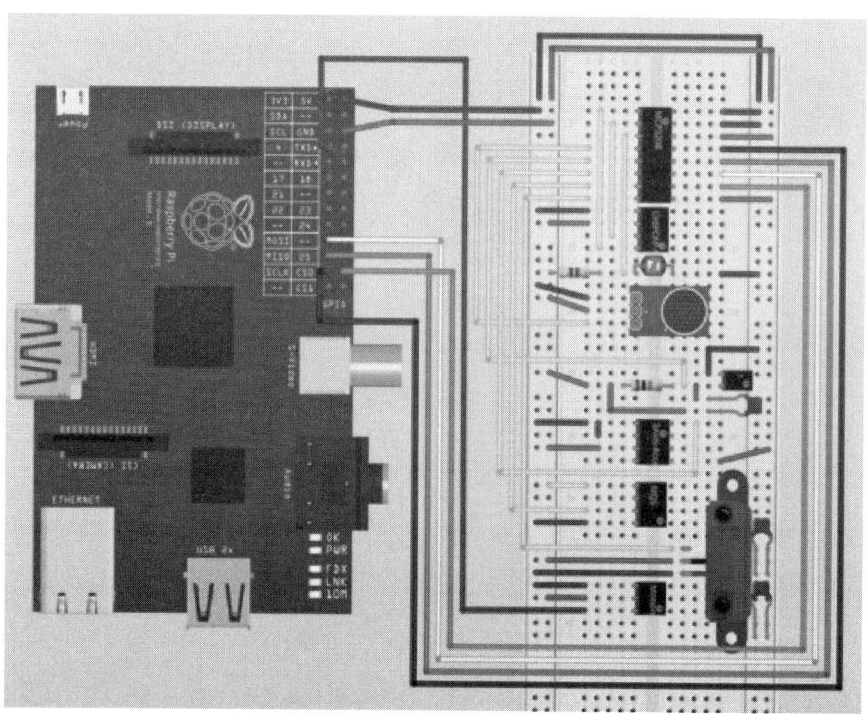

다) 조도 센서 실습

다음 실습해 볼 센서는 Photosensitive sensor light sensor module (C58)이다. 이 제품은 CDS(조도 센서)와 LM383이 결합되어 하나의 모듈을 구성하는 제품이고, threshold를 기준으로 CDS 저항값에 따라서 1값과 0값을 제공하는 센서이다.

크기 : 길이 30mmx 폭 10mmx 높이 13mm
주요 칩 : LM393의 감광성 유도 프로브
동작 전압 : DC 3.3V-5V

다음 소스코드를 활용하여 실습을 해보자.

```
#include <stdio.h>
#include <wiringPi.h>

// SENSOR Pin - wiringPi pin 0 is BCM_GPIO 17.
#define SENSOR      0
```

```
int main (void) {
        int readvalue = 0;

        printf ("Raspberry Pi blink₩n") ;
        wiringPiSetup () ;              // ← note the setup method chosen
        pinMode (SENSOR, INPUT) ;

        for (;;) {
                readvalue = digitalRead (SENSOR) ;
                delay (500) ;           // mS

                printf("val = %d₩n", readvalue);
        }
        return 0 ;
}
```

라) 압력/온도/가속도/방향계/자이로 센서 모듈(GY-80) 실습

GY-80 은 27X17 밀리미터 크기를 갖는 소형 센서모듈로서, I2C 인터페이스를 통해 연결가능하며 HMC5883L 센서(3축 디지털 방향계), ADXL345 센서 (3축 디지털 가속도계), L3G4200D (3축 각속도계/자이로), 그리고 BMP085 (압력 및 온도센서) 센서를 탑재한 일체형 센서 모듈이다.

라즈베리파이에서 I2C를 사용하기 위해서는 우선적으로 약간의 셋업을 수행하여야 한다. 기본적으로 라즈베리파이에서 I2C 인터페이스는 비활성화(disable) 되어있기 때문에 이를 활성화 시켜야 한다.

```
$ sudo vi /etc/modules
```

/etc/ 아래에 위치한 modules 파일을 vi에디터로 열어서, 다음과 같이 두 줄을 삽입한 후, 재부팅하면 효과가 발생한다.

```
i2c-bcm2708
i2c-dev
```

또한, /etc/modprobe.d/ 디렉토리 아래에 위치한 raspi-blacklist.conf 파일을 열

어서 I2C 모듈 설정을 확인한다. 이때, vi 에디터를 사용하여도 되고, more 라는 유틸리티를 사용하여도 된다.

```
$ more /etc/modprobe.d/raspi-blacklist.conf
```

일반적인 사용자의 경우 SPI와 I2C를 사용하지 않으므로, 기본적으로 blacklist 처리가 되어 있는데, 이 부분을 다음과 같이 주석처리(commenting out)함으로써 SPI와 I2C를 활성화 시킨다.

```
# blacklist spi-bcm2708
# blacklist i2c-bcm2708
```

이제, 라즈베리파이에 I2C 관련 실행도구(tool)을 설치한다.

```
$ sudo apt-get install i2c-tools python-smbus
```

i2c-tools 도구는 다음과 같이 I2C 관련한 유용한 유틸리티를 제공한다.

```
i2c-0 i2c       bcm2708_i2c.0             I2C adapter
i2c-1 i2c       bcm2708_i2c.1             I2C adapter
```

이제 라즈베리파이에서 어떠한 종류의 I2C 장치가 발견되는지, 한번 확인해보자.

```
$ sudo i2cdetect -y 1
     0  1  2  3  4  5  6  7  8  9  a  b  c  d  e  f
00:          -- -- -- -- -- -- -- -- -- -- -- -- --
10: -- -- -- -- -- -- -- -- -- -- -- -- -- -- -- --
20: -- -- -- -- -- -- -- -- -- -- -- -- -- -- -- --
30: -- -- -- -- -- -- -- -- -- -- -- -- -- -- -- --
40: -- -- -- -- -- -- -- -- -- -- -- -- -- -- -- --
50: -- -- -- -- -- -- -- -- -- -- -- -- -- -- -- --
60: -- -- -- -- -- -- -- -- -- -- -- -- -- -- -- --
70: -- -- -- -- -- -- -- --
```

GY-80 센서 모듈에는 많은 연결 포트가 있으나 I2C 통신을 위해 최소한으로 필요한 4개의 점퍼 케이블만을 연결하면 기본적으로 작동된다. 여기서는 빨강, 갈색, 녹색, 그리고 노랑색 케이블을 사용하였다.

- VCC_IN 〈--〉 Raspberry Pi GPIO pin 1, 3.3V
- VCC_3.3V 〈--〉 Unused
- GND 〈--〉 라즈베리파이 GPIO 핀 6번에 연결함, Ground
- SCL 〈--〉 라즈베리파이 GPIO 핀 5번에 연결함, I2C serial clock (SCL)
- SDA 〈--〉 라즈베리파이 GPIO 핀 3번에 연결함, I2C serial data (SDA)
- M_DRDY (interrupt from HMC5883L magnetometer) 〈--〉 사용하지 않음
- A_INT1 (interrupt from ADXL345 accelerometer) 〈--〉 사용하지 않음
- T_INT1 (interrupt from L3G4200 gyroscope) 〈--〉 사용하지 않음
- P_XCLR (clear BMP085 barometer) 〈--〉 사용하지 않음
- P_EOC (end of conversion for BMP085 barometer) 〈--〉 사용하지 않음

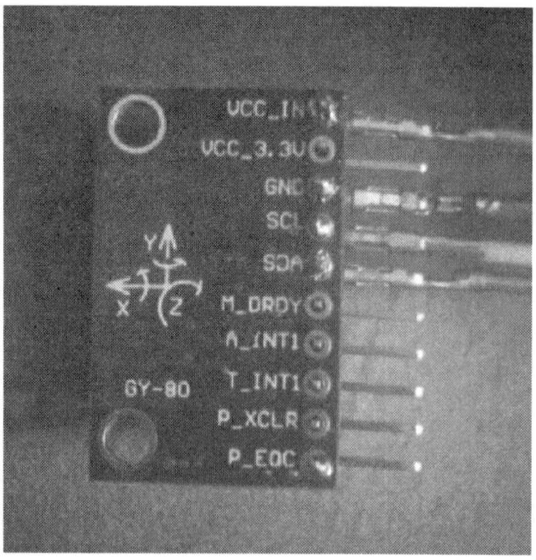

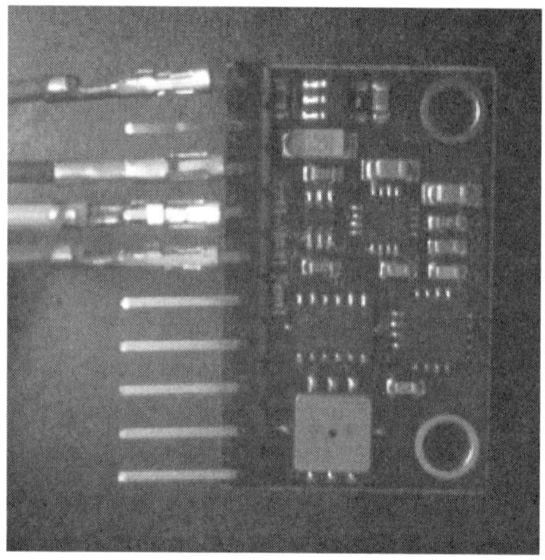

위 GY-80 센서모듈에서는 4개의 I2C 장치가 발견되며, I2C 주소는 0x1E, 0x53, 0x69, 0x77로 나타난다.

- HMC5883L (3-Axis Digital Compass), I2C Address 0x1E
- ADXL345 (3-Axis Digital Accelerometer), I2C Address 0×53
- L3G4200D (3-Axis Angular Rate Sensor), I2C Address 0×69
- BMP085 (Barometric Pressure / Temperature Sensor), I2C Address 0×77

GY-80 센서 모듈이 잘 연결된 상태에서 i2cdetect -y 1 명령을 실행하면 다음과 같이 나타난다.

```
$ i2cdetect -y 1
     0  1  2  3  4  5  6  7  8  9  a  b  c  d  e  f
00:          -- -- -- -- -- -- -- -- -- -- -- -- --
10: -- -- -- -- -- -- -- -- -- -- -- -- -- -- 1e --
20: -- -- -- -- -- -- -- -- -- -- -- -- -- -- -- --
30: -- -- -- -- -- -- -- -- -- -- -- -- -- -- -- --
40: -- -- -- -- -- -- -- -- -- -- -- -- -- -- -- --
50: -- -- -- 53 -- -- -- -- -- -- -- -- -- -- -- --
60: -- -- -- -- -- -- -- -- -- 69 -- -- -- -- -- --
70: -- -- -- -- -- -- -- 77
```

```
git clone https://github.com/adafruit/Adafruit-Raspberry-Pi-Python-Code.git
$ cd Adafruit-Raspberry-Pi-Python-Code/Adafruit_BMP085/
```

```
$ python Adafruit_BMP085_example.py
Temperature: 14.60 C
Pressure:    999.04 hPa
Altitude:    118.99
```

다음의 Adafruit_BMP085_example.py를 실행함으로써, GY-80 센서 모듈의 BMP085 칩의 온도 및 압력 센서에 접근하도록 하자.

```
#!/usr/bin/python
from Adafruit_BMP085 import BMP085
# Initialise the BMP085 and use STANDARD mode (default value)
# bmp = BMP085(0x77, debug=True)
bmp = BMP085(0x77)
# To specify a different operating mode, uncomment one of the following:
# bmp = BMP085(0x77, 0)  # ULTRALOWPOWER Mode
# bmp = BMP085(0x77, 1)  # STANDARD Mode
# bmp = BMP085(0x77, 2)  # HIRES Mode
# bmp = BMP085(0x77, 3)  # ULTRAHIRES Mode

temp = bmp.readTemperature()
# Read the current barometric pressure level
pressure = bmp.readPressure()
# To calculate altitude based on an estimated mean sea level pressure
# (1013.25 hPa) call the function as follows, but this won't be very accurate
altitude = bmp.readAltitude()

# To specify a more accurate altitude, enter the correct mean sea level
# pressure level.  For example, if the current pressure level is 1023.50 hPa
# enter 102350 since we include two decimal places in the integer value
# altitude = bmp.readAltitude(102350)

print "Temperature: %.2f C" % temp
print "Pressure:    %.2f hPa" % (pressure / 100.0)
print "Altitude:    %.2f" % altitude
```

```
$ cd ../Adafruit_ADXL345/
$ python Adafruit_ADXL345.py
[Accelerometer X, Y, Z]
[0, 0, 0]
[42, -31, -269]
[41, -31, -272]
[41, -30, -271]
[41, -31, -273]
[35, -32, -257]
[40, -43, -282]
[28, -27, -253]
[15, -25, -273]
[14, -24, -273]
[16, -26, -274]
^C
Traceback (most recent call last):
  File "Adafruit_ADXL345.py", line 114, in <module>
    sleep(1) # Output is fun to watch if this is commented out
KeyboardInterrupt
```

21. 사물인터넷(IoT) 적용사례

다음은 이상과 같이 다루어 본 ARM 임베디드 시스템, IoT, 라즈베리파이, 각종 센서/액츄에이터 기술을 활용하여 실현할 수 있는 IoT 사례를 살펴보고자 한다.

가) 블루투스 저전력(BLE) 비콘(Beacon) 기술

첫 번째는 블루투스 iBeacon 기술을 활용한 스마트 센서태그(Bluetooth Smart SensorTag with iBeacon technology)로서 매장 홍보 및 쿠폰 제공 서비스에 적용한 사례다.

매장에 iBeacon 단말기를 설치해 두고, BLE advertisement 신호를 주기적(예를들면 1초 간격)으로 송출하도록 해두면, 매장 주변을 지나던 사람들의 스마트폰에서 해당 BLE advertisement 신호를 수신하게 되어, 사용자에게 정보를 알려줄(notification) 수 있는 기술이다.

또한, 이러한 근거리 Proximity 기술을 활용하면, 티켓을 받으러 줄을 서거나 번호표를 뽑지 않아도, iBeacon 단말기 주변에 근접한 순서대로 자동으로 번호표 등을 발행해 줄 수 있다.

또한, 매장 내부에서도 다수의 iBeacon 단말기를 곳곳에 설치해 둠으로써, 사용자들

에게 쇼핑에 필요한 각종 정보(세일 정보, 쿠폰 등)를 제공할 수 있다.

또한, 매장 뿐만 아니라 다양한 기관에서 기관 내 위치 정보를 소개하기 위해서 지도(map)를 게시하거나 안내원을 배치하거나 한다. 또한, 박물관/전시장 같은 곳에서 각 위치에 특화된 설명을 제공하여야 할 필요가 있다. 이러한 경우 iBeacon 단말기를 배치해 놓으면 사용자가 해당 iBeacon 단말기와 근접할 경우 알림을 받고, 스마트폰을 통해 부가 정보를 수신할 수 있다.

나) 블루투스 저전력 활용 IoT 가스(gas)센서 응용

블루투스 저전력(BLE) 통신 기술을 적용한 또 다른 IoT 응용사례로는 TI에서 제공하는 Gas Sensor Platform을 들 수 있다.

위 가스센서는 일산화탄소(CO), 암모니아(Ammonia), 플루오린(Fluorine) 가스 및 산소(O2)농도에 대한 검출이 가능하다. 코인 셀(Coin cell) 밧데리를 통해서 구동된다.

위와 같이 Gas 센서 모듈이 BLE를 통해 스마트폰과 직접 연결되며, 스마트폰은 advertisement 신호를 받아 Gas 센서 모듈을 인지할 수 있다. 스마트폰에서는 필요한 경우 Gas 센서 모듈에 connection mode로 연결을 설정함으로써, 다음과 같은 상세한 정보를 Gas 센서 모듈로부터 수신할 수 있다.

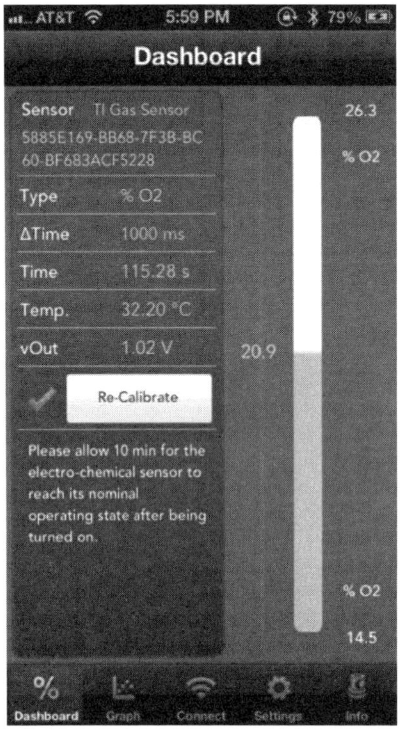

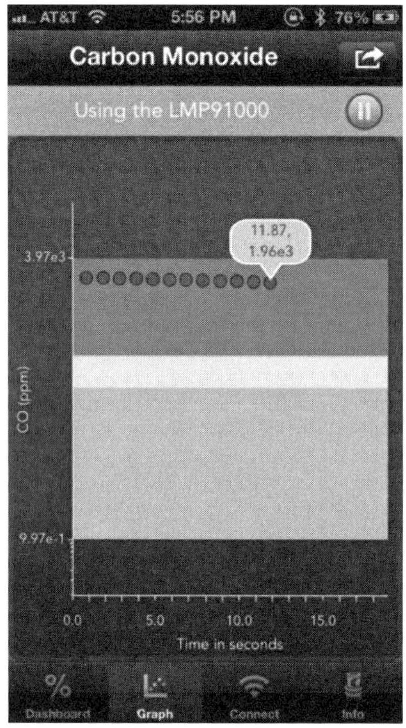

IoT 사물인터넷 또 다른 적용사례는 차량용 윈도우 컨트롤 장치를 들 수 있다. 차량 내부에서 통신을 위한 상호연결 네트워크가 존재하지만, 통신 속도/신뢰성/우선순위 등이 비교적 높지 않은 디바이스에 대해서는 굳이 차량 내부 상호연결 네트워크를 사용하지 않고 아래와 같이 블루투스 저전력 등의 무선 통신 네트워크를 통한 컨트롤도 가능하다.

다) 블루투스 저전력(BLE) 차량 윈도우 컨트롤러 응용

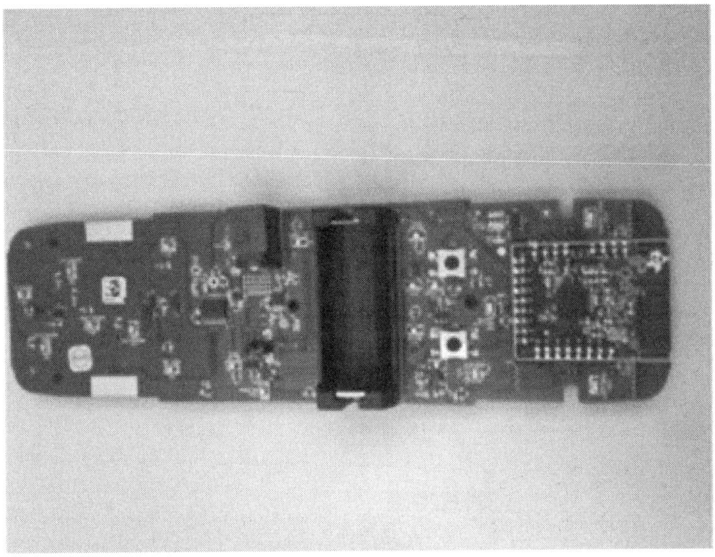

위 그림은 차량에서 운전석에 장착되는 윈도우 컨트롤러인데, 텍사스 인스트루먼트(TI)사가 제공하는 Automotive Door Control Switch 제품이다. 다음과 같이 차량 윈도우 제어, 도어 잠금 제어, 사이드 백미러 방향 제어 등의 기능이 포함되어 있다.

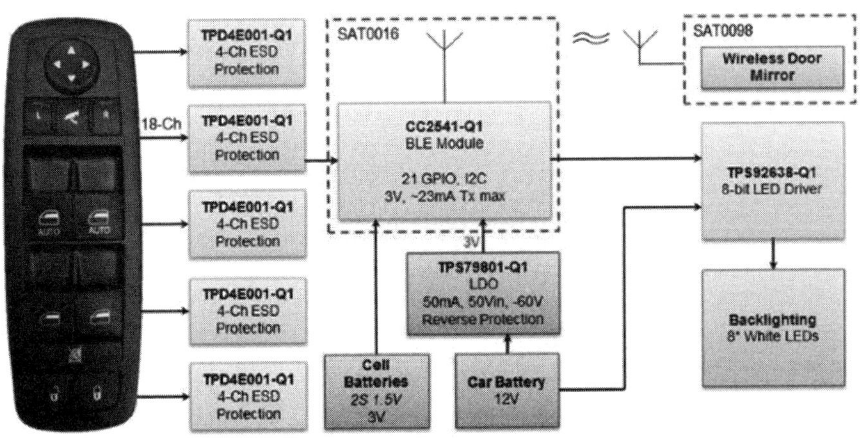

다음은 IoT 사물인터넷을 통해 실현가능한 다양한 경우를 보여준다.

라) 사물인터넷 헬스케어 분야 응용

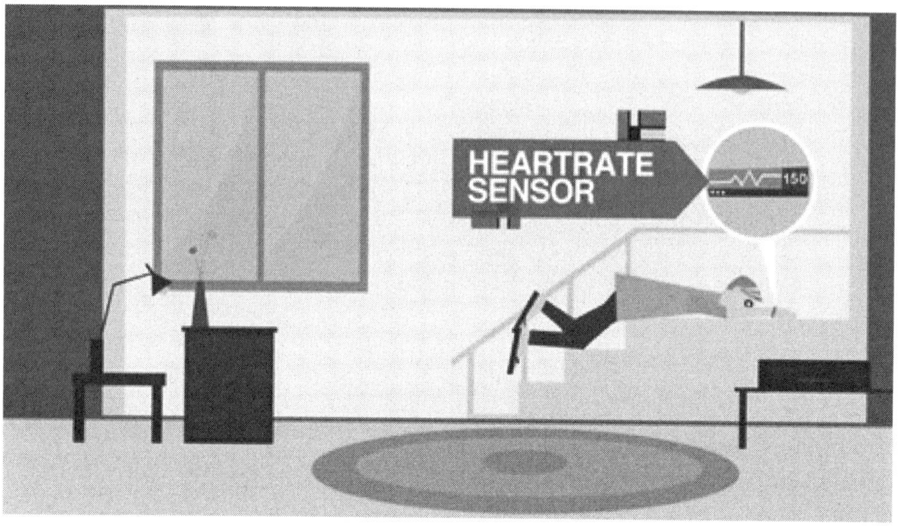

위는 일반 가정에서 home network 및 healthcare 분야에 적용될 수 있음을 알리는 것으로서, 독거노인 등에게 손목에 착용하는 팔찌와 같은 형태로 착용할 수 있다. 이때, 심박/맥박 등의 데이터를 실시간 측정하다가, 그림과 같이 신체에 충격이 가해지거나 심박/맥박 등이 평상시처럼 측정되지 않으면 자동으로 응급콜센터 등에 연락하는 시스템이다.

마) 사물인터넷 물류분야 응용

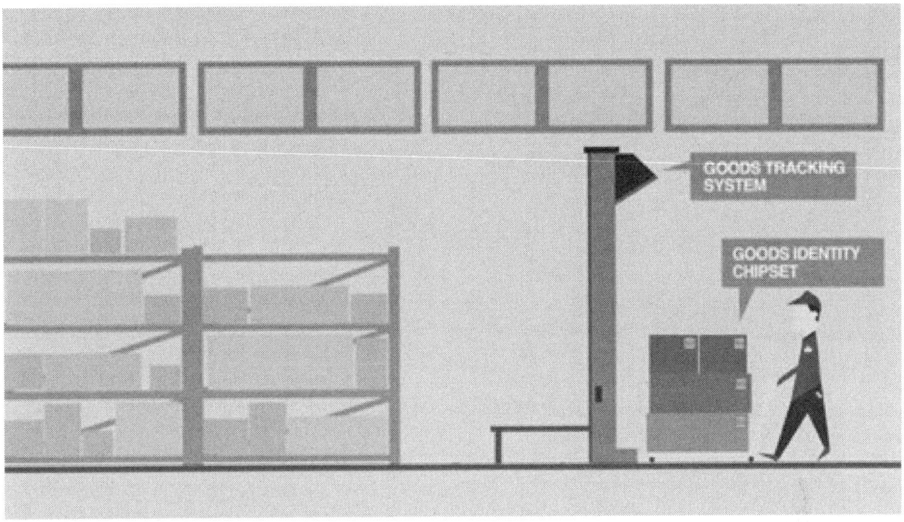

다음은 물류(logistics) 분야에서의 응용사례다. 상품이 배송되는 동안에 해당 상품의 배송상황 등을 IoT 사물인터넷을 통해서 지속적으로 관찰할 수 있도록 한다. 배송하는 상품(GOODS)에 식별가능한 장치를 추가해 두면 중간에 물류센터를 거치는 동안에 지속적으로 상품 추적 시스템(GOODS TRACKING SYSTEM)에 의해서, 상품이 어디까지 배송되고 있는지, 또는 최종 수령자에게 정상적으로 전달되었는지 확인할 수 있다. 물론, 이러한 시스템은 현재 우리나라에서는 충분히 적용(IoT 기술이라기 보다는 바코드에 의해서 각 물류센터에서 지속적으로 체킹하는 방법으로 구현됨)되어 있기 때문에 우리나라에서는 이미 실현되어 있다고 볼 수 있다.

바) 사물인터넷 스마트 빌딩 응용

다른 사례는 지능형 건물 에너지/전력관리에 대한 IoT 사물인터넷 기술적용 사례이다. 건물 외부에 장착한 조도센서(light sensor)로부터 시간대 별로 햇빛의 세기 등을 감지함으로써, 건물 내에서 사용하는 조명의 밝기를 자동으로 조정하는 방식이다. 최근 우리나라에서 건설된 유비쿼터스 시티(u-City) 등의 기술이 적용된 아파트 및 공공기관/오피스 등에서 점차 적용되는 추세이다.

사) 사물인터넷 교통분야 응용

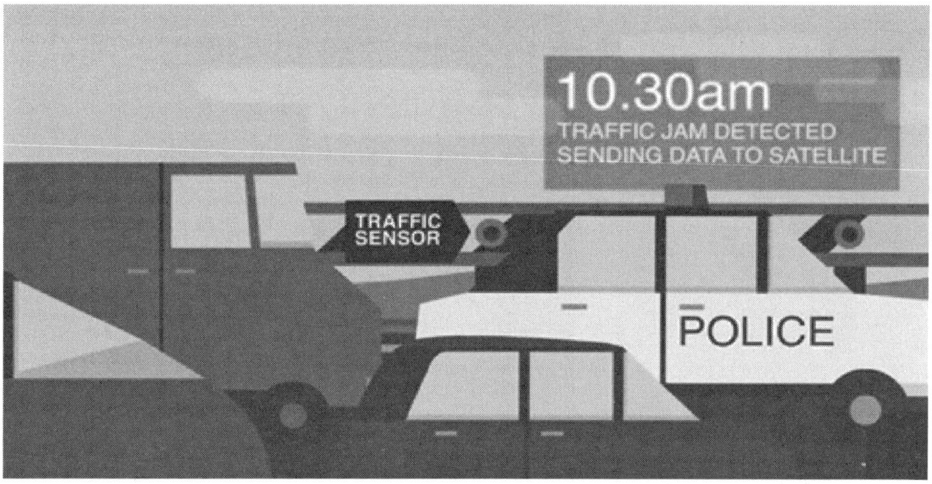

다음 사례는 교통 분야에서 IoT 사물인터넷을 적용한 사례이다. 도로에 부착해 놓은 센서에 의해서 단위 시간당 차량의 통행량을 지속적으로 측정함으로써, 해당 도로의 정체 여부를 인지할 수 있으며, 이러한 traffic jam 이 발견되면 차량의 네비게이션 소프트웨어에 이러한 데이터를 전달함으로써, 정체가 덜한 경로를 활용하도록 re-routing 할 수 있도록 한다.

물론, 우리나라에서는 교통정보관찰카메라에 의해서 각 도로의 traffic 상태를 실시간 관측하는 시스템이 잘 구축되어 있는데다, 이러한 정보를 TPAC 데이터 전송을 통해 각 네비게이션 소프트웨어에 전달하는 시스템까지 실현되어 있다.

아) 사물인터넷 수중센서 응용

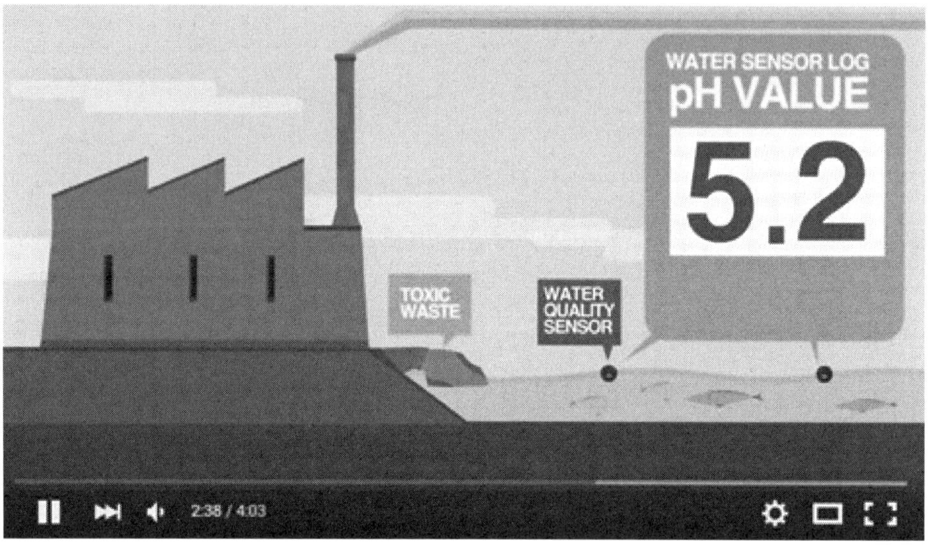

다음 사례는 해저 센서(under water sensor)를 통해 용존산소량, 수질오염, 독성물질 농도, 산도(pH value) 등의 데이터를 측정하고 모니터링 함으로써 공장 부근 수질을 상시 관리할 수 있도록 하는 시스템을 구축하는 사례를 보여준다. 이러한 측정 데이터는 각 시군구의 통합관제센터 모니터링 시스템에 실시간으로 제공됨과 동시에, 개별 사용자들도 자신의 스마트폰을 통해 언제든지 자신이 거주하고 있는 인근 지역의 수질오염 정도를 손쉽게 체크할 수 있는 장점이 있다.

자) 사물인터넷 스마트 화분 응용

다음 사례는 IoT 사물인터넷 기반의 화분으로서, 버튼만 누르면 물을 주거나, 환기를 시키거나, 조명을 비추거나 할 수 있다. 따라서, 생물이 자라기 위해 필요한 최적의 조건을 만들어줄 수 있다. 이러한 IoT 화분 사례는 조금 더 나아가서 각종 센서(습도계/온도계/조도센서 등)를 추가함으로써 자동으로 적정 온도/습도/조도 등을 최적의 상태로 유지하는 기능까지 탑재하는 것이 그다지 어려운 작업은 아니다.

차) 블루투스 저전력(BLE) 기반 멀티 센서 노드(SensorTag) 응용

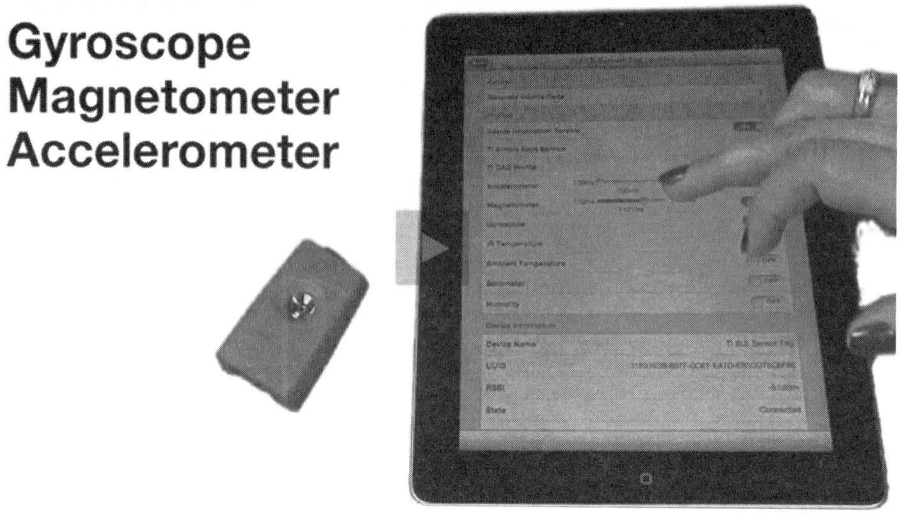

다음 사례는, TI 사에서 판매하고 있는 자이로/지자계센서/가속도 센서가 모두 포함된 Sensor Tag 라는 제품명을 갖는 센서모듈을 소개한다. 이 센서모듈은 사용자의 스마트폰/태블릿/노트북 PC 등과 블루투스 저전력(BLE) 프로토콜을 통해 통신할 수 있다.

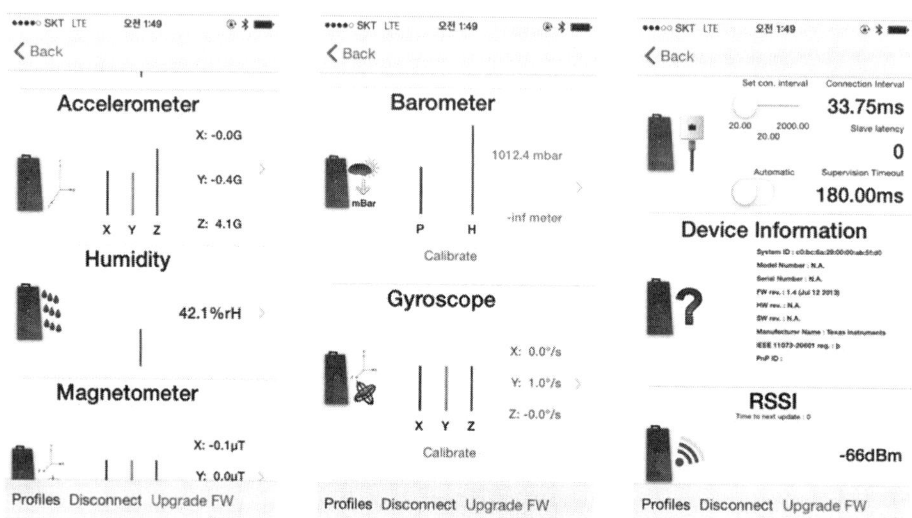

또한, 다음과 같은 스마트폰 애플리케이션을 통해 SensorTag 제품에 부착되어 있는 다양한 센서값들을 불러올 수 있다. 온도/습도/지자계/자이로/방향계를 비롯하여, 현재 스마트폰과 SensorTag 제품간의 신호세기를 표시하는 기능이 있고, 심지어는 Firware 버전에 따른 Firmware on-air update 하는 기능도 제공한다.

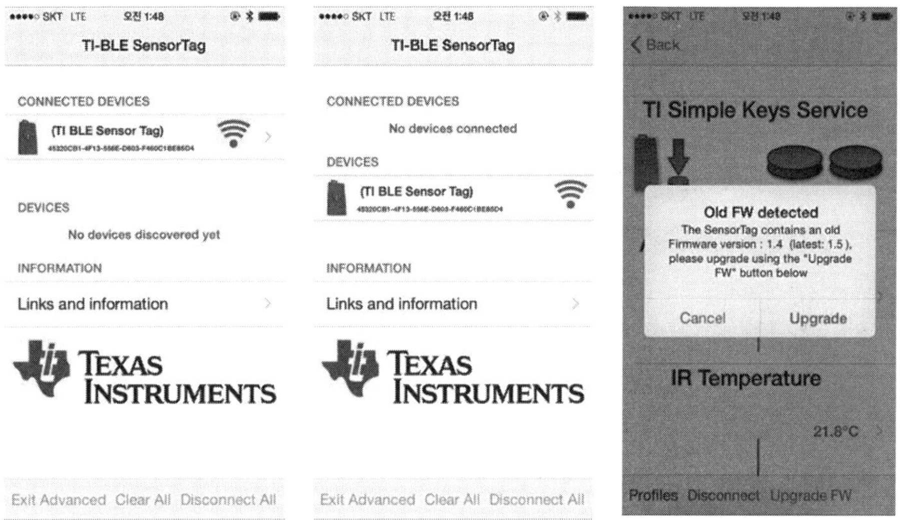

22. 참고문헌

[1] Ravi Budruk, PCI Express Basics, PCI-SIG
[2] Wikipedia, https://en.wikipedia.org/wiki/PCI_Express
[3] http://www.tldp.org/LDP/tlk/dd/pci.html
[4] Mark J. Sullivan, Intel Xeon Processor C5500/C3500 Series Non-transparent Bridge, Intel white paper
[5] Jack Regula, Using Non-transparent Bridging in PCI Express Systems, PLX Technology, Inc.
[6] Non-transparent Bridging with IDT 89HPES32NT24G2 PCI Express NTB Switch, Application Note AN-724, IDT
[7] Kwok Kong and Ale Chang, PCI express System Interconnect Software Architecture for x86-based Systems, Application Note AN-571, IDT
[8] Kwok Kong, Enabling Multi-peer Support with a Standard-Based PCI Express Multi-ported Switch, white paper, IDT
[9] IXS600 PCI Express Gen 2 Switch, http://www.dolphinics.com
[10] PXH810 PCI Express Gen 3 Host Adapter, http://www.dolphinics.com
[11] Akber Kazmi, PCI Express Basics & Applications in Communication Systems, PLX Technology
[12] Kwok Kong, Performance of System Interconnect using PCI Express® Switches, Application Note AN-547, IDT